新しい 植物ホルモンの科学 第3版

編著
浅見忠男／柿本辰男
Tadao Asami　Tatsuo Kakimoto

協力
一般社団法人
植物化学調節学会

講談社

執筆者一覧

(五十音順. ＊は編者.) ［担当章］

氏名	所属	担当章
浅見忠男＊	東京大学大学院農学生命科学研究科	［1章］
荒木　崇	京都大学大学院生命科学研究科	［10章］
石濱伸明	理化学研究所環境資源科学研究センター	［12章］
上口(田中)美弥子	名古屋大学生物機能開発利用研究センター	［4章］
太田啓之	東京工業大学生命理工学院	［8章］
柿本辰男＊	大阪大学大学院理学研究科	［1章, 3章］
笠原博幸	東京農工大学大学院農学府	［2章］
川上直人	明治大学農学部	［5章］
朽津和幸	東京理科大学理工学部	［コラム1］
白須　賢	理化学研究所環境資源科学研究センター	［12章］
関本(佐々木)結子	東京工業大学生命理工学院	［8章］
高橋　卓	岡山大学大学院自然科学研究科	［コラム2］
崔　勝媛	日本たばこ産業株式会社たばこ中央研究所	［12章］
中島敬二	奈良先端科学技術大学院大学先端科学技術研究科	［13章］
中嶋正敏	東京大学大学院農学生命科学研究科	［4章］
野村崇人	宇都宮大学バイオサイエンス教育研究センター	［7章］
平川有宇樹	学習院大学理学部生命科学科	［9章］
古谷将彦	福建農林大学生命科学学院	［2章］
増口　潔	京都大学化学研究所	［11章］
松林嘉克	名古屋大学大学院理学研究科	［9章］
森　仁志	名古屋大学大学院生命農学研究科	［6章］
山口信次郎	京都大学化学研究所	［11章］
横田孝雄	帝京大学理工学部	［7章］

［協力］　一般社団法人 植物化学調節学会
　　　　　学会ホームページ　https://www.jscrp.jp/

はじめに

　植物ホルモン研究の初期段階の発展には，日本人科学者による多大な貢献があった．たとえば，ジベレリンの発見，構造決定，アブシシン酸の構造決定，ブラシノステロイド類縁体の構造決定，ジャスモン酸の再発見，ストリゴラクトンの植物ホルモン機能の発見，ペプチド性シグナル物質の発見をあげることができる．そしてその貢献は，初期段階でとどまることなく，各種変異体の発見，生合成経路の発見，受容体の同定，情報伝達系の解明や制御剤開発へとつながっており，現時点においても日本での研究成果が活発に世界へと発信されている．応用に目を向ければ，世界の農業生産力の向上に寄与した「緑の革命」に用いられたコムギ矮性品種の原因遺伝子は，日本で見出された農林10号由来のものであったこと，日本の農薬会社で開発されたジベレリン生合成阻害剤が，ひろくヨーロッパの穀物生産現場で利用されていることも特筆すべきであろう．このように植物ホルモンの基礎研究から応用にいたる広汎な範囲で，また初期段階から現在にいたる長期にわたって日本人研究者が大活躍している理由はどこにあるのだろうか．国際学会に参加すると「なぜ日本では植物ホルモン研究が活発なのか」という質問を受けることがあるが，高校時代に科学をしっかり勉強できること，身近に歴史ある植物ホルモン研究に触れることができる体制が日本にはあることが理由であろうと考えている．

　第2版刊行時にもすでに多くの植物ホルモンの合成系，情報伝達系がわかっていたが，その後に大きく進展した部分としては，オーキシンの合成系とストリゴラクトンの受容機構，エチレンの情報伝達系があげられる．オーキシンの合成系は，少なくともシロイヌナズナにおいてはトリプトファンから2段階の反応によってインドール酢酸になる経路が主要経路であることが明確になった．ストリゴラクトンでは，受容体の加水分解酵素活性によりストリゴラクトンを加水分解することで生じた生成物が活性本体として受容体に結合し，受容体の構造を大きく変化させることでF-boxタンパク質が結合して情報を伝達させるしくみが示された．また，エチレン情報伝達に必要な重要なタンパク質はわかっていたが，どのように情報伝達が起きるのかがわかったのは2015年である．また，分泌ペプチドとその受容体ペアについての理解も大きく進んだ．花成ホルモンとして知られていたFTのホモログの機能が明らかになってきた．これらは日長に応答して合成され，アンチフロリゲンとして働くものや，ジャガイモやタマネギの塊茎形成誘導因子などである．これらについては，ぜひ本文を読んでいただきたい．本書を手に取られた方々は，植物ホルモンに興味を持ちさらに知りたいという意欲のある方であろうと想像している．この本がさらに日本の植物ホルモン研究を発展させるための一助となることを願っている．

2016年11月
編者　浅見忠男・柿本辰男

目次

はじめに iii

第1章　植物の細胞間情報伝達の特徴 1
1.1　植物ホルモンについて 1
1.2　狭義の植物ホルモン以外の細胞間，器官間シグナル分子について 1
1.3　頻繁に用いられるシグナル分子受容機構の形 2

第2章　オーキシン 4
2.1　オーキシン研究の歴史 4
2.2　オーキシンの生理作用・役割 7
2.3　オーキシンの合成と代謝 10
2.4　オーキシンの受容と情報伝達 13
2.5　農園芸におけるオーキシンの役割 20

第3章　サイトカイニン 22
3.1　サイトカイニン研究の歴史 22
3.2　サイトカイニンの構造 23
3.3　サイトカイニンの生理作用・役割 23
3.4　サイトカイニンの合成と代謝，輸送 28
3.5　サイトカイニンの受容と情報伝達 32
3.6　農園芸におけるサイトカイニンの役割 36

第4章　ジベレリン 37
4.1　ジベレリン研究の歴史 37
4.2　ジベレリンの生理作用・役割 38
4.3　ジベレリンの合成と代謝 42
4.4　ジベレリンの受容と情報伝達 45
4.5　農園芸におけるジベレリンの役割 51

第5章　アブシシン酸 53
5.1　アブシシン酸研究の歴史 53
5.2　アブシシン酸の生理作用・役割 54

5.3	アブシシン酸の合成と代謝	59
5.4	アブシシン酸の受容と情報伝達	65
5.5	農園芸におけるアブシシン酸の役割	67

第6章 エチレン 69

6.1	エチレン研究の歴史	69
6.2	エチレンの化学	70
6.3	エチレンの生理作用・役割	72
6.4	エチレンの合成と代謝	77
6.5	エチレンの受容と情報伝達	80
6.6	農園芸におけるエチレンの役割	85

第7章 ブラシノステロイド 87

7.1	ブラシノステロイド研究の歴史	87
7.2	ブラシノステロイドの化学	88
7.3	ブラシノステロイドの生理作用・役割	90
7.4	ブラシノステロイドの合成と代謝	94
7.5	ブラシノステロイドの受容と情報伝達	99
7.6	農園芸におけるブラシノステロイドの役割	103

第8章 ジャスモン酸 104

8.1	ジャスモン酸研究の歴史	104
8.2	ジャスモン酸の化学	105
8.3	ジャスモン酸の生理作用	107
8.4	ジャスモン酸の合成と代謝	111
8.5	ジャスモン酸の受容と情報伝達	117
8.6	農園芸におけるジャスモン酸の役割	120

第9章 ペプチドホルモン 121

9.1	ペプチドホルモンの定義と分類	121
9.2	ペプチドホルモン研究の歴史	122
9.3	ペプチドホルモンの構造と機能	123

第10章　フロリゲン　137

- 10.1　フロリゲンとは　137
- 10.2　FTタンパク質　139
- 10.3　花成との関わり　139
- 10.4　発現の制御　140
- 10.5　長距離輸送とその調節　145
- 10.6　フロリゲンの受容および情報伝達　145
- 10.7　アンチフロリゲン，そして花成以外の発生・生理現象の調節　147

第11章　ストリゴラクトン　148

- 11.1　枝分かれ抑制ホルモンとストリゴラクトン研究の歴史　148
- 11.2　ストリゴラクトンの化学　152
- 11.3　ストリゴラクトンの生理作用・役割　152
- 11.4　ストリゴラクトンの合成と代謝　154
- 11.5　ストリゴラクトンの受容と情報伝達　158
- 11.6　農園芸におけるストリゴラクトンの役割　160

第12章　サリチル酸　161

- 12.1　サリチル酸研究の歴史　161
- 12.2　サリチル酸の生理作用・役割　162
- 12.3　サリチル酸の合成と代謝　165
- 12.4　サリチル酸の受容と情報伝達　168
- 12.5　農園芸におけるサリチル酸の役割　170

第13章　細胞間移行性転写因子とマイクロRNA　171

- 13.1　細胞間移行性転写因子　171
- 13.2　マイクロRNA　174
- 13.3　細胞間移行の経路とメカニズム　175

コラム1　ROS　177
コラム2　サーモスペルミン　178
索引　179

付録CD

補足2.1　オーキシンの輸送方向

補足2.2　内部標準法

補足3.1　サイトカイニン研究の歴史

補足3.2　コケにおけるサイトカイニンの働き

補足3.3　ウイルスフリーの植物

補足4.1　ジベレリンの定量

補足4.2　活性型ジベレリンの再定義

補足4.3　シダ植物の性分化制御物質の正体はジベレリンだった

補足5.1　水生植物の葉の形態形成

補足5.2　トキソプラズマ原虫

補足5.3　無性芽の形成と休眠

補足5.4　アブシシン酸受容体の発見

補足5.5　アブシシン酸受容体の局在性

補足5.6　アブシシン酸による遺伝子発現誘導に関わるbZIP型転写制御因子

補足5.7　MAPキナーゼカスケードとアブシシン酸情報伝達

補足5.8　アブシシン酸合成に関わる酵素と遺伝子

補足5.9　単量体および二量体を形成するアブシシン酸受容体分子種

補足5.10　Gタンパク質によるアブシシン酸情報伝達の制御

補足5.11　RNA, タンパク質の安定性とアブシシン酸応答

補足5.12　アブシシン酸を組織レベルで生きたまま可視化できる革新的なアブシシン酸センサー

補足5.13　器官脱離：離層（abscission zone）形成

補足7.1　置換基の異なるさまざまなブラシノステロイド

補足8.1　ジャスモン酸の合成と代謝

補足11.1　ストリゴラクトンの抽出と定量

補足11.2　ストリゴラクトンの生合成経路

装幀／鮎川　廉（アユカワデザインアトリエ）

第 1 章 植物の細胞間情報伝達の特徴
Plant Intercellular Signaling

1.1 植物ホルモンについて

　植物ホルモンの定義はこれまで明確ではなく，「植物ホルモンとは多くの植物が共通して持つ低分子で，生理活性の強い物質」として定義することが一般的であった．動物の場合は長距離を動くシグナル分子のみをホルモンと呼んでいたのに対し，植物ホルモンの場合は細胞間のシグナルとしての役割，あるいはそのように考えてよい状況が植物ホルモンの定義に含まれていなかった．このことに対して筆者は疑問を感じていたが，十分な実験的証拠がなかったために定義に含めることができない面もあったのであろう．現在では，多くの低分子植物ホルモンについて移動が認められているが，ブラシノステロイドのように生理的に重要な量の移動が確認されていないものもある．

　歴史的には植物ホルモンの多くは，生物由来の生理活性物質として研究が始まったものが多い．たとえば，オーキシンは人尿やカビから成長促進物質として発見され，サイトカイニンも DNA 加水分解物から細胞分裂促進因子として発見された．エチレンに至っては，ガス灯のガスから植物成長に影響を与える分子として見出された．その後，これらは植物の内在因子であることが明らかになり，ホルモン添加による影響が徹底的に調べられた．しかし気をつけておかなければいけないこととして，外から与えた時の「作用」とホルモンとしての「役割」は必ずしも一致するとは限らないということである．外から与えて起きる応答も重要な情報であるが，それだけでは本来の役割を示しているという証拠にはならない．21 世紀になって，各植物ホルモンの合成経路，分解経路，輸送のしくみ，受容・初期情報伝達系はほぼ解明されたことで，それぞれのステップを担う遺伝子を破壊することができるようになり，内在の植物ホルモンの役割が随分明確になった．しかし，それで各ホルモンを理解したといえるだろうか？　細胞間の情報伝達を行う意味までわかってこそ理解できたと考えてよいのではないだろうか．

1.2 狭義の植物ホルモン以外の細胞間，器官間シグナル分子について

　近年，細胞間のシグナル分子として，いわゆる植物ホルモン以外にも，ペプチド，マイクロ RNA（miRNA），細胞間移行転写因子などが重要な役割を果たしていることが明確になってきた．植物において，多くのペプチド性シグナル分子は分泌性であり，動物のペプチド性シグナル分子と同じように細胞外から受容体に結合する．しかしながら，花成ホルモン FT を含むファミリーのペプチドは，篩管および原形質連絡を通してシンプラズミッ

クに移行（細胞の外に出ずに細胞間を移行）し，細胞内で機能する．miRNAや一部の転写因子も原形質連絡を介してシンプラズミックに移行する．これらのシンプラズミックなシグナル分子の移動は植物に特有のものである．本書は，広くこれらの細胞間シグナル分子について，最新の知見まで含めて解説している．

1.3 頻繁に用いられるシグナル分子受容機構の形

ここで，植物ホルモンや分泌ペプチドの情報伝達系としてどのようなものが使われているのかを見てみよう．ブラシノステロイドと分泌型ペプチド性シグナル分子は細胞膜に局在する受容体により受容される．具体的には細胞外にロイシンリッチリピート（LRR）を持ち，細胞内にSer/Thrキナーゼドメインを持つ受容体様キナーゼ（LRR-RLK）で受容される（**図1.1**）．LRRは，細胞内ではオーキシンとジャスモン酸，およびストリゴラクトンと結合したD14といわれるタンパク質，細胞外ではさまざまなペプチド性シグナル分子を直接受容する構造として用いられている．また，細胞外および細胞内における病原体認識にもLRRは広く用いられている．

サイトカイニンとエチレンは，小胞体（または細胞膜も）に局在する受容体で受容される．サイトカイニンは典型的なHis-Aspリン酸リレー系のヒスチジンキナーゼによって受容され，リン酸リレーによって転写因子のリン酸化へとつながる．エチレンの受容と初期情報伝達はたいへんユニークなもので，最近になって明らかになった．エチレン受容体はヒスチジンキナーゼに似ているが，ヒスチジンキナーゼとしてリン酸リレーを開始するのではなく，リン酸化酵素を制御する．その後，数段階の反応を経てエチレン応答に必須な転写因子の安定性を制御するF-boxタンパク質の翻訳を制御するのである．アブシシン酸受容もユニークであり，アブシシン酸受容体は脱リン酸化酵素の調節因子である．

オーキシン，ジャスモン酸，ジベレリン，ストリゴラクトンは，ユビキチン化酵素複合体を制御することにより情報伝達を開始するという共通点がある．ユビキチンとは小さなタンパク質であり，酵素反応で基質（標的タンパク質）のリシンの側鎖に転移される．ユビキチンの供給源は，ユビキチン結合酵素（E2）に高エネルギーチオエステル結合したユ

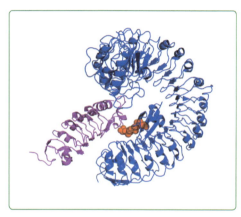

図1.1 植物でリガンド受容ドメインとして頻繁に現れるLRRドメイン

ここでは，ブラシノステロイド受容体BRI1の細胞外ドメインの構造〔青〕を示す（PDB id：4LSX）．BRI1にブラシノライド〔赤〕が結合すると，さらにもう一つのLRR-キナーゼであるSOMATIC EMBRYOGENESIS RECEPTOR KINASE（SERK）〔紫〕をco-receptor（共同受容体）として結合し，三者複合体をつくる．ここでは，SERKも細胞外ドメインのみを表示している．オーキシン受容体の場合は，細胞内でオーキシンが分子接着剤となり，F-boxドメインとLRRを併せ持つタンパク質であるTIR1と基質となるAUX/IAAとを結合させる．

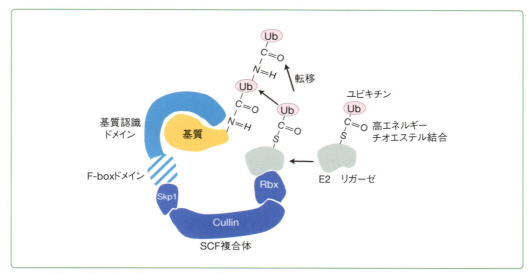

図1.2 植物の情報伝達で頻繁に用いられるポリユビキチン化システム
オーキシン，ジャスモン酸，ジベレリンおよびストリゴラクトンは，ここに示すSCFタイプのポリユビキチン化システムで情報が伝達される．植物にはF-boxドメインを持つタンパク質が非常に多くあり，それぞれに特異的な基質を認識してポリユビキチン化する．ポリユビキチンはプロテアソームに認識されるタグである．オーキシンとジャスモン酸の場合は，基質認識ドメインはLRRであり，それぞれ，オーキシンとジャスモン酸が分子接着剤となって基質を結合し，ポリユビキチン化する．ジベレリンとストリゴラクトンの場合は，基質認識にもう1つのタンパク質が必要である．

ビキチンである．基質に結合したユビキチンのリシン側鎖にさらにユビキチンが転移されることが繰り返されてポリユビキチン化が起こる．ポリユビキチン化されたタンパク質は26Sプロテアソームと呼ばれるタンパク質分解酵素によって認識されて分解される．これらの反応において，ポリユビキチン化（以降，ユビキチン化と呼ぶ）は厳密に制御されている．ユビキチン化酵素複合体は，その構成要素によって複数のタイプのものがあるが，オーキシン，ジャスモン酸，ジベレリンおよびストリゴラクトンの受容に関わるユビキチン化酵素はSCFタイプである（**図1.2**）．SCF複合体はSkp1，Cullin，Rbxの3つのタンパク質を共通部分として持つ．Skp1にはF-boxドメインと基質認識ドメインを持つタンパク質（F-boxタンパク質）が結合し，特異性を与えている．各ホルモン応答の抑制因子がホルモン依存的にユビキチン化されるのである

miRNAはノンコーディングの小さなRNAであり，標的mRNAに働きかけて分解や翻訳阻害を引き起こす．miRNAは，動物においても植物においても発生制御の機能を持つ．植物の場合は，mRNAが原形質連絡を通した細胞間情報伝達因子として働くという特徴がある．一部のタンパク質，特に転写因子も原形質連絡を通してシンプラズミックに輸送され，細胞間情報伝達因子として働くことも，植物の大きな特徴である．

第2章 オーキシン
Auxins

2.1 オーキシン研究の歴史

2.1.1 オーキシンの発見

　植物が光や重力などの外的刺激に応答して屈曲することは古くから知られていた．1880年，イギリスのチャールズ・ダーウィン（C. Darwin）と息子のフランシス（F. Darwin）は，単子葉植物であるカナリークサヨシ（*Phalaris canariensis*）やマカラスムギ（*Avena sativa*）を用いて屈光性に関する実験を行った．これらの幼葉鞘（芽生えを保護する円筒状の鞘）に横方向から光を当てるとその方向へ弓のように屈曲するが，先端に薄い金属製（スズ箔）の帽子を被せて光を遮ると屈曲は起きなくなった（**図2.1A**）．一方，先端より下の部分を覆っても屈曲は正常に起こった．これらの結果から彼らは，光が幼葉鞘の先端部で受容され，そこから「何らかの影響力」が下方に伝達されて屈曲が起こると考えた．

　1913年にデンマークのボイセン-イェンセン（Boysen-Jensen）は，幼葉鞘の先端部分を切り取り，水を通さない雲母片を切り口の間に挟むと屈曲は起こらないが，水を通すゼラチンを挟むと正常な屈曲が起きることを発見した（図2.1B）．これにより，先端部から下方へ伝達される刺激は，水を通すゼラチンを透過できることが示唆された．さらに1919年，

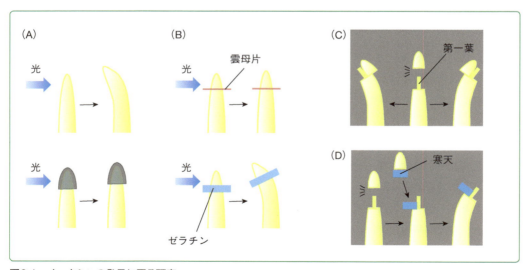

図2.1　オーキシンの発見に至る研究
(A)ダーウィン親子の研究．先端を黒いスズ箔で覆う．(B)ボイセン-イェンセンの研究．雲母片やゼラチンを先端部に挿入する．(C)パールの研究．第一葉を残して先端部を切除し，これを切り口の片側に置く．(D)ウェントの研究．切除した先端部をのせておいた寒天を，切り口の片側に置く．

ハンガリーのパール（Paál）は幼葉鞘の先端部分を切り取り，これを切り口の片側に置くと，その下方が伸長し，暗所でも屈曲が起きることを見出した（図2.1C）．これにより，成長を促進する「物質」が先端部で合成されて下方へ移動していること，また横方向から光を当てるとその移動が陰側に偏ることが示唆された．

1928年，オランダのウェント（Went）は，マカラスムギの幼葉鞘の先端部分をゼラチン上に置き，成長を促進する物質をゼラチンへ浸透させて集めた（図2.1D）．そして，この物質を含むゼラチン片をPaálのように幼葉鞘の切り口の片側に置くことにより，暗所でも屈曲が起きることを示した．さらに，ゼラチン上に置く幼葉鞘の数に応じて屈曲の角度が増加することから，屈曲角度は成長を促進させる物質の量に依存していることを示し，成長促進物質の定量や生物検定に広く利用できる「アベナ屈曲試験法」を確立した．その後，ウェントの研究と，コロドニー（Cholodny）がトウモロコシの幼葉鞘を使って進めていた屈地性（重力屈性）の研究とがまとめられて，植物の屈性の原理を成長物質の不均等分布によって説明する「コロドニー-ウェント説（Cholodny-Went model）」に発展した．

1930年代のなかごろ，ケーグル（Kögl）やティマン（Thimann）らのグループはアベナ屈曲試験において成長促進作用を持つ化合物を人尿，酵母，カビからそれぞれ単離し，ギリシャ語で成長を意味するauxeinにちなんでauxin（オーキシン）と名づけた．その後，初期の化学的な研究で人尿，酵母，カビから単離・同定されたオーキシンの活性本体はすべてインドール-3-酢酸（IAA）であることがわかった（**図2.2A**）．植物でIAAの存在が初めて確認されたのは，ハーゲン-スミット（Haagen-Smit）らがトウモロコシの未成熟な種子からIAAを単離した1946年である．その後，コケ類から種子植物までの広い範囲の植物がIAAを生産し，植物ホルモンとして用いていることが明らかとなっている．

2.1.2 オーキシンの構造

オーキシンは最初に植物ホルモンとして認識された化学物質である．天然オーキシンのIAAはインドール環のC-3位に酢酸が結合した化学構造を持ち，コケ類を含む植物界に広く存在する．IAA以外に，ベンゼン環に酢酸が結合したフェニル酢酸（PAA）も陸上植物に広く存在する天然オーキシンとして知られているが，その生理活性は一般にIAAよりも弱い（図2.2A）．また，マメ科植物からはIAAとともに4-クロロインドール-3-酢酸（4Cl-IAA）というインドール環が塩素化された特殊な天然オーキシンも確認されている（図2.2A）．植物界に広く分布することや，その生理活性の強さから，IAAが植物の生産する最も重要なオーキシンと考えられている．

近年まで，アベナ屈曲試験などにおいてIAAと似た生理活性を示す化合物を総称してオーキシンと呼んでいた．しかし，2005年にシロイヌナズナでオーキシンの受容体が同定された後，この受容体と化合物との結合活性を調べることにより，化合物自身の直接的なオーキシン作用を評価できるようになった．この方法により，IAAと4Cl-IAAがPAAよりも強く受容体に結合する天然オーキシンであることが示されている．

これまで天然オーキシン以外に，2,4-ジクロロフェノキシ酢酸（2,4-D）や1-ナフタレン酢酸（NAA），3,6-ジクロロ-2-メトキシ安息香酸（Dicamba）などさまざまな合成オー

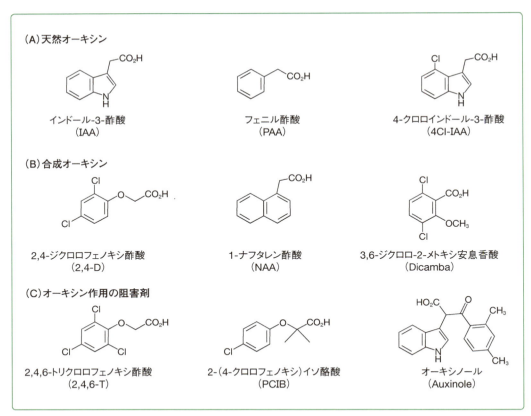

図2.2 オーキシン関連物質の構造

キシンが開発され，除草剤や発根促進剤などとして広く利用されている（図2.2B）．さらに，2,4-Dと似た構造を持つが，IAAとともに用いるとIAAのオーキシン作用を拮抗的に阻害する2,4,6-トリクロロフェノキシ酢酸（2,4,6-T）や2-(4-クロロフェノキシ)イソ酪酸（PCIB）などの抗オーキシンと呼ばれる化合物も見出され，除草剤やオーキシンの作用の研究に使われてきた（図2.2C）．最近では，植物のオーキシン受容体に特異的に結合するオーキシノール（Auxinole）などの優れた阻害剤が開発され，さまざまな植物においてオーキシンの作用を阻害することが可能になった（図2.2C）．

2.1.3 オーキシンの定量

　一般に植物に含まれるIAAの量は，新鮮な植物試料1gあたりに数～数十ng程度と非常に少ない．このIAAを定量する方法としては，古くはアベナ屈曲試験法などの生物検定法が用いられていたが，その後2010年ごろまでガスクロマトグラフィー-質量分析計（GC-MS）を使った定量法が主流であった．最近ではエレクトロスプレーイオン化（ESI）法を使った液体クロマトグラフィー-タンデム型質量分析計（LC-MS/MS）によるIAA定量法が最も広く用いられている．

　IAAの定量では，まず破砕装置で植物組織を均質化（ホモジナイズ）しながら有機溶媒でIAAを抽出するのが一般的である．次に抽出試料中に含まれる不純物を固相抽出法（カ

ラムクロマトグラフィーの一種）により除去してIAAを部分精製する．IAAは励起光（280 nm）の照射により特異的な蛍光（355 nm）を生じることから，蛍光検出器を連結した高速液体クロマトグラフィー（HPLC）で部分精製することも有効である．この試料をLC-MS/MSに導入し，IAAの2段階のイオン化により生じた特徴的なイオン（プロダクトイオン）を使ってIAAを同定，定量する．微量のIAAを正確に定量するには，安定同位体標識化したIAA（フェニル-$^{13}C_6$-IAAなど）を使って，内部標準法により定量することが多い．近年，LC-MS/MSの性能は著しく向上しており，フェムトモル（fmol, 10^{-15} mol）の量でIAAが検出されている．さらに，化学的に不安定なIAAの生合成中間体や代謝物も，LC-MS/MSを使って定量されている．

2.1.4 植物体内におけるオーキシンの分布

質量分析法による定量の結果，IAAは分析された植物のすべての器官や組織に存在することが示されている．IAAの濃度は植物体内において均一ではなく，器官や組織，また成長段階によっても異なる．花や芽，果実，種子，若い葉，根端組織など，細胞分裂や細胞伸長の活発な若い組織においてIAAの濃度が高い．アベナ屈曲試験にも使われるイネ科植物の幼葉鞘では，先端部でIAAの濃度が高く，基部に近い組織で低い．また，光や重力による刺激を受けると幼葉鞘や茎のIAA濃度分布が変化することにより屈曲反応を引き起こす．

2.2 オーキシンの生理作用・役割

オーキシンは，内生のシグナルや環境変化に応答したさまざまな形態形成に重要な役割を果たす植物ホルモンである．胚発生や葉脈のパターン形成，葉・花・根などの器官の発生，頂芽優勢，光屈性や重力屈性など，その生理作用は多岐にわたる．その多くの場合において，オーキシンは生合成された場所から方向性を持って輸送され，任意の場所に不等分布もしくは局所的な蓄積（ピーク）を形成することで生理作用を示す（2.4.1項参照）．このようなオーキシンの移動が誘導する生理現象には，器官形成や頂芽優勢のように比較的長い時間をかけて目に見えてくる反応と，屈性などで見られる10分オーダーの速い反応とがある．

2.2.1 胚発生

胚珠と呼ばれる母方組織内において，受精卵は細胞分裂を繰り返して球状の胚を形成する．双子葉植物シロイヌナズナの場合，球状胚の頂端領域に2か所のオーキシンピークが形成され，その場所から子葉原基が形成される（**図2.3A**）．球状胚の基部領域にも1か所のオーキシンピークが形成され，そこから幼根が形成される（図2.3A）．また，オーキシンの通り道となった胚内部には維管束組織が分化する．

2.2.2 器官形成

胚発生後にもオーキシンは葉・花・根といった器官の形成に重要な役割を果たす．地上

部の器官は茎の先端に位置する茎頂分裂組織のオーキシンピークから，側根は主根の内側の細胞層（内鞘）のオーキシンピークから発生する（図2.3B）．オーキシンは器官の発生する場所を決めるだけでなく，その後の原基の発達にも重要な働きをする．胚軸や茎からの不定根の形成にもオーキシンが深く関わっている．

2.2.3 維管束形成

1980年代，サックス（Sachs）は茎の維管束を部分的に切断する実験を行い，切断面を回避するように維管束が再生する際にオーキシンが重要な働きをすることを発見した（図2.3C）．茎ではオーキシンは頂端から基部方向に流れているため，切断により流れの滞ったオーキシンが切断面の頂端側に蓄積する．そして，切断面を迂回するように頂端側から徐々にオーキシンの通り道が形成され，そこに集まったオーキシンが維管束への分化を誘導し，最終的に基部側の維管束と連結させると考えられている．

通常の維管束が形成される際にも，オーキシンは葉脈のパターンをつくり出すとともに，維管束組織への分化を誘導する．葉原基の発達に伴って原基先端から内部にオーキシンが流れ，オーキシンの通り道となった細胞群を維管束組織へと分化誘導する（図2.3D）．このようにして葉原基の中央に主脈が形成される．その後のさらなる葉原基の発達に伴って

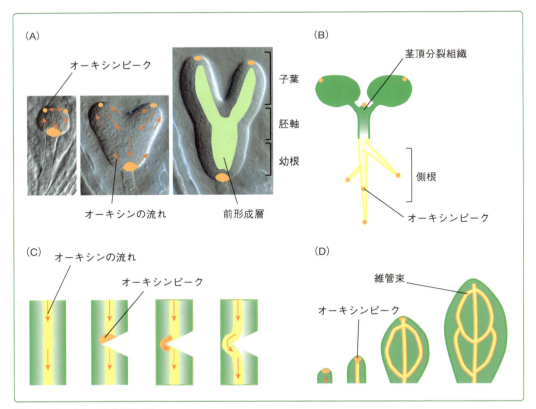

図2.3 オーキシンの生理作用
(A)シロイヌナズナの胚．左から球状型胚，心臓型胚，魚雷型胚．(B)シロイヌナズナの芽生えにおけるオーキシンの蓄積パターンの模式図．(C)維管束再生過程のオーキシンの動態．(D)葉原基の発達と維管束の形成．

新たなオーキシンの通り道が形成され，二次そして三次葉脈が形成される．

2.2.4 カルス形成

　植物の一部を切り取ってオーキシンを含む培地上で培養すると，カルスと呼ばれる不定形の細胞塊が形成される．培地中のオーキシンとサイトカイニンの濃度比を調整することにより，カルスから根またはシュート（地上部）を再生することができるため，カルスは分化後の細胞が脱分化して分化全能性を獲得した細胞集団であると考えられている．最近の研究によって，カルスは維管束を取り囲む内鞘細胞が増殖したものであり，同じく内鞘細胞に由来する側根の発生過程を一部経て形成されることがわかってきた．

2.2.5 頂芽優勢

　茎頂分裂組織（頂芽）が成長しているときには腋芽の成長が抑制され，頂芽が優先的に成長する．この作用は頂芽優勢と呼ばれ，オーキシンや他の植物ホルモンの関与が報告されている．茎頂分裂組織が切断されるなどして成長が攪乱されると，腋芽の成長が促進される．しかし，茎頂を切断後にオーキシンを切断面に塗布すると，腋芽の成長が抑制され，頂芽優勢が保たれる．また，腋芽の成長はサイトカイニンによって促進されるため，茎頂から輸送されてきたオーキシンがサイトカイニン生合成を阻害することで，腋芽の成長を抑制すると考えられている（図2.4）．さらに最近では，腋芽の分化・成長を制御するストリゴラクトンがオーキシンの輸送を制御することで腋芽の成長に関与する可能性も示唆されている．

2.2.6 屈性

A. 光屈性

　植物に横から光を当てると，地上部（茎など）は光の方向に屈曲し，地下部（根部）は光の方向とは逆方向に屈曲する．この光応答反応は，光屈性と呼ばれる．単子葉植物の幼葉鞘を用いたダーウィン親子らの研究（2.1.1項参照）とその後の研究から，幼葉鞘の先端

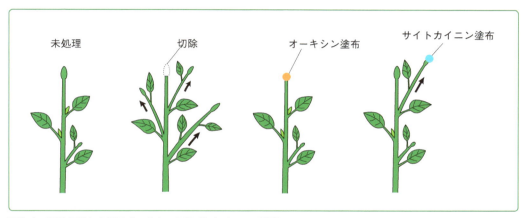

図2.4　頂芽優勢におけるオーキシンとサイトカイニンの機能

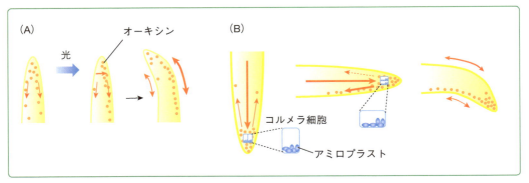

図2.5 屈性におけるオーキシンの移動
(A) 光屈性の模式図．光に応答して変化するオーキシンの流れ．(B) 根の重力屈性の模式図．重力方向の変化に応じたアミロプラストの沈降とオーキシンの流れ．

においてオーキシンが光の当たらない側に移動して下降することで，成長領域にオーキシンの不均一な分布が形成され，光の当たらない側が成長して屈曲すると考えられている（コロドニー-ウェント説）(**図2.5A**)．そして，近年の分子遺伝学的研究から，光屈性に関与する光受容体フォトトロピンとその情報伝達因子 NON-PHOTOTROPIC HYPOCOTYL 3 (NPH3) が同定され，これらの因子が光に応答したオーキシンの移動を制御することがわかっている．

B. 重力屈性

植物は水平方向に倒れると，茎は重力に逆らって，根は重力に従って屈曲する．この応答反応を重力屈性という．茎の内皮細胞および根端のコルメラ細胞では大量の澱粉を蓄積した色素体（アミロプラスト）が存在しており，その沈降方向によって重力が感知される．そして，アミロプラストの沈降方向にオーキシンが移動し，根においても茎においても下側のオーキシン濃度が高くなる．生理的濃度のオーキシンは茎や幼葉鞘の細胞伸長を促進し，根の細胞伸長を阻害するため，茎は重力と逆方向に，根は重力方向に屈曲する（図2.5B）．アミロプラストの沈降は未知の機械的力センサーを活性化し，化学的情報が生み出された後にオーキシンの局在変化に至ると考えられており，その実体の解明が待たれる．

2.3 オーキシンの合成と代謝

2.3.1 オーキシンの生合成

植物におけるIAAの生合成経路は，植物のIAAの同定後60年間以上も不明であったが，2011年に日本とアメリカの研究グループにより，主にトリプトファン（Trp）からインドール-3-ピルビン酸（IPA）を経由して合成されていることがシロイヌナズナを対象とした研究により明らかにされた（**図2.6**）．この経路ではトリプトファンアミノ基転移酵素（TAA）とフラビン含有モノオキシゲナーゼ（YUCCA）による2段階の酵素反応でIAAが合成されている．TAAやYUCCAをコードする遺伝子はコケ類を含む陸上植物に広く存

在し，また多くの植物で遺伝子ファミリーを形成している．これら遺伝子の欠損変異体ではIAAの量が低下して成長が異常になることから，TAAとYUCCAは植物の成長や分化の制御において重要な役割を持つと考えられている．

アブラナ科のシロイヌナズナでは，主要なIPA経路以外に，インドール-3-アセトアルドキシム（IAOx）経由でも一部のIAAが合成されている（図2.6）．また，Trpからトリプタミン（TAM）やインドール-3-アセトアミド（IAM）を介する経路や，さらにはTrpの上流インドール-3-グリセロールリン酸から分岐したIAAの生合成経路（Trp非依存経

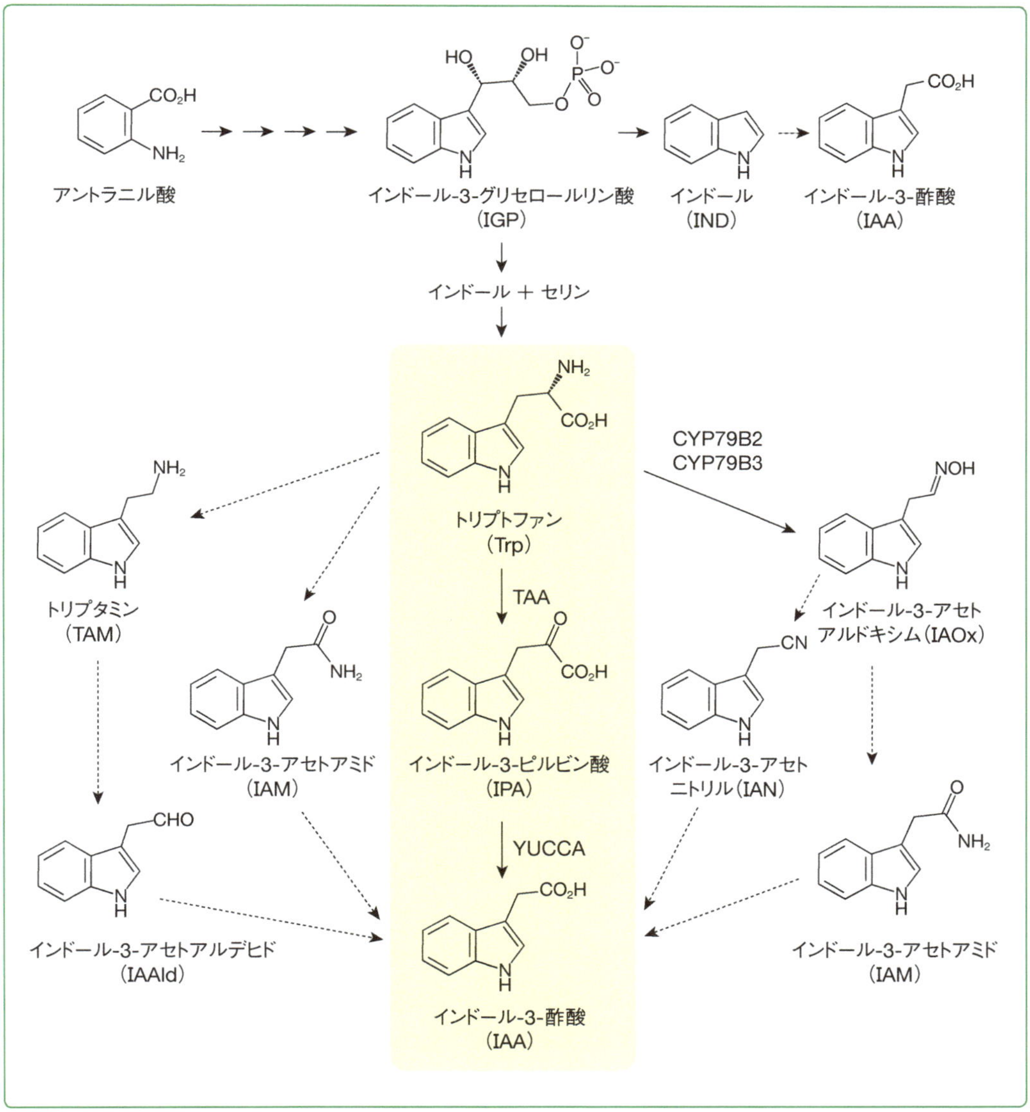

図2.6 現在提唱されている植物のIAA生合成経路
実線の矢印は，IAAの生合成との関連性が確認されている酵素反応．各反応の矢印の横に付した英字は，酵素の略称．点線の矢印は，植物に存在する可能性はあるが，IAAの生合成との関係性が証明されていない酵素反応．黄色の部分は，陸上植物に共通したIAAの主な生合成経路．

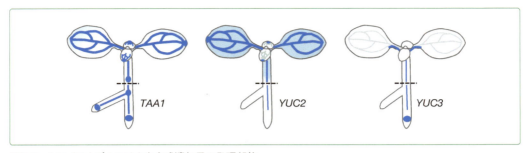

図2.7　シロイヌナズナのIAA生合成遺伝子の発現部位
青色の濃い部分で*TAA*遺伝子と*YUCCA*(*YUC*)遺伝子の発現が高い．

路）も存在する可能性も示唆されているが，これらが実際に植物に存在するという十分な証拠はまだない（図2.6）．

　オーキシン生合成遺伝子である*TAA*と*YUCCA*の発現部位を解析することにより，IAAは地上部だけでなく根部でも合成されていることが明らかになった（**図2.7**）．また，根部で発現が高い*YUCCA*遺伝子を欠損したシロイヌナズナでは，根部でのみ形態異常が現れることから，局所的に合成されるIAAが根の成長に不可欠であることが示されている．

2.3.2　オーキシンの不活性化

　植物体内ではさまざまな代謝酵素によってIAAの量が調節されている（**図2.8**）．植物に多く含まれるIAAの代謝物として，インドール環のC-2位が酸化された2-オキシインドール-3-酢酸（OxIAA）が知られている．イネでは2-オキソグルタル酸依存型ジオキシゲナーゼ（DAO）がIAAをOxIAAに変換しており，花粉稔性の制御などに重要な役割を果たしている．シロイヌナズナでは，OxIAAはさらにグルコースがエステル結合した2-オキシインドールアセチルグルコース（OxIAA-Glc）に変換されるが，これはOxIAAにまだわずかにオーキシン活性が残っているためと考えられる．

　IAAの不活性化において，カルボキシ基の修飾は重要な反応と考えられている．インドール-3-酢酸-アミノ酸複合体は「結合型-IAA」と呼ばれるIAA代謝物の一種で，インドール-3-アセチルアスパラギン酸（IAA-Asp）やインドール-3-アセチルグルタミン酸（IAA-Glu）などが知られている（図2.8）．植物へのオーキシン投与により短時間で発現が誘導される*GRETCHEN HAGEN3*（*GH3*）遺伝子が，これらIAA-アミノ酸複合体の合成酵素をコードしている．

　通常の生育条件のシロイヌナズナではIAA-AspやIAA-Gluの量はIAAよりも少ないが，植物にIAAを投与するとこれらの代謝物が顕著に増加することから，*GH3*遺伝子はIAA量の調節に重要であると考えられる．これら以外の結合型-IAAとしては，IAAのカルボキシ基にグルコースがエステル結合したインドールアセチルグルコース（IAA-Glc）や，メチル化されたインドール-3-酢酸メチルエステル（Me-IAA）なども知られている（図2.8）．結合型-IAAのなかにはインドール-3-アセチルアラニン（IAA-Ala）やインドール-3-アセチルロイシン（IAA-Leu），Me-IAAのように加水分解を受けて再びIAAに変換さ

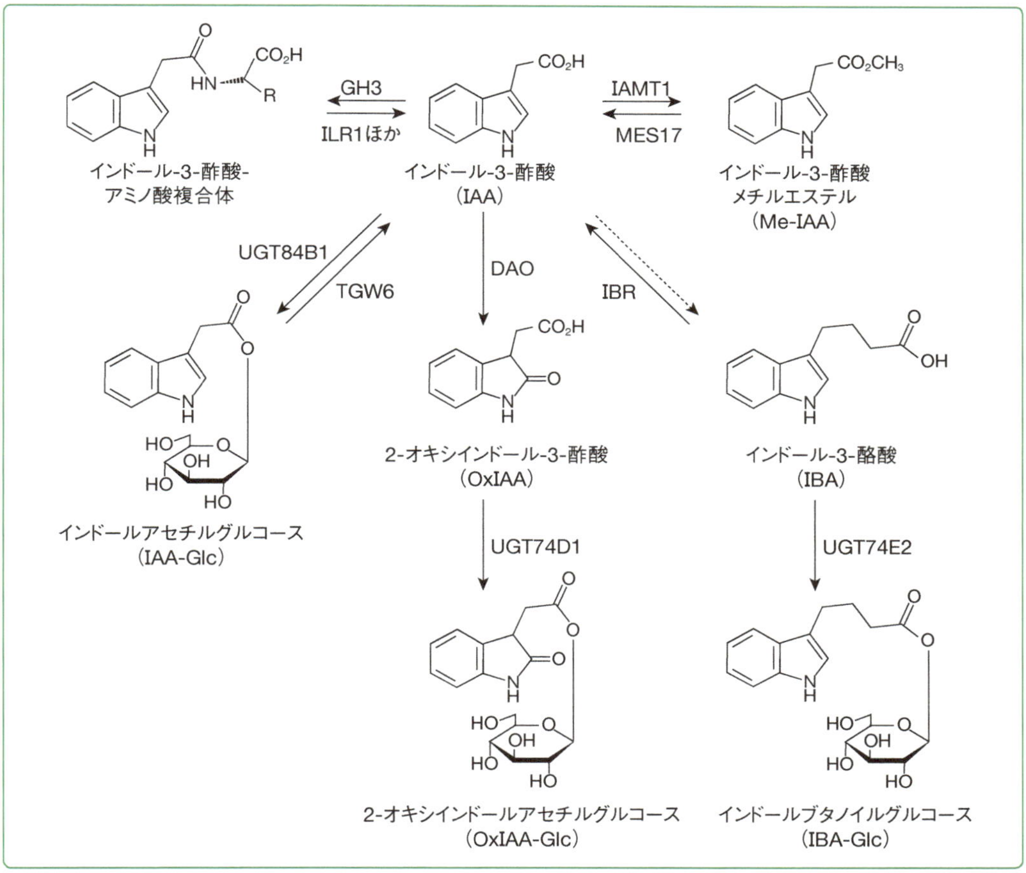

図2.8　高等植物のIAA代謝経路
実線の矢印は，IAAの代謝との関連性が確認されている酵素反応．各反応の矢印の横に付した英字は，酵素の略称．点線の矢印は，植物に存在する可能性は示唆されているが，十分に証明されていない酵素反応．

れるものもあり，これらはIAAを一時的に不活性化体として貯蔵している可能性がある．この他，植物体内でIAAに変換されるインドール-3-酪酸（IBA）とこれにグルコースがエステル結合したインドールブタノイルグルコース（IBA-Glc）など（図2.8），さまざまなIAAの代謝物が植物で確認されている．

2.4　オーキシンの受容と情報伝達

　生合成されたオーキシンは細胞間輸送システムを介して輸送され，生合成された場所とは異なる場所で生理活性を示す．このような性質は他の植物ホルモンには見られないため古くから多くの研究者の関心を惹き，オーキシンが制御する形態形成を理解するうえで，生理学的，生化学的，分子生物学的な研究対象となってきた．特に，近年のシロイヌナズナを用いた分子遺伝学的研究から，オーキシンの輸送体や受容体，そしてそれらを制御する因子が数多く同定され，オーキシンの生理作用や形態形成への関与についての分子的知見が飛躍的に集積しつつある．

2.4.1 オーキシンの輸送

植物における生理活性物質の移動という概念は光屈性に関するPaálらの研究により示唆されていたが，オーキシンの移動が実験的に証明されたのは1926年から28年にかけて行われたウェントの研究である．彼はマカラスムギの茎切片を用いて，オーキシンが頂端側から基部側に向かって移動する一方で，その逆方向には移動しないことを示した（**図2.9**）．このオーキシンの方向性を持った移動はオーキシン極性輸送と呼ばれ，その後，オーキシン極性輸送の阻害剤として1-ナフチルフタラミン酸（NPA）や2,3,5-トリヨード安息香酸（TIBA）が見出された．これらの阻害剤を用いた生理実験から，さまざまなオーキシンの生理作用にオーキシン極性輸送が重要な役割を果たすことが明らかにされている．

オーキシンの極性輸送機構や輸送方向の決定機構については，シロイヌナズナを用いた分子生物学的研究から明らかになりつつある．シロイヌナズナにオーキシン極性輸送阻害剤を投与した場合と同様の表現型を示す突然変異体の探索が行われた．1991年に岡田らによって，NPAを処理した花茎と同様に葉や花などの器官を失った突然変異体 *pin-formed1*（*pin1*）が単離された．また，根の重力屈性に着目した変異体の探索により，オーキシン極性輸送阻害剤を処理した場合と同じように重力屈性に異常を示す突然変異体 *pin2* および *auxin1*（*aux1*）が単離された．いずれの突然変異体においても，オーキシン極性輸送能の低下が観察されている．これらの原因遺伝子を同定してみると，*PIN1* および *PIN2* 遺伝子はオーキシンを細胞内から外へと排出する輸送体を，*AUX1* 遺伝子はオーキシンを細胞内

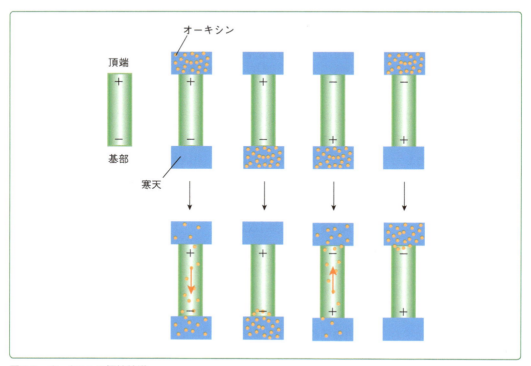

図2.9　オーキシンの極性輸送
マカラスムギの幼葉鞘の切り口の片側にオーキシンを含んだ寒天を置くと，オーキシンは頂端から基部方向へのみ移動する．幼葉鞘を上下逆さにしても，オーキシンは頂端から基部へのみ移動する．オレンジ色の矢印はオーキシンの移動方向を示す．

に取り込む輸送体をコードすることがわかった．また，NPAが結合するタンパク質として生化学的に同定されたATP結合カセット（ABC）輸送体の一グループであるABCB/PGP/MDRファミリーのPGP1とPGP19はオーキシン排出輸送体として働くことが報告されている．さらに，PGP4はオーキシンの取り込みにも排出にも働きうる輸送体として，近年報告されている．

A. オーキシンの細胞内移動

天然オーキシンであるIAAは弱酸性（pK_a = 4.75）のカルボン酸で，水溶液中では非解離型IAA（IAAH）と解離型IAA（IAA$^-$）が平衡状態にある．細胞外の低pH環境下（およそpH 5.5）ではIAAの平衡状態が脂溶性のIAAHにシフトするため，その単純拡散により脂質二重膜を透過して細胞内へ移動する．これに加えて，細胞外のIAA$^-$は細胞内取り込み輸送体AUX/LIKE AUX1（AUX/LAX）を介してプロトン（H$^+$）との共役輸送により細胞内に取り込まれると考えられている（図2.10）．細胞内は中性環境下（pH 7.0）であるため，IAAはH$^+$を放出し，ほとんどがIAA$^-$として存在する．負に帯電したIAA$^-$は脂質二重膜を単純拡散により透過することができないため，細胞膜上のPIN（PIN1，PIN2，PIN3，PIN4，PIN7）およびPGPなどの排出輸送体を介してのみ細胞外へと移動することができる（図2.10）．一部のPIN（PIN5，PIN6，PIN8）は細胞膜ではなく小胞体膜上に局在し，IAA$^-$を小胞体に輸送して細胞内オーキシン濃度を適切に保つと考えられている．近年，PINとよく似たPIN-LIKES（PILS）も小胞体膜上でオーキシンの輸送

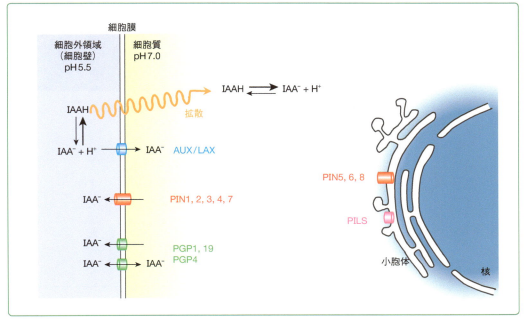

図2.10　オーキシンの細胞内移動
オーキシンは単純拡散，取り込み輸送体AUX/LAX，排出輸送体PINやABC（ATP結合カセット）輸送体PGPによって細胞内外を移動する．

体として働く可能性が示唆されている（図2.10）．しかし，これらの輸送体によるオーキシン排出機構はいまだ明らかになっておらず，今後の解析が待たれる．このように，オーキシンの細胞内移動は細胞膜を挟んだH^+勾配（プロトン勾配）に大きく依存している．

B. オーキシンの細胞間輸送

　オーキシン極性輸送には方向性を持ったオーキシンの放出が重要であると考えられたために，オーキシン排出輸送体は細胞膜上に偏って存在すると予想されていた．加えて，オーキシン排出輸送体の偏在性（極性）が細胞間でそろうことによって，オーキシンの方向性を持った細胞間輸送が可能になると考えられた（**図2.11A**）．そして，1998年にパルム（Palme）らのグループによって報告された，PIN1が茎中心部の細胞において基部側の細胞膜上に偏在するとの結果から予想されるオーキシン輸送の方向は，マカラスムギの茎切片を用いた実験（図2.9）から予想された頂端側から基部側に向かったオーキシン極性輸送

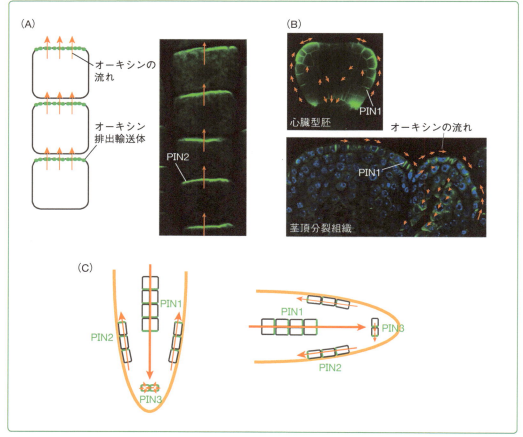

図2.11　オーキシン極性輸送
（A）オーキシン極性輸送の模式図［左］と根の表皮細胞におけるPIN2タンパク質の局在［右］．
（B）心臓型胚と茎頂分裂組織におけるPIN1タンパク質の局在．
（C）根端におけるPINタンパク質の局在とオーキシン極性輸送の模式図．重力方向へ成長している根端［左］と横たえられた根端［右］．PINタンパク質は緑色で標識されている．

の方向と一致した．その他の器官や組織においても，これまでに想定されてきたオーキシン極性輸送方向と一致したPINの極性を持った局在が観察され，PINの局在からオーキシンの流れを想定することが可能となった．

　胚発生期の子葉や茎頂分裂組織から器官が発生する場所においては，PIN1は表層中央に向かった側の細胞膜上に偏在し，オーキシンピークが形成される．器官原基が発生するに伴い，表層中央より内側の細胞においてPIN1は内側の細胞膜上に偏在するようになり，器官原基先端に集められたオーキシンを内側に流し落とす（図2.11B）．根の中心部においては基部側の細胞膜上に偏在するPIN1によって，オーキシンは根端へと流される．重力方向に成長している根の先端に位置するコルメラ細胞ではPIN3が細胞膜全面に局在し，頂端方向から流されてきたオーキシンを周囲に拡散させる（図2.11C）．根の表層においては，頂端側の細胞膜上に偏在するPIN2によって根端から離れるようにオーキシンが運ばれる．根が横たえられた状態では，コルメラ細胞内のPIN3が下側（重力方向）の細胞膜上に局在を変化させ，上側の表層に存在するPIN2は分解され細胞膜上の存在量が低下する（図2.11C）．重力に応答したPINの局在変化によって，中心を通って根端に運ばれてきたオーキシンは下側の根冠および表層により多く輸送される．このように，PINが駆動するオーキシン極性輸送がオーキシンの不等分布を生み出す原動力であることがわかってきた．

C. オーキシンの輸送方向

　実験研究から，PINの局在を制御する分子機構が明らかにされつつある．PINは細胞膜から内部に取り込まれた後，一部のPINは再び細胞膜へと戻され，別の一部は液胞へと運ばれ分解されるという非常にダイナミックな挙動を示すことがわかってきた（CD収載の補図2.1参照）．このPINの動的な局在様式により，内生のシグナルや環境変化にすばやく応答してPINの局在を変化させることができると考えられている．PINの局在制御因子として，リン酸化酵素であるPINOID（PID）が知られている．PIDはPINを直接リン酸化し，特定の位置のリン酸化がPINの偏在シグナルとして働いている．さらに，PINはPIDとその類似酵素D6 PROTEIN KINASEによってリン酸化されることにより，そのオーキシン輸送能も活性化される（図2.12）．もう一つのPINの局在制御因子として，光屈性の情報伝達に関与するNPH3に類似したMACCHI-BOU 4（MAB4）/ENHANCER OF PINOID（ENP）/NAKED PINS IN YUC MUTANTS 1（NPY1）が発見されている．MAB4は細胞膜上でPINと同様の極性を持った局在様式を示し，PINの細胞内取り込みを阻害し細胞膜上にPINをとどめる機能を持つことがわかっている（図2.12）．しかし，分子機構の全容解明にはいまだ至っておらず多くの課題が残されている．

2.4.2　オーキシンの受容と応答

　オーキシンのさまざまな生理作用は，細胞の分裂・伸長・分化といった細胞レベルのオーキシン応答に基づいている．現在，これらのオーキシン応答の多くは遺伝子発現を介すると考えられており，多くの遺伝子発現がオーキシンに応答して変動する．早いものではオーキシンを投与して数分後に遺伝子発現誘導が確認される．これらの遺伝子はオーキシン早

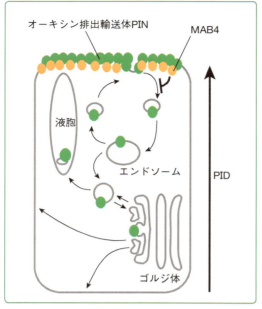

図2.12 PINの局在制御
小胞輸送によるPINの細胞内輸送経路とPIDおよびMAB4によるPINの局在制御．PIDはPINの偏在方向を制御し，MAB4は細胞膜からの内部移行を阻害する．

期誘導性遺伝子群と呼ばれ，大きく *GH3*（2.3.2項参照），*AUXIN/INDOLE ACETIC ACID*（*Aux/IAA*），*SMALL-AUXIN-UP RNA*（*SAUR*）とそれ以外の遺伝子に分類される．これら遺伝子群の発見からおよそ30年たった今日，ようやくオーキシン応答における機能が明らかになってきた．

A. オーキシンの受容

シロイヌナズナを用いた分子遺伝学的研究からオーキシンの受容に関わる重要な因子が数多く同定され，受容機構の理解が進んだ．その過程では，オーキシン応答が異常になる変異体が多数単離され，それら変異体の解析からオーキシン応答がユビキチン-プロテアソーム経路を介したタンパク質分解によって制御されること，そしてAux/IAAがその基質であることが明らかとなった．シロイヌナズナでは，Skp1（suppressor of kinetochore protein 1）の相同分子種であるASK1およびASK2, Cullinの相同分子種であるCULLIN1, F-boxタンパク質であるTRANSPORT INHIBITOR RESPONSE 1（TIR1）/AUXIN SIGNALING F-BOX PROTEIN（AFB）から構成されるSCF$^{TIR1/AFB}$ユビキチンリガーゼ複合体がオーキシン応答時に働く．ユビキチン化される基質を決定するF-boxタンパク質TIR1/AFBがオーキシンとの結合を介してAux/IAAと相互作用することが生化学的解析や結晶構造解析により示され，Aux/IAAタンパク質のオーキシン依存的な分解機構が明らかにされている（**図2.13A，B**）．さらに最近では，TIR1/AFBとAux/IAA間のオーキシン依存的な相互作用に，プロリルイソメラーゼ（PPI）を介したプロリン残基のシス-トランス異性化が重要な働きをすることが発見された．

また，生化学的手法によってオーキシン結合タンパク質が探索され，トウモロコシからAUXIN BINDING PROTEIN1（ABP1）が同定され，続いてシロイヌナズナのABP1ホモログをコードする遺伝子が同定された．その後の研究により，ABP1は小胞体と細胞外領域に存在し，細胞外のオーキシンを感受する受容体と予想されていたが，最近ではその生理的な役割について疑問が持たれている．

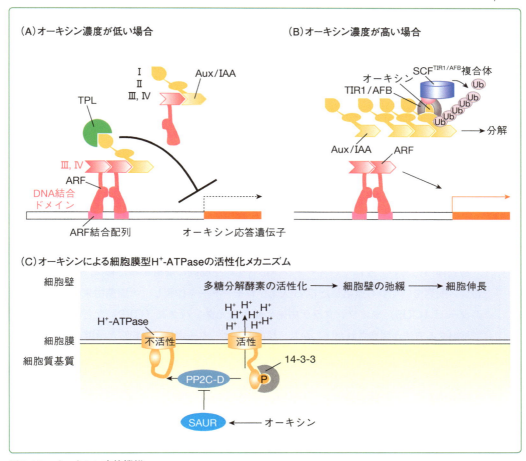

図2.13 オーキシン応答機構
(A) 低濃度オーキシンの場合，安定化したAux/IAAはARFとお互いのドメインIIIとIVを介して多量体を形成する．Aux/IAAのドメインIと相互作用したTPLが，オーキシン応答遺伝子の転写を抑制する．
(B) オーキシンが高濃度で存在する場合，Aux/IAAがTIR1/AFBを認識サブユニットとして持つユビキチン化酵素複合体（SCF$^{TIR1/AFB}$）によってポリユビキチン化される．ユビキチン化されたタンパク質はプロテアソームで分解される．
(C) オーキシンによる細胞膜型H$^+$-ATPaseの活性化メカニズム．H$^+$-ATPaseの活性化にはC末端のリン酸化そして14-3-3との相互作用が必要である．PP2C-DはH$^+$-ATPaseのC末端を脱リン酸化するホスファターゼである．オーキシンによって発現誘導されたSAURは，PP2C-Dの活性を阻害する．

B. オーキシンの情報伝達

オーキシンによって分解されるAux/IAAは転写抑制タンパク質である．オーキシンが低濃度の場合，Aux/IAAは安定化し転写コリプレッサーTOPLESS（TPL）と転写因子AUXIN RESPONSE FACTOR（ARF）と結合することで，ARFを不活性化する（図2.12A）．そして，オーキシン濃度が高くなると，オーキシンがTIR1/AFBとAux/IAAの相互作用を促進し，Aux/IAAが分解される．結果として，ARFの転写活性が脱抑制され，ARFが下流遺伝子の発現を制御する（図2.13B）．最近の構造解析からARFのDNAへの結合様式についてもわかってきた．ARFは単量体でTGTCGG配列に強く結合し，この配列の数や位置によってARFどうしのホモもしくはヘテロ多量体が形成される可能性が示唆されている．

近年，オーキシンによって早期に発現誘導される遺伝子 *SAUR* の機能が明らかにされ，オーキシンによる細胞伸長の促進機構の理解が進んでいる．これまでオーキシンによる伸長促進は，「酸成長説」により説明されてきた．酸成長説では，オーキシンによって活性化された細胞膜型 H^+-ATPase が H^+ を細胞外へと放出することで細胞壁が酸性化し，その結果，細胞壁多糖の分解に働く酵素が活性化されて細胞壁が緩み，細胞が伸長すると考えられている．どのようにオーキシンが細胞膜型 H^+-ATPase を活性化するのか謎であったが，細胞膜型 H^+-ATPase が活性化された状態であるリン酸化 ATPase を脱リン酸化する酵素（PP2C-D）に対し，オーキシン誘導性 SAUR タンパク質が相互作用することで脱リン酸化酵素の働きを抑制し，H^+-ATPase の脱リン酸化を阻害することが明らかとなった（図2.13C）．

C. オーキシン応答センサー

　植物体内においてすばやいオーキシン応答を時空間的に解析するために，オーキシン応答シス配列をいくつも連結した *DR5* 人工プロモーターを作製し，大腸菌由来の β-グルクロニダーゼ（GUS）やオワンクラゲ由来の緑色蛍光タンパク質（GFP）などのレポーターで検出する方法が開発された．しかし，核内でレポーター遺伝子の転写が誘導され，mRNA が核外へと移動し，タンパク質へ翻訳そして正確に折り畳まれて初めて検出可能となるため，応答から検出までにどうしても時間がかかってしまう．さらに，*DR5* 人工プロモーターの応答特異性に問題があることも報告されている．これらの問題を解決するために，新たなオーキシン応答性マーカー DII-Venus が開発された．DII-Venus は Aux/IAA ファミリーの一つである IAA28 の分解に重要なドメイン II を利用し，オーキシンによる Aux/IAA の分解をモニターするものである．これにより，すばやいオーキシン応答の検出が可能となった．

2.5　農園芸におけるオーキシンの役割

　植物に与えることによりその成長を人為的に調節できることから，オーキシンは食糧生産や園芸などの農業分野において広く応用されている．天然オーキシンの IAA は水に溶けると不安定で容易に分解されてしまうため，農業での利用には適さない．そこで，農業分野では化学的な安定性が高く，長く効果を発揮できる合成オーキシンが主に用いられている．

2.5.1　除草剤

　植物体内のオーキシンの濃度は，生合成，代謝，輸送によって調節されており，外部から生理的濃度を超えるオーキシンを与えると細胞伸長阻害や異常な細胞分裂などの成長異常を引き起こす．また，オーキシンに対する感受性は植物種によっても異なる．たとえば，単子葉植物は双子葉植物に比べて合成オーキシン 2,4-D に対する感受性が低いため，2,4-D は水田や小麦畑などの除草剤として用いられてきた．この他にも，4-クロロ-2-メチルフェ

ノキシ酢酸（MCPA）やDicambaなどさまざまな合成オーキシンが除草剤として国内で使用されている．

　一方，2,4-Dや2,4,5-Tなどの合成オーキシンは，ベトナム戦争の枯葉作戦の除草剤として用いられ，森林生態系に多大な悪影響を与えたことで知られている．この戦争で用いられた合成オーキシンには，製造過程で混入，または分解産物として生じたダイオキシンという毒性の強い副産物が含まれていたため，多くの奇形児がベトナムで産まれた．オーキシンが最も不幸な目的に用いられた例である．

2.5.2　クローン植物の作製

　オーキシンとサイトカイニンは植物細胞の分化を制御している．この2つのホルモン量を調節した培地中で組織培養することにより，カルスの作製，そしてカルスからの個体再生が可能となる．また，植物の茎頂分裂組織は活発に細胞分裂を繰り返しており，ウイルスの増殖が追いつかないためにウイルス非感染（ウイルスフリー）の組織として知られている．洋ランの生産現場では，この茎頂分裂組織の組織培養系を用いてクローン植物の作製が行われている．この組織培養には合成オーキシンのNAAや2,4-Dと，植物ホルモンのサイトカイニンを含む培地が用いられる．現在ではさまざまな果実や野菜の生産にも，この技術が広く使われている．

2.5.3　生殖成長調節

　オーキシンは果樹や野菜の着花を促進することから，その作用が農業で応用されている．受精率が低下したハウス栽培などの野菜の花にオーキシンを処理すると，受精しなくても果実が肥大成長する単為結果を引き起こす．トマトやナスの栽培などでは，着花と果実の肥大成長を促進する目的で合成オーキシンの4-クロロフェノキシ酢酸（4-CPA）が利用されている．

2.5.4　根部成長促進

　一般に植物の根部にオーキシンを処理すると，側根や不定根の形成を促進する．また，挿し木などで茎の切り口にオーキシンを処理すると発根を促進する．樹木や花卉の発根促進の目的で，1-ナフタレンアセトアミド（NAM）やインドール-3-酪酸（IBA）が市販されている．NAMは植物体内で代謝されて合成オーキシンのNAAを生成し，これが根部の形成を促進する．また，IBAは植物体内でβ酸化によりIAAを生成する．

参考文献
1) Taiz, L. and Zeiger, E. (2010) *Plant Physiology*, Sinauer Associates Inc., p.546
2) 小柴共一・神谷勇治・勝見允行 (2006) 植物ホルモンの分子細胞生物学, 講談社, p.1
3) Zažímalová, E., Petrasek, J., Benková, E. (2014) *Auxin and Its Role in Plant Development*, Springer

第3章 サイトカイニン
Cytokinins

3.1 サイトカイニン研究の歴史

　1940年代には，ウィスコンシン大学のスクーグ（Skoog）のグループは，植物組織培養で継続的に細胞を増殖させる方法を探索していた．その過程で，スクーグ研究室の博士研究員であったミラー（Miller）は，ニシン精子のDNAの加水分解物は，オーキシン存在下で強い細胞増殖活性化能を示すことを見出した．活性物質は同定されてカイネチンと名づけられ，1955年に発表された（図3.1B）．この研究の過程で，カイネチンは細胞増殖を誘導するばかりでなく，低濃度オーキシン／高濃度カイネチン条件ではシュート（芽，茎，葉）を誘導することを見出している（図3.2）．

　カイネチンは植物体内に存在する物質ではない．そこで，植物が持っているカイネチン様物質の発見に向けた競争が始まった．最終的に，ニュージーランドの研究所のリーサム（Letham）らが1964年にトウモロコシの未熟種子から天然サイトカイニンを精製して構造を示し，ゼアチンと名づけた（図3.1A）．ゼアチンやカイネチン様の生理活性を持つ物質（オーキシン存在下で細胞増殖を誘導し，また，カルスからのシュート誘導能を持つ物質，およびこれらと作用機構が同じであると考えられる物質）は，サイトカイニンと名づけられた（図3.2）．（研究の歴史の詳細は，CDの補足3.1を参照．）

　サイトカイニンの発見後，サイトカイニンの合成系・受容・初期情報伝達系のしくみは長らく謎であったが，シロイヌナズナの遺伝学の発達とゲノムの解読などにより，これらは21世紀初頭に一気に解決した．また，質量分析の発達もサイトカイニンの理解に大きく貢献した．ただ，いまだ情報伝達系は生理作用に十分につながったとはいえず，今後の課題である．

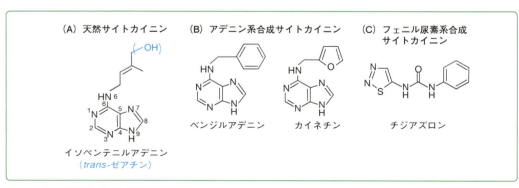

図3.1　代表的なサイトカイニン

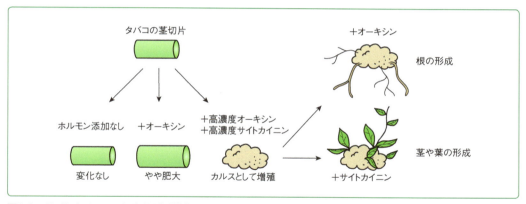

図3.2 サイトカイニンの細胞分裂誘導作用と，茎と葉の形成誘導作用

3.2 サイトカイニンの構造

　天然のサイトカイニンは，アデニンのN-6位に，5つの炭素原子を持つ側鎖が結合している（図3.1）．側鎖末端が2つのメチル基で側鎖に二重結合を持つ活性型サイトカイニンはイソペンテニルアデニン系サイトカイニンである．末端に水酸基を持つ活性型サイトカイニンはゼアチンである．多くの植物で，水酸基がトランス位にある*trans*-ゼアチンが*cis*-ゼアチンよりもずっと活性が高いが，イネでは*cis*-ゼアチンも強い活性を示す．ゼアチンの二重結合が飽和したもの（ジヒドロゼアチン）も植物内在の活性型サイトカイニンである．わざわざ活性型と書いているのは，イソペンテニルアデニンやゼアチンにリボースやリボースリン酸が結合した不活性な生成中間体もサイトカイニンと呼ぶためである．

　植物には基本的に存在しないがサイトカイニン活性を持つ物質として，上に述べたカイネチンとベンジルアデニンなどがある．ベンジルアデニンは，まれに植物にも見出されることがあるが，その重要性はまだわかっていない．また，フェニル尿素系の人工サイトカイニンとして，チジアズロンなどがある．

3.3 サイトカイニンの生理作用・役割

　サイトカイニンには，組織培養系での細胞分裂の促進，シュート形成の誘導，腋芽形成と腋芽成長の促進，老化抑制，栄養分の転流調節など，さまざまな生理作用がある．

3.3.1 細胞増殖促進作用と，シュート形成作用

　植物の組織培養系では，茎頂分裂組織と根端分裂組織は自律的に増殖するが，他の組織はオーキシンとサイトカイニンがなければ増殖しない．培養組織片は，高濃度のオーキシンとサイトカイニン存在下では無秩序に細胞分裂してカルスを形成する．このとき，サイトカイニンの濃度が高ければ葉緑体が発達した緑色のカルスが形成される．カルスを，ホルモンとしてオーキシンのみを含む培地に移すと根が形成され，サイトカイニン濃度が高

くオーキシン濃度が低い培地に移すとシュートが形成される（図3.2）．セン類のヒメツリガネゴケでは，サイトカイニンは茎葉体形成を促進する（詳しくはCD収載の補足3.2参照）．

3.3.2　細胞分裂の調節

細胞周期は，G1期→S期→G2期→M期→G1期を繰り返す．S期にはDNAを複製して倍加し，M期には染色体を分離して2つの細胞に分かれる．一般に，細胞の増殖調節は，G1期からS期へ（G1/S），あるいはG2期からM期へ（G2/M）の進行を行うかどうかの決定としてなされる．サイトカイニンは，G1/S期進行，G2/M期進行のどちらについても，これを調節しているという報告がある．

A. G1/S期進行

G1/S期進行の調節因子であるサイクリンD3（CycD3）の遺伝子は，サイトカイニンにより活性化される．シロイヌナズナにおいて，サイクリンD3遺伝子を過剰発現させると，組織培養系でサイトカイニンを与えなくても緑色のカルスが形成される．シロイヌナズナにはサイクリンD3遺伝子は3つあるが，これら3つを破壊すると，サイトカイニンを含む培地でカルスを培養してもあまり増殖しない．これらのことは，サイトカイニンによる細胞増殖促進には，サイクリンD3遺伝子の発現が重要な役割を果たしていることを示している．シロイヌナズナのサイクリンD3遺伝子変異体では，サイトカイニンによる増殖が抑制されているだけではなく，あたかもサイトカイニンを含まない培地で培養したかのように不定根が形成される．このことは植物においては，サイクリンD3遺伝子が細胞増殖だけではなく，細胞の分化状態も制御している可能性を示唆しており，興味深い．

B. G2/M期進行

細胞を継代培養すると，細胞がサイトカイニンを要求しなくなることがある（馴化，habituation）．馴化細胞はサイトカイニンを合成しているが，合成するサイトカイニン量は細胞周期の時期に応じて変動する．また，そのサイトカイニンがG2/M期進行に必要であることを示す報告がある．

C. 核内倍加

サイトカイニンが細胞増殖に必須なことは，サイトカイニン受容体の破壊株がほとんど育たないことからも明確である．しかし，サイトカイニンは細胞増殖に阻害的に働く局面もある．シロイヌナズナにおいて，根の分裂組織にあった細胞が成長に伴って根端から離れて成熟する際，S期でのゲノムの複製後にM期を飛ばして核内倍加（endoreplication，endoreduplicationとも呼ぶ）を起こす．核内倍加が起きれば，通常の細胞周期には戻らないと考えられている．この核内倍加に対してサイトカイニンは促進的に働いているのである．

3.3.3　腋芽の形成と成長の促進

一般に，頂芽の活性が高い時には腋芽（側芽）の多くは休眠状態にあり，頂芽を失うと

腋芽は側枝として成長する（頂芽の作用を頂芽優勢と呼ぶ）．頂芽優勢には，頂芽でつくられるオーキシンが重要である．頂芽優勢により休眠している腋芽にサイトカイニンを塗ると，成長が開始されることが多い．また，アグロバクテリウムのサイトカイニン合成酵素を導入してサイトカイニン量を上昇させた植物では枝分かれが多くなる．頂芽優勢におけるオーキシンとサイトカイニンの関係は，どうなっているのだろうか？

エンドウでは，頂芽から輸送されるオーキシンが，茎でのサイトカイニン合成酵素遺伝子 *ISOPENTENYL TRANSFERASE*（IPT）の発現を抑制している．頂芽切除後には，IPTの発現量が増え，活性型サイトカイニンである *trans-*ゼアチンやイソペンテニルアデニンの量が腋芽で増え腋芽が成長する．切断面にオーキシンを塗布することによりこれらを抑制できることが確認されている．これらのことから，頂芽から求基的に輸送されるオーキシンがサイトカイニン合成酵素を抑制していて，頂芽切除によってオーキシンの供給がなくなるとサイトカイニン合成酵素が合成され，合成されたサイトカイニンが腋芽に移動して腋芽の成長を活性化すると考えられている．

シロイヌナズナにおいては，腋芽の形成と形成された腋芽の成長を分けて考えなくてはならない．シロイヌナズナも頂芽切除で枝分かれが増え，サイトカイニン合成酵素遺伝子 *AtIPT5* の発現も誘導される．サイトカイニン合成酵素遺伝子の三重変異体（*atipt3;5;7*）では枝分かれの数が少ないが，そもそも腋芽分裂組織を持たない葉腋も多く，頂芽切除によって成長を開始する腋芽の割合は野生型と変わらない．つまり，シロイヌナズナでは，腋芽形成にサイトカイニンが必要であるが，頂芽切除による腋芽の休眠解除のためにはサイトカイニン合成は重要ではない．

3.3.4　栄養分の分配調節と老化の抑制

植物は，必要なところに糖やアミノ酸などの栄養分を転流させる．たとえば種子形成時には，老化する葉から栄養分が回収され，種子に集められる．種子が発芽すると，蓄えられていた栄養分は成長器官へと移される．栄養分はまた，光合成をしている器官から，成長中の器官へと移される．栄養分を送り出す器官をソース，取り込む器官をシンクと呼ぶ．

植物体にサイトカイニンを塗ると，その部分のシンクとしての強度が強まり，栄養分が集まる．栄養分の転流の様子は，植物の葉に放射性アミノ酸を塗って取り込ませ，その後の放射能を測定することで見ることができる．葉にサイトカイニンを塗ると，その葉に栄養分が集まることがわかる（図3.3）．

サイトカイニンには老化の抑制作用もある．ダイズなどの葉を切り取って水に挿しておくと葉は老化して黄色くなるが，サイトカイニンを含んだ水に挿した場合は老化が抑制される（CD収載の**補図3.1**参照）一般的に葉が老化する時には，葉のサイトカイニン量が低下することも知られている．サイトカイニンの量を一定に保つように工夫し，老化を抑えた遺伝子操作植物もつくられている（**図3.4**）

ソースとシンクの関係は，篩部内のショ糖勾配によって決まる．ショ糖をつくり，篩部にショ糖を積み込む（ロードする）器官（主に光合成器官など）では篩管液のショ糖濃度が高く，篩管からショ糖を積み下ろす（アンロードする）器官では篩管液のショ糖濃度が

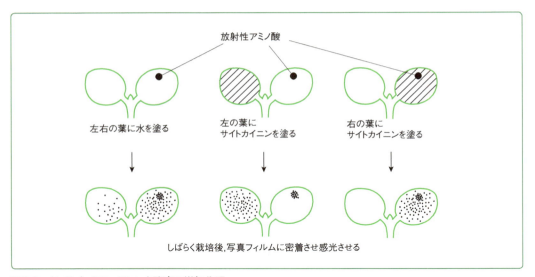

図3.3　サイトカイニンのシンク強度の増加作用
キュウリの葉に与えた放射性アミノ酸は，サイトカイニンを塗った葉に集まる．

低い．ショ糖濃度が高いほど，高い浸透圧によって篩管内に水が流入しようとする力が大きいので，篩管にはソース器官で水が流入し，シンク器官で水が流出する．このことが篩管液の流れの方向性を決め，アミノ酸なども篩管液の流れに乗って運ばれる．

　篩管からシンク器官の細胞へのショ糖の流れには，原形質連絡を通るシンプラズミックな経路と，いったん細胞外に排出されるアポプラズミックな経路がある．後者の経路では，ショ糖は，ショ糖の輸送体によって細胞外に排出され，細胞壁インベルターゼで単糖に分解され，単糖は単糖の輸送体で周辺細胞に取り込まれる．したがって，細胞壁インベルターゼはシンク強度を強める能力がある．では，サイトカイニンはどのようにしてこの流れを制御するのだろうか？　サイトカイニンは細胞壁インベルターゼ遺伝子を活性化する．また，老化に向かう葉で細胞壁インベルターゼ遺伝子を人為的に発現させると老化は遅れることも示されている．これらの結果は，サイトカイニンによるシンク強度増加に，細胞壁インベルターゼが重要な役割を果たしていることを示唆している．

3.3.5　植物の根とシュートの成長バランスの制御

　植物は，環境に適応して成長のバランスを調節する．栄養塩類，特に窒素栄養が不足すると地上部の成長は阻害されるが，根の成長はあまり阻害されないか，むしろ促進される．これは，栄養塩類が不足していれば光合成器官よりも栄養塩類を吸収する根の成長のために資源を分配し，栄養塩類が十分であれば光合成器官や生殖器官に資源を分配するという戦略をとっていることと考えられる．

　栄養塩類，特に窒素栄養が十分に与えられると，サイトカイニンの量が上昇することが知られている．サイトカイニンを分解する酵素遺伝子の過剰発現株やサイトカイニン合成酵素遺伝子の多重破壊株では，根の成長が促進され，地上部の成長が抑制される．これら

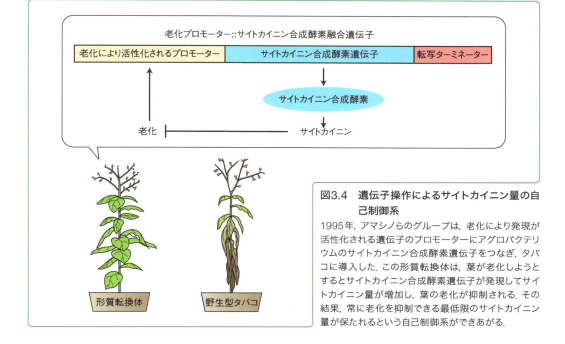

図3.4 遺伝子操作によるサイトカイニン量の自己制御系

1995年, アマシノらのグループは, 老化により発現が活性化される遺伝子のプロモーターにアグロバクテリウムのサイトカイニン合成酵素遺伝子をつなぎ, タバコに導入した. この形質転換体は, 葉が老化しようとするとサイトカイニン合成酵素遺伝子が発現してサイトカイニン量が増加し, 葉の老化が抑制される. その結果, 常に老化を抑制できる最低限のサイトカイニン量が保たれるという自己制御系ができあがる.

の結果は, 窒素栄養の供給状態に応じた植物の成長の調節にサイトカイニンが関与している可能性を示唆している.

サイトカイニンはエチレン合成を促進する. シロイヌナズナのエチレン非感受性の変異体ではサイトカイニンによる成長阻害が抑制されていることから, サイトカイニンが持つ根の伸長阻害作用のかなりの部分はエチレンの作用によるものであることがわかる.

3.3.6 種子の発達

コムギでは, 受粉の数日後に未熟種子中のサイトカイニン量が一過的に大きく上昇する（CD収載の**補図3.3**参照）. 内乳（胚乳ともいう）の発達においては, 核分裂が先行して多核になった後に隔壁（細胞壁）が合成されて細胞化し, 私たちが食用にしている主要部分になる. サイトカイニン量の上昇の時期は, この内乳の核分裂が盛んに起きる時期と一致している. サイトカイニンの持つ細胞分裂促進作用やシンク強度を強める作用が, 種子の発達に重要なのであろう.

3.3.7 形成層の活性制御

植物が茎や根の肥厚成長を行う際に増殖する細胞は形成層という組織である. 形成層で細胞が増殖し, 内側方向に押し出された細胞は道管を含む木部に, 外側に押し出された細胞は篩部となる. 樹木では木部が大部分を占め, 篩部は樹皮の直下にあり, そのすぐ内側に形成層がある. 樹皮を剥ぐときに剥離しやすい部分が形成層である. シロイヌナズナのサイトカイニン合成酵素突然変異体では形成層ができない. 樹木においても, サイトカイニンが形成層の活性の重要な制御因子であることが示されている（**図3.5**）

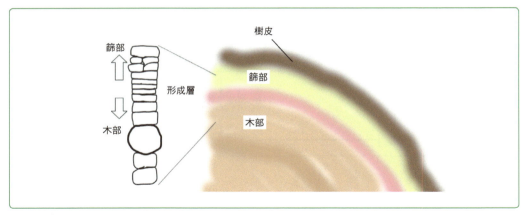

図3.5　多年生植物の二次肥厚
双子葉植物では，茎頂分裂組織の近くと根端分裂組織での一次成長によって維管束の初期パターンが形成されるが，分裂組織から離れて成熟した領域では，茎や根の中でリング状の形成層をつくるようになる．形成層の細胞は幹細胞であり，ここで生み出された細胞が形成層の外側に押し出されると篩部を，内側に押し出されると木部を形成する細胞となる．多年生植物においては，季節によって形成する木部の細胞の大きさが違うために年輪が形成される．樹木では，篩部領域の割合は小さく，古くなった篩部は樹皮となってはげていくので，形成層は常に樹皮の近くに存在する．植物は形成層の活性を調節することにより，環境に応じて適切に肥厚を行う．サイトカイニンは，形成層の形成と活性の調節を行っている．シロイヌナズナのサイトカイニン合成が減少した突然変異体では，形成層はつくられない．

3.4　サイトカイニンの合成と代謝，輸送

3.4.1　植物病原菌のサイトカイニン合成酵素

　植物に感染し，植物の茎を帯化（茎頂分裂組織の異常増殖により幅の広い帯状の茎になること）させたり，枝の数を異常に増やしたり，腫瘍組織を形成させたりするカビや細菌の多くは，サイトカイニン合成酵素を持っている．このような病原体のなかでも最もよく調べられているのがアグロバクテリウム（*Agrobacterium tumefaciens* = *Rhizobium radiobacter*）である．アグロバクテリウムは，植物に感染するとTiプラスミドのT-DNAと呼ばれる領域を植物の細胞内に注入して染色体に組み込ませる．

　T-DNA領域には，2ステップでトリプトファンからインドール酢酸を合成する酵素をコードする2つの遺伝子（*iaaM*と*iaaH*）と，サイトカイニン合成を触媒する酵素遺伝子 *IPT*（*tmr*）遺伝子が含まれている．これらの遺伝子が植物細胞内で発現し，オーキシンとサイトカイニンを合成させる結果，植物細胞は異常増殖してクラウンゴールと呼ばれる「こぶ」をつくる．なお，T-DNAにはオパイン合成酵素遺伝子も含まれており，こぶはオパイン（opine，オピンともいう）という化合物を分泌する．アグロバクテリウムはオパインを栄養源に利用できるのである．

　アグロバクテリウムのIPTは，アデノシン一リン酸（AMP）にイソペンテニル基を転移する反応を触媒する．反応産物のイソペンテニルAMPのリボースリン酸は，植物の持つ酵素によって除かれて，活性型のサイトカイニンとなる（**図3.6**）．

3.4.2 植物でのサイトカイニン合成

A. サイトカイニン合成の第1ステップ：ATPとADPのイソペンテニル化

　アグロバクテリウムのサイトカイニン合成酵素がAMPのイソペンテニル化酵素であることは昔から知られていたものの，植物のサイトカイニン合成の最初のステップを触媒する酵素は2001年に発表された．植物の酵素はアグロバクテリウムのものとは違い，ATPとADPにイソペンテニル基（ジメチルアリル基）を転移する（図3.6）．植物のイソペンテニル基転移酵素には2種類あり，1つは上記のATP/ADPイソペンテニル基転移酵素，もう1つはtRNAをイソペンテニル化するtRNAイソペンテニル基転移酵素である．

　イソペンテニルATP，イソペンテニルADP，イソペンテニルAMPの一部は，サイトカイニン水酸化酵素（シロイヌナズナでは，CYP735A）により，側鎖のトランス位の水酸化が起き，*trans*-ゼアチンリボシド（一，二または三）リン酸となる．また，イソペンテニルAMPと*trans*-ゼアチンリボシド一リン酸は，サイトカイニン活性化酵素（LONELY GUY：LOG）によってリボース一リン酸が除かれ，活性型サイトカイニンであるイソペンテニルアデニンと*trans*-ゼアチンになる．以下，それぞれの反応について記述する．

　ATP/ADP転移酵素遺伝子を過剰発現させると，植物はカルスからのシュート形成などの強いサイトカイニン応答を示し，また，植物体のサイトカイニン量が増加する．シロイヌナズナにはATP/ADPイソペンテニル基転移酵素遺伝子は7個存在し，このうち発現量の多い*AtIPT3*，*5*，*7*を破壊するとイソペンテニルアデニン型と*trans*-ゼアチン型のサイトカイニン量が減少し，茎頂分裂組織の縮小，形成層の消失または減少など，成長に関して大きな表現型が現れる．この突然変異体と野生型を接ぎ木し，シュートまたは根だけが突然変異体となるようにすると，どちらの場合も植物は正常に成長するので，成長のためには，シュートまたは根のどちらかでこの酵素が働けば十分である．

B. 側鎖の水酸化による*trans*-ゼアチンリン酸の生成

　シロイヌナズナに2つ存在するサイトカイニン水酸化酵素遺伝子（*CYP735A1*，*CYP735A2*）を同時に破壊すれば*trans*-ゼアチンタイプのサイトカイニン量は野生型の5％以下になり，地上部の成長が抑制される．*cis*-ゼアチンは減少しない．この突然変異体と野生型の接ぎ木実験では，根またはシュートのどちらかにだけサイトカイニン水酸化酵素があれば，シロイヌナズナは正常に成長する．サイトカイニン水酸化酵素の発現量を増やせば，シュートの成長は良くなる．

C. サイトカイニン活性化酵素によるイソペンテニルアデニンと*trans*-ゼアチンの生成

　*LOG*はイネの突然変異体*lonely guy*（*log*）の原因遺伝子として同定された．*log*変異体では茎頂分裂組織，花芽分裂組織が小さく不安定になる．そのため，花器官の数も減少し，しばしば雌しべを欠き，1本の雄しべだけを持つ花が形成される（*lonely guy*の名の由来）．

　イネにはたくさんの*LOG*ホモログ遺伝子が存在するにもかかわらず，茎頂分裂組織と花芽分裂組織で発現する*LOG*の変異だけで表現型が現れる．このことは，イネにおいては，活性型サイトカイニンはつくられた組織で主に働く，ということを示唆している．シロイ

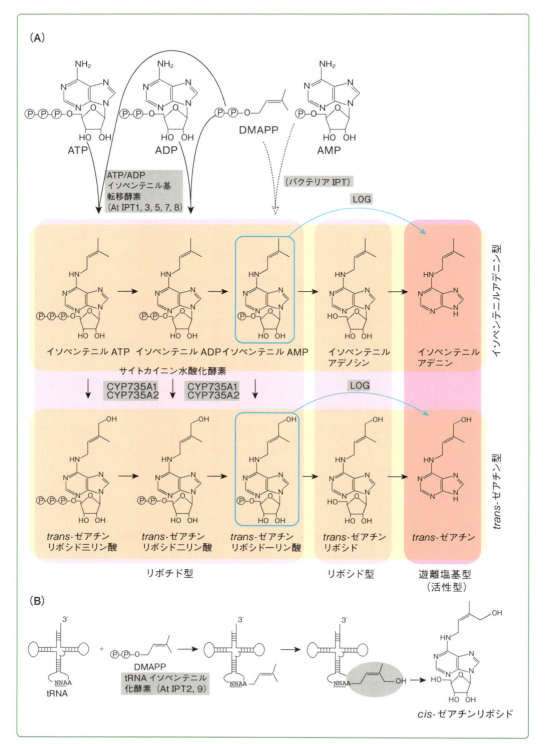

図3.6 サイトカイニンの生合成経路
一般にサイトカイニン受容体に結合する活性型は，イソペンテニルアデニンと trans-ゼアチンであるが，トウモロコシの受容体は cis-ゼアチンも認識する．(A)イソペンテニルアデニン型と trans-ゼアチン型サイトカイニンの生合成経路．(B) cis-ゼアチンの合成経路．DMAPP：ジメチルアリル二リン酸，N：任意の RNA 塩基，A：アデニン．アンチコドンは下線で示す．個別の酵素名はシロイヌナズナのものである．

ヌナズナでも多く存在するLOG遺伝子の発現パターンと遺伝子破壊株の観察が行われているが，イネにおいて見られるような，発現パターンと破壊株の表現型の間に明確な関連はない．シロイヌナズナのLOG遺伝子の多重変異体では活性型サイトカイニン量が低く，全身的な強い成長阻害を示す．

D. cis-ゼアチンの合成

昔から，cis-ゼアチンは修飾tRNAに由来するのではないかと想像されてきた．なぜなら，tRNAのアンチコドンの3番目と，その3′側の塩基がともにアデニンである場合，ほとんどの生物種で後者のアデニンのN-6位がイソペンテニル化されたのち，シス位に水酸化されるため，分解産物としてcis-ゼアチンリボースリン酸ができる可能性があるからである．シロイヌナズナに存在する2つのtRNAイソペンテニル基転移酵素遺伝子の両方を欠く二重変異体はcis-ゼアチンを欠くことがわかり，この仮説が証明された．

3.4.3　サイトカイニンの分解

サイトカイニンは，サイトカイニン酸化酵素（CKX）の作用により側鎖が除かれ，ゼアチンやイソペンテニルアデニンはアデニンになる（図3.7）．サイトカイニン酸化酵素は1999年にトウモロコシの未熟種子から精製されて同定された．サイトカイニン酸化酵素はフラビンタンパク質である．

種子数の多い多収イネであるインディカ米のハバタキという品種では，サイトカイニン分解酵素遺伝子に変異があって，サイトカイニンの分解能力が少し低下し，サイトカイニン量が増えることで花の数が増えている．

3.4.4　サイトカイニンの輸送

シロイヌナズナのサイトカイニン合成酵素遺伝子（AtIPT1, 3, 5, 7）の四重変異体と野生型を胚軸部分で接ぎ木した実験では，主にイソペンテニルアデニン型サイトカイニンはシュートから根に，trans-ゼアチン型のサイトカイニンは根からシュートに輸送されていることが示された．

最近，シロイヌナズナにおいて，ABCG14が根から道管へのサイトカイニンの積み込みに必要な輸送担体であることが報告された．遺伝子破壊株では，道管液のtrans-ゼアチン

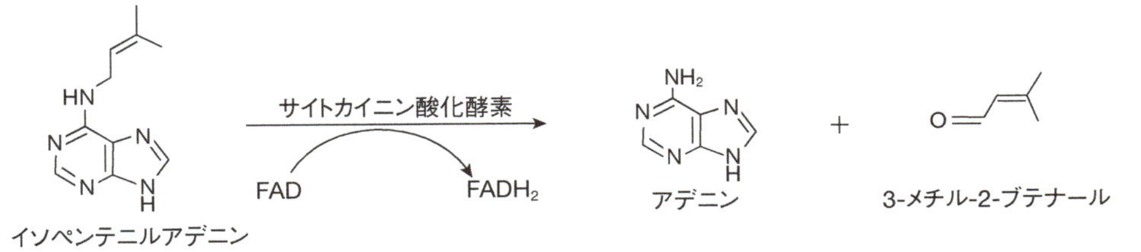

図3.7　サイトカイニンの分解
trans-ゼアチンの分解も同様である．

の量が著しく減少し，cis-ゼアチン，ジヒドロゼアチンの量も減少している．ABCG14はATP結合カセットタンパク質スーパーファミリーに属するが，サイトカイニン輸送の分子機構はわかっていない．

3.5 サイトカイニンの受容と情報伝達

サイトカイニンは，ヒスチジンキナーゼに属するタンパク質によって受容され，His-Aspリン酸リレー系（二成分制御系）によって初期情報伝達が行われる．

3.5.1 His-Aspリン酸リレー系（二成分制御系）とは

His-Aspリン酸リレー系は細菌，古細菌，菌類，植物に存在し，細胞内や細胞外の情報を受容・伝達する系である（図3.8）．基本的な構成因子として，ヒスチジンキナーゼとレスポンスレギュレーターといわれる2種のタンパク質を含む．多くのヒスチジンキナーゼは細胞外情報の認識に関わっており，膜貫通タンパク質である．

一般には，ヒスチジンキナーゼが情報を認識すると，細胞内にあるヒスチジンキナーゼドメイン（トランスミッタードメイン）の特定のヒスチジン残基がリン酸化される（図3.8上）．このリン酸基は，リン酸基転移反応により，最終的にはレスポンスレギュレーターのレシーバードメイン内にある保存されたアスパラギン酸残基に移る．これによりレスポンスレギュレーターのアウトプットドメインの活性化が起こり，次に情報を伝える．ヒスチジンキナーゼからレスポンスレギュレーターへのリン酸基転移には，リン酸基転移メディエーターが関わる場合もある（図3.8下）．植物で知られているリン酸リレー系はこのタイプである．アウトプットドメインは，転写因子などの調節因子として働く．

セリン，トレオニンやチロシン残基のリン酸化によるタンパク質リン酸化カスケードでは，リン酸化により活性化されたプロテインキナーゼがATPを用いて次に働くプロテインキナーゼをリン酸化するのに対して，His-Aspリン酸リレー系では，ヒスチジンキナーゼの自己リン酸化に使われたリン酸基そのものが次々とドメイン間あるいはタンパク質間を転移する．植物では，エチレンの受容体もヒスチジンキナーゼと似ているが，ヒスチジンキナーゼとしてエチレンの情報を仲介しているのではない（6章参照）．

3.5.2 サイトカイニンの受容体

サイトカイニンの受容体CRE1（WOL，AHK4と同一）をコードする遺伝子は，シロイヌナズナのサイトカイニン耐性突然変異体 cre1-1 の原因遺伝子として同定された．通常，サイトカイニンにはカルスの緑化と増殖，カルスからのシュート形成，根の伸長阻害などの作用があるが，cre1-1 変異体では，これらのすべてのサイトカイニン応答が低下していた．CRE1は2回膜貫通型のヒスチジンキナーゼである．

CRE1がサイトカイニン受容体であることは，酵母や大腸菌に導入した CRE1 遺伝子の産物が，サイトカイニン依存的にヒスチジンキナーゼ活性を持つことで示された．ここでは，出芽酵母を用いた実験例を紹介する（図3.9）．出芽酵母はヒスチジンキナーゼ遺伝子

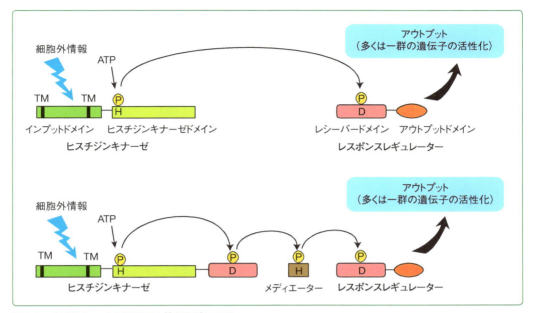

図3.8 典型的な二成分制御系の情報伝達モデル
ヒスチジンキナーゼのインプットドメインが情報を受け取ると,リン酸リレーが開始される.レスポンスレギュレーターのレシーバードメインがリン酸化されると,アウトプットドメインが活性化される.TM:細胞膜貫通領域,H:ヒスチジン残基,D:アスパラギン酸残基,P:リン酸基.

を1つだけ持っており,これを破壊するとリン酸基の転移が起きなくなることが原因で生存できない.そこにシロイヌナズナの*CRE1*遺伝子を導入すると,酵母はサイトカイニン存在下でのみ生育することができた.これは,酵母の中で,サイトカイニンがCRE1を活性化し,酵母が本来持つリン酸基転移中間体へとリン酸基転移を引き起こしたためであり,CRE1がサイトカイニン受容体であることの証明となった.この系でCRE1を発現させた場合には,*cis*-ゼアチンよりも*trans*-ゼアチンのほうがずっとよく働く.大腸菌で同様の実験系を構築して調べた実験では,トウモロコシのZmHK1は,*cis*-ゼアチンも*trans*-ゼアチンと同じ程度に働く.これらのことから,植物種によっては*cis*-ゼアチンも重要な働きを持っているのかもしれない.

また,サイトカイニンがCRE1に直接結合することも示されている.CRE1に結合するのは遊離塩基型のイソペンテニルアデニン,*trans*-ゼアチン,合成サイトカイニンであるベンジルアデニンやフェニル尿素系の合成サイトカイニンのチジアズロンであり,リボシド型サイトカイニンは結合しない.シロイヌナズナにはサイトカイニン受容体遺伝子は3つ存在し,この3つを欠損させた三重変異体では,植物はほとんど育たず,サイトカイニンに応答しなくなる.

3.5.3 サイトカイニンの初期情報伝達

植物がサイトカイニンを受容すると,サイトカイニン受容体の保存されたヒスチジン残基が自己リン酸化される(**図3.10**)このリン酸基はまず,受容体の保存されたアスパラギン酸残基に転移されたのち,リン酸基転移メディエーターのヒスチジン残基に転移される.

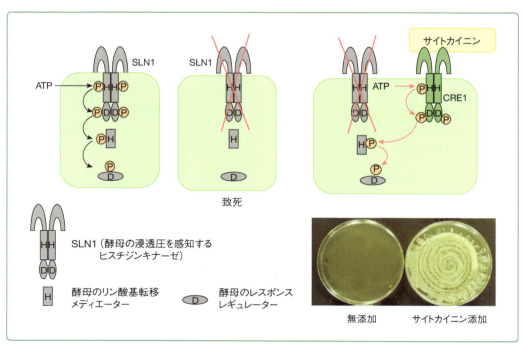

図 3.9 酵母を用いて，CRE1 がサイトカイニン受容体であることを証明した実験

　リン酸化されたリン酸基転移メディエーターは核内へと移行し，レスポンスレギュレーターのアスパラギン酸残基に転移される．植物には2種類のレスポンスレギュレーター（タイプAレスポンスレギュレーターとタイプBレスポンスレギュレーター）が存在する．タイプAレスポンスレギュレーターはリン酸基を受けとるレシーバードメインのみからなり，タイプBレスポンスレギュレーターは，レシーバードメインに加えてDNA結合転写因子ドメインを持つ．リン酸基を受け取ったタイプBレスポンスレギュレーターは標的遺伝子の転写を活性化し，サイトカイニン応答遺伝子群が発現する．タイプAレスポンスレギュレーター遺伝子はタイプBレスポンスレギュレーターによって直接転写を活性化されるが，タイプAレスポンスレギュレーターはリン酸基の受容においてタイプBレスポンスレギュレーターと競合してサイトカイニン応答を抑制し，さらに未知の機構でもサイトカイニン応答を抑制している．つまり，タイプAレスポンスレギュレーターはサイトカイニン応答が進みすぎないように負のフィードバック制御の役割を果たしている．タイプBレスポンスレギュレーターが結合するDNAコア配列も決められており（決定方法についてはCD収載の補図3.4参照）．その配列を利用し，組織のサイトカイニン応答をGFPで可視化することも可能になっている(CD収載の補図3.5参照)．
　リン酸基転移メディエーターに似たシロイヌナズナのAHP6はリン酸基転移の阻害因子であり，細胞特異的な発現により，組織内にサイトカイニン応答能の違いを生み出している．
　タイプBレスポンスレギュレーターは転写制御因子であるので，サイトカイニンはタイプBレスポンスレギュレーターを介して，直接的あるいは間接的に，どのような遺伝子を制御しているのか，ということがサイトカイニン作用を考えるうえで重要となる．サイト

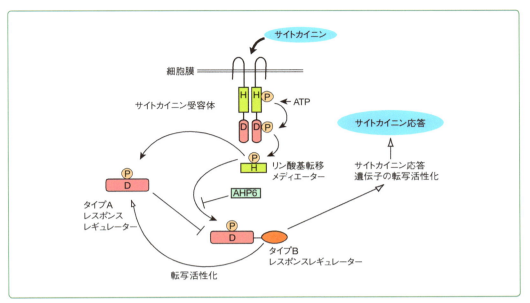

図 3.10　サイトカイニンの情報伝達のモデル図
サイトカイニンは CRE1 ヒスチジンキナーゼとその類似タンパク質によって受容され，細胞内でのリン酸リレーが起きる．これによりタイプ B レスポンスレギュレーターが活性化され，サイトカイニン応答遺伝子の転写を活性化する．タイプ A レスポンスレギュレーター遺伝子はサイトカイニンにより誘導され，AHP6と タイプ A レスポンスレギュレーターはサイトカイニン応答を抑制する．

カイニンは，タイプAレスポンスレギュレーター，サイトカイニン酸化酵素，サイトカイニン水酸化酵素，サイクリンD3などの遺伝子を活性化させる．3.2.4項で述べたように，インベルターゼや単糖輸送体もサイトカイニンで調節されている．これら以外にも多くの代謝酵素の遺伝子の発現がサイトカイニンによって調節されており，サイトカイニンは代謝調節の重要な因子である．ただし，これら遺伝子の多くについては機能がわかっておらず，遺伝子発現調節と植物機能調節の関係については今後の課題である．

3.5.4　発生を制御するサイトカイニン情報伝達系

茎頂分裂組織において，サイトカイニンは細胞増殖の促進因子として働いている．サイトカイニンは茎頂分裂組織の重要な制御因子であるWUSCHEL（WUS）と SHOOT-MERISTEMLESS（STM）をそれぞれコードする遺伝子を活性化する．逆に，WUSはサイトカイニン情報伝達の抑制因子であるタイプAレスポンスレギュレーターをコードする遺伝子を抑制することによりサイトカイニン応答を促進し，STMはサイトカイニン合成を促進するので，正のフィードバックループを形成するが，サイトカイニン応答はサイトカイニン分解を促進するとともにタイプAレスポンスレギュレーターを合成して負のフィードバックを活性化する（**図3.11**）．WUSはCLV3とも制御ループを形成している（9章参照）．このように，サイトカイニン，転写因子，ペプチドホルモンからなる制御ループで茎頂分裂組織が制御されている．葉原基の形成においては，葉原基と葉原基予定領域が周辺からオーキシンを集めるために周辺のオーキシンが減少し，このことが新たな葉原基予定

領域形成の抑制フィールドを形成している（2章参照）．AHP6は葉原基でオーキシンにより合成が促進されて原形質連絡を通ってシンプラズミックに拡散し，サイトカイニン情報の抑制フィールドを形成することにより，オーキシン系とともに葉原基抑制フィールドを形成している．根の維管束形成においては，AHP6は木部で合成され，木部でのサイトカイニン情報伝達の抑制により，維管束パターンを形成している（CD収載の図3.6参照）．

サイトカイニンはまた，オーキシン輸送担体であるPIN1の細胞膜局在を減少させる作用もあり，側根形成を抑制している．

3.6 農園芸におけるサイトカイニンの役割

茎頂培養などの組織培養系を用いたウイルスフリーの植物（CD収載の補足3.3参照）は，多くの農作物や花卉の生産に利用されており，イチゴやランなどの生産で広く用いられる．こういった培養系では，成長調節物質としてオーキシンとサイトカイニンが重要である．

リンゴなどの果実は，ある程度は枝の数の多いほうが収量が高い．サイトカイニンの持つ腋芽休眠解除の作用を利用し，ベンジルアデニンは，枝の数を増やす目的で利用されている．また，ベンジルアデニンやフェニル尿素系のサイトカイニンを，スイカやメロンの開花当日に花の付け根に塗布すると，着果率が上昇する．

サイトカイニンは一般に老化を抑制する．ベンジルアデニンは，水稲の苗の葉の老化を防止し，優良な苗をつくる目的で使用されている．ワタの収穫の前に，フェニル尿素系のサイトカイニンであるチジアズロンを散布すると落葉が促進されるので，残った綿実だけを機械で収穫することが可能となる．この方法も広く用いられている．その際，サイトカイニンにより合成の促進されたエチレンが落葉を促進していると考えられている．

3.3.3項で述べたように，サイトカイニン含量が高いイネの収量は高い．品種改良の過程でそのような品種が選択されたと考えられるが，その知見をさまざまな作物の品種改良に適応できる可能性もある．

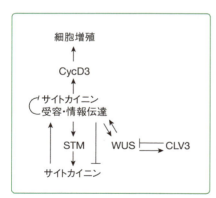

図3.11　茎頂分裂組織の制御系

単純化のため，ここでは遺伝子とタンパク質は区別していない．また，茎頂分裂組織内の空間情報は示していない．サイトカイニンの情報伝達が亢進すれば，サイトカイニン合成は抑制され，分解が促進される．サイトカイニンは茎頂分裂組織の正の制御因子である．WUSとSTMは茎頂分裂組織の形成・維持に必要な転写因子．

参考文献

1) Amasino, R. (2005) *Plant Phys.*, **138**, p.1177
2) Kieber, J. and Schaller, E. (2014) *Arabidopsis Book*, **12**, e0168
3) Inoue, T. et al. (2001) *Nature*, **409**, pp.1060-1063
4) Miyawaki, K. et al. (2006) *Proc. Natl. Acad. Sci. USA*, **103**, pp.16598-16603
5) Ashikari, M. et al. (2005) *Science*, **309**, pp.741-745

第4章 ジベレリン
Gibberellins

4.1 ジベレリン研究の歴史

4.1.1 植物ホルモンと認知されるまで

　台湾が日本の統治下にあった時代，水田におけるイネの徒長（ひょろ長く草丈が伸びた状態）は日本のみならず，より湿潤な気候である台湾においても農業上の大きな問題であった．この徒長現象は馬鹿苗病と呼ばれ，カビの感染に起因することが確認されていた．台湾総督府農業中央研究所勤務の黒澤英一技師はイネ馬鹿苗病の防除研究に携わるなか，原因カビである *Fusarium* 属 *Lisea*（*Gibberella*）*fujikuroi* Saw. の培養濾液や，煮沸処理をした濾液を用いてもイネが徒長することから，徒長の原因はカビが生産して培養液中に分泌する化学物質によることを実験的に示した（**図4.1**）．黒澤は，馬鹿苗病を発症したイネは徒長に加えて葉色が淡くなることなどを報告し，現在ではジベレリンによることが知られる作用や物性についても明らかにし，あわせて1926年に初報を台湾博物学会会報に発表している．

　カビが生産するこの徒長誘発物質はその後，結晶が得られて分子構造が明らかとなりGibberellin（ジベレリン，当初の読みはギベレリン）と命名された．また，もっぱらカビが生産すると考えられていたジベレリンの一種（GA_1）が，ベニバナインゲンの未熟種子中からも見出されたことを契機として，植物由来のジベレリン同定に関する報告が続き，ジベレリンが植物内在性の微量生理活性物質（すなわち植物ホルモン）と認知されるに至った．

4.1.2 化学物質としての扱い

　ジベレリンにはユニークな登録制度が存在する．天然から新しい構造のジベレリンを単

［左］毒素液注入，
［右］無注入［品種：佐賀萬作］

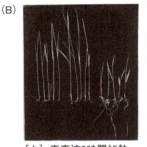
［左］毒素液3時間加熱，
［中］同2時間加熱
［右］對照

図4.1　カビがつくるイネ馬鹿苗病毒素としての初報
(A) 菌体の培養濾液のみを与えてもイネは背丈を伸ばす．(B) 2〜3時間の加熱処理で濾液の活性は失われない．［台湾博物学会会報16巻（87号）表紙口絵（1926）より引用］

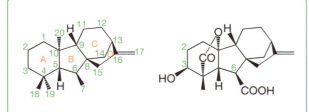

図4.2 ジベレリンの骨格と活性の維持に要求される構造
（左）ent-ジベレラン骨格，（右）活性型ジベレリン GA_4.

離した場合，その構造を支持する機器分析データをそろえて届け出た後，協議による妥当性の確認を経て登録番号が付与されるしくみである．たとえば，Gibberellin A_{20}（GA_{20} と略記）は，第20番目に登録されたジベレリンであることを意味する．2015年現在，登録数は130種を超える．

ジベレリンには構造的に満たされるべき条件がある．すなわち，ent-ジベレラン骨格か，またはそれより炭素の数が1つ少ないent-20-ノルジベレラン骨格を有するジテルペン化合物でなければならない（ent-はエナンチオマーの意味，図4.2）．4.3.1項で紹介するジベレリンの生合成経路を参照するとわかるが，植物で一般的に知られるジベレリンの生合成経路上，この条件を満たすのは GA_{12} 以降である．4.4.3項で詳述する受容体との親和性に基づき，ジベレリンとしての生理活性維持に要求される構造的特徴も判明しており，活性型ジベレリンは GA_4 などわずか数種に限られる．

4.2 ジベレリンの生理作用・役割

4.2.1 発芽に及ぼす作用

A. 穀類種子

イネやオオムギなど穀類の種子において，ジベレリンは胚で合成されたのちに移動し，胚乳を取り巻く糊粉層（アリューロン層）に到達して，胚乳内の澱粉の分解・糖化に必要となる α-アミラーゼのような加水分解酵素群を誘導する．生じた糖類は胚で吸収され，植物自身の成長に利用される．具体的には，解糖系およびTCA回路の進行に伴うATPの生産や，細胞壁の合成材料として消費される．上記の過程は，たとえばオオムギの種子を二分した半切種子を用いて比較的容易に体験できる（図4.3）．すなわち，胚を含む側の半切種子は，適度な温度環境と水が維持されれば種子内に存在する澱粉が分解され種子が軟化するが，胚を含まない半切種子は澱粉が分解されず軟化しない．しかしながら，この胚を含まない半切種子にジベレリン処理をすると軟化が観察されるようになる．

B. 受容体はどこに存在するか

このジベレリンに対する酵素群の誘導応答系が研究者の興味を強く惹く時代があった．その理由は，細胞壁分解酵素を用いて糊粉層をプロトプラスト細胞化した場合もなお，ジベレリンの投与に伴い加水分解酵素の誘導現象が認められる点にあった．つまり，受容体が特定される以前の1990年代は，微量な植物材料中のジベレリンの量的把握が難しかったこ

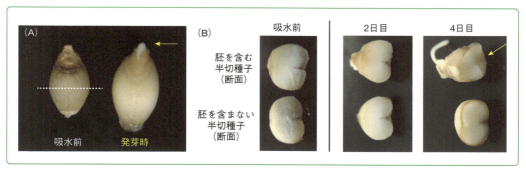

図4.3 オオムギ種子を用いたジベレリン応答
(A) ------部で切断する．矢印は発芽の様子．(B) 胚付き種子では澱粉の分解開始を軟化により確認できる．

ともあり，ジベレリンがどこへ移動して最終的にどこで信号として受容されるか，動物由来の生理活性物質のようには明確化できなかった．この状況下で，穀類種子の応答系は1個の細胞中に受容体の存在が確実で，受容体追求を目的とした場合の格好の材料として用いられた経緯もある．

C. 光要求性種子

レタスなど一群の双子葉植物は種子発芽の際に光を要求する．この現象には光受容体フィトクロムが関与しており，650〜680 nm付近の波長を持つ赤色光を吸収することでフィトクロムの分子形態がP(r)型からP(fr)型に変わる．この活性化により，フィトクロムは細胞質から核内へ移行してジベレリンの合成に関わる遺伝子群の発現などを活性化し，発芽が促される．これに対して，710〜740 nm付近の波長を持つ遠赤色光が種子に照射されると，核内のフィトクロムはP(fr)型からP(r)型に不活性化されて細胞質へ戻るため，発芽に向けた一連の動きが止まる．赤色光および遠赤色光の照射を交互に繰り返せば，その最終履歴に応じてフィトクロムは分子形態を変えるので可逆的な制御となる（図4.4）．一方，穀類の種子発芽では光が関与せず，温度や水の条件さえ整えば胚でジベレリンの合成が始まるが，光要求性種子の場合はその合成に光を介した制御が加わり精密さを増している．

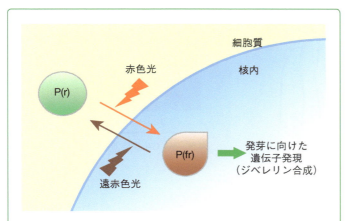

図4.4 光要求性種子の光を介した発芽制御
P(r)型フィトクロムは赤色光を吸収してP(fr)型となる．P(fr)型フィトクロムは核移行により発芽に向けた遺伝子発現を行う．ただし，P(fr)型フィトクロムは遠赤色光を吸収するとP(r)型となり，核外へ戻る．

4.2.2 栄養成長に及ぼす作用

元来ジベレリンは草丈を伸ばす原因物質として見出された．草丈が通常より低い矮性品種の導入こそがいわゆる「緑の革命」の奏功の源であった．この項では，ジベレリンの応答系として前項の種子発芽過程と並び知られる，茎部伸長作用に基づく系を2つ紹介する．

1つは発芽間もないイネを用いる系で点滴法と呼ばれる．鳥のくちばし様の形態をした幼葉鞘に被検液を滴下後数日育てる．滴下した液体中にジベレリンが含まれていれば，葉鞘（茎のように見える部位）の伸長促進が観察される（図4.5）．

もう1つはアズキの芽生えを用いる系で，茎頂から下に0.5 cmの箇所と，さらにその下1.0～1.5 cmの箇所にメスを入れて切片をつくる．糖を含み弱酸性状態を維持させた試験液中に浮かべて半日置くと，溶液中にジベレリンを含む場合は，切片の明瞭な伸長促進応答が認められる（図4.6）．ただし，この系では試験液に別の植物ホルモンであるオーキシンを加えておく必要があり，ジベレリン単独では明瞭な応答が認められない．得られる情報が細胞レベルではなく組織レベルであることから，穀類種子糊粉層に由来するプロトプラスト細胞（4.2.1項参照）と比較して単純ではないが，切片状態でも伸長応答が認められることからその切片内のどこかでジベレリンが受容されることを保証する材料として重視された．

こうした伸長応答系を用いた解析から，ジベレリンが植物の中で何をしているのか明らかになってきた．それによると，細胞周期を短くして細胞の分裂を速めるとともに，細胞の伸長にも関与していた．特に細胞の伸長方向は，微小管と呼ばれる細胞骨格を制御する繊維の配向で定まるが，ジベレリンの投与によってこれから伸びようとする方向と直交する向きに微小管が制御され，それに伴い細胞壁で合成されるセルロース繊維の配列方向を

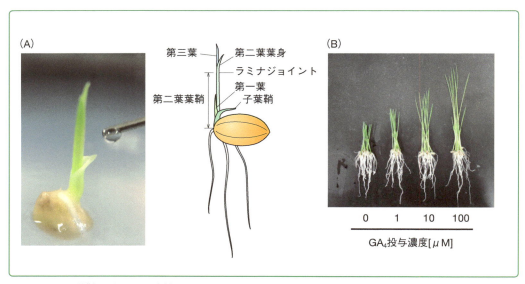

図4.5 イネ幼葉鞘のジベレリン応答
(A) 鳥のくちばし様の形状をした幼葉鞘に1 µLの試験液をのせる．
(B) 30℃明所下で3日間育てた様子．濃度依存的な葉鞘の伸びが認められる．

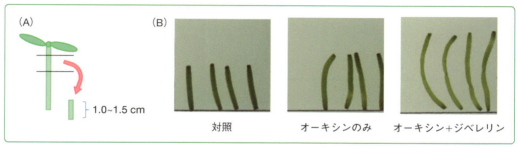

図4.6 アズキ上胚軸切片を用いたジベレリン応答
(A) 頂芽の下1.0〜1.5 cm幅の切片をつくる.
(B) 切片を試験液に浮かべ振盪して半日後, ジベレリンによる伸長促進応答が認められる.

制御することにより細胞がこれから伸びようとする方向へ伸長しやすくしていることが判明した. この制御機構に加えて最近以下の研究結果が報告されている. すなわち, ジベレリンがないときには微小管を安定化させるシャペロン様タンパク質のプレフォルディンにDELLAと呼ばれるタンパク質（4.4.1項参照）が結合し, プレフォルディンを核内にとどまらせている. 他方, ジベレリンが存在するとDELLAタンパク質は分解される. その結果, DELLAタンパク質の関与から解放されたプレフォルディンは核から細胞質基質へと移動し, 微小管と結合する. それに伴い微小管を安定化させ, 微小管の向きを変える, というものである.

4.2.3 生殖成長に及ぼす作用

　コムギはその性質から2つに大別される. 1つは秋に種まきをするタイプで, 冬を越して夏を前に収穫時期が訪れる. 他方は春に種をまくタイプで, 年を越さずにその年の秋に収穫時期を迎える. 元来は秋まきタイプが起源であって, 冬の寒さが厳しく秋まきタイプがうまく育たない寒冷な地域においてもコムギの収穫が見込めるようにと改良されたのが春まきタイプである. 秋まきタイプは作付け後に冬を越すことが開花・結実に必須な条件となっており, もしこのタイプを春にまけば, 花が咲かずに葉ばかり増えて収穫には至らない. 冬を越す, すなわち低温下に一定期間置かれることで, 他の植物ホルモンの量的変動に加えて, ジベレリンの含量が次第に増えることが判明している. このように, 低温環境により開花が促される処理を春化（バーナリゼーション）と呼び, ジベレリンの投与が春化処理の代替えになることが知られている. そのため, 本来は収穫に結びつかないはずの「秋まきタイプを春に作付ける場合」にジベレリンの投与で開花を誘導できる（図4.7）.
　タンポポのように, 栄養成長期には地面近くで葉を円形に展開する形態はロゼットと呼ばれるが, このロゼット型植物が栄養成長から生殖成長に切り替わると, 花茎がロゼットの中央部から立ち上がる. これは抽だいと呼ばれる. ジベレリンはロゼット型植物の抽だい開始時期を早める作用を持ち, 結果的に開花を促進する. ジベレリンは開花後の受粉・結実の過程にも関与する.

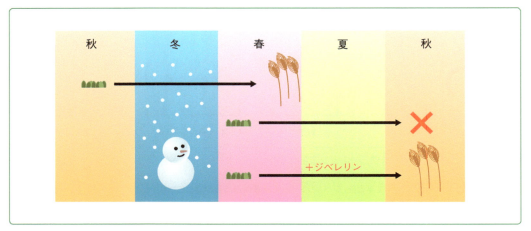

図4.7　秋まきタイプのコムギが要求する低温環境はジベレリンで代用できる
(上)秋まきタイプの開花・結実には低温の期間が必要．(中)春にまくと，低温を経験せず開花・結実しない．(下)春にまいた場合でも，ジベレリンを与えると開花・結実を期待できる．

4.3　ジベレリンの合成と代謝

4.3.1　生合成

A. 遷移する合成の場

　ジベレリンはテルペノイドの一種であり，5つの炭素からなるイソプレンユニットからつくられる．植物には異なる2つのイソプレンユニット生合成経路が存在しており，1つは細胞質基質にあるメバロン酸経路で，もう1つはプラスチド（色素体）にあるメチルエリスリトールリン酸（MEP）経路である．近年の研究により，ジベレリンの原料となるイソプレンユニットの合成主経路は，後者のMEP経路に由来することがわかってきた（**図4.8**）．

　イソプレンユニットが4つつながった炭素数20のゲラニルゲラニル二リン酸（GGPP）以降のジベレリンに至る生合成経路は，プラスチド→小胞体→細胞質基質と3段階に合成場所を変えて成立しており，酸化および水酸化を受けながら次第に親水的な環境に移行して，最終的に活性型ジベレリンへと変換される．すなわち，初期合成場所であるプラスチドにおいては，鎖状のGGPPが2つのテルペン環化酵素（CPSおよびKS）により4環性の *ent*-カウレンに変換される．次に，中盤の合成場所である小胞体膜上において，*ent*-カウレンは2つのシトクロムP450一原子酸素添加酵素（KOおよびKAO）により数段階の酸化および水酸化を受け，経路上最初のジベレリンであるGA_{12}まで変換される．そして，終盤の合成場所である細胞質基質中で，GA_{12}は可溶性の2-オキソグルタル酸依存性二原子酸素添加酵素（GA20oxおよびGA3ox）によりさらに数段階の酸化および水酸化を受けて，活性型ジベレリンへと変換される．なお，P450酵素KOの局在部位については小胞体ではなくプラスチドとする報告もあり，各生合成反応の細胞内進行部位の移り変わりを正確に理解するためには今後の研究が待たれる．

B. 活性型ジベレリン

最終産物である活性型ジベレリンについては，主にGA_4とGA_1が知られており，構造的な違いとしては，GA_4にはC-13位に水酸基がないのに対して，GA_1には水酸基が付いていることである．どちらの活性型ジベレリンを植物が利用するのかということについては植物種に依存している．トウモロコシ，エンドウなどの茎葉で検出される主要な活性型ジベレリンはGA_1であるのに対して，キュウリなどのウリ科植物やシロイヌナズナではGA_4

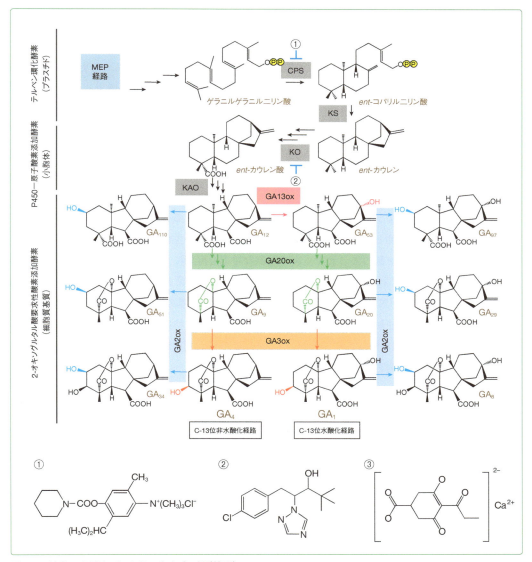

図4.8 植物の主要なジベレリン生合成・代謝経路
（上）代表的な活性型ジベレリンであるGA_4の合成には，ゲラニルゲラニル二リン酸（GGPP）を基質として以降，2種のジテルペン環化酵素（CPSとKS），2種のP450酵素（KOとKAO），2種の可溶性酵素（GA20oxとGA3ox）の触媒反応が関与する．CPS：ent-コパリル二リン酸合成酵素，KS：ent-カウレン合成酵素，KO：ent-カウレン酸化酵素，KAO：ent-カウレン酸酸化酵素，GA13ox：GA_{13}-酸化酵素，GA20ox：GA_{20}-酸化酵素，GA3ox：GA_3-酸化酵素，GA2ox：GA_2-酸化酵素．矢印の数は反応ステップ数を表す．（下）代表的なジベレリン生合成阻害剤．①はCPSを阻害するAMO1618，②はKOを阻害するパクロブトラゾール，③はGA20ox, GA3ox, GA2oxを阻害するプロヘキサジオンカルシウム．

が主要な活性型ジベレリンである．イネのように，茎葉部ではGA_1が，花においてはGA_4というように使い分けをする植物も知られている．

C-13位の水酸化を触媒する酵素についても最近単離，報告されている．すなわち，GA_{12}を基質としてGA_{53}に変換するシトクロムP450一原子酸素添加酵素に属するC-13位水酸化酵素（GA13ox）がイネより単離された．GA_{53}の場合もGA_{12}と同様GA20oxおよびGA3oxにより数段階の酸化および水酸化を受けて活性型ジベレリンであるGA_1が合成される．GA_4が合成される経路をC-13位非水酸化経路と呼び，GA_{53}から活性型GA_1が合成される経路をC-13位水酸化経路と呼ぶ．

4.3.2　不活性化による代謝制御

ジベレリンの不活性化に関わる酵素が近年相次いで報告されている．最も寄与が大きいと考えられるのは，2-オキソグルタル酸依存性二原子酸素添加酵素に属するGA2oxで，ジベレリンのC-2位に水酸基を付与する．イネには11個，シロイヌナズナには8個のGA2oxが存在する．GA2oxには，活性型ジベレリンのような炭素数19のジベレリンを基質とするタイプと，多くの生合成中間体が属する炭素数20のジベレリンを基質にするタイプの2タイプが知られる．このことは，活性型ジベレリンに対してだけでなく，ジベレリン生合成経路上のさまざまな中間体に対する不活性化の経路が存在することを意味する．すなわち，植物にとってジベレリンの量を減らす方向に制御する必要が生じた場合，単に活性型ジベレリンを代謝して不活性化を図るだけでなく，その生合成中間体も代謝して活性型への変換の可能性を封じることで，より早急な対応を可能にしていると考えられる．

この他，活性型ジベレリンの16, 17-エポキシ化を触媒する酵素EUI（ELONGATED UPPERMOST INTERNODE）や，C-6位カルボキシ基のメチルエステル化酵素GAMTも不活性化過程を触媒するものとして報告されている．特に，*EUI*遺伝子を欠損したイネ*eui*変異体は，出穂期に最上位の節間のみが通常の2倍程度に伸長するという，他のジベレリン不活性化酵素の変異体には見られない特徴を示す．

4.3.3　生合成遺伝子のフィードバック抑制制御

ジベレリン生合成の終盤過程を担う酵素，GA20oxならびにGA3oxをコードする各遺伝子の発現は，ジベレリンによってフィードバック制御されており，ジベレリンの量的恒常性の維持に寄与している．すなわち，植物は，活性型ジベレリンが増えるとこれらの遺伝子発現を抑制することでジベレリン量の減少を図り，逆に活性型ジベレリンが減るとこれらの遺伝子発現を上昇させてジベレリン量を増加させる．このようなフィードバック制御はジベレリンの情報伝達を介していることが以前から知られていたが，最近さらに詳細なメカニズムが報告された．それについては，4.4.4項で触れる．

4.3.4　生合成阻害剤

植物の背丈を低くすることは農業上多くの利点がある．1960年代，主要な穀物，コムギやイネなどにおいて背の低い品種（遺伝的変異体）を開発したことは，当時の化学肥料の

使用と相まって飛躍的な収量増加をもたらし「緑の革命」といわれた．半矮性品種は化学肥料を多くしても倒伏しにくく，その結果多くの種子を実らせたわけである．この遺伝的変異体と並び重要だったのは，ジベレリン生合成阻害剤の開発とそれによる草丈の抑制である．

ジベレリン生合成阻害剤は，その作用点と化学構造に基づいて3つに分類される（図4.8）．1つは，AMO1618などの第四級アンモニウム塩系の化合物で，プラスチドでのテルペン環化酵素（CPS）を阻害する．また，パクロブトラゾールやウニコナゾールなどの含窒素環状型化合物は，小胞体膜におけるent-カウレン酸化酵素（KO）を阻害する．そして，プロヘキサジオンカルシウムなどのシクロヘキサントリオン型化合物は，細胞質基質に存在する2-オキソグルタル酸依存性二原子酸素添加酵素を阻害する．

4.4 ジベレリンの受容と情報伝達

ジベレリンの受容と情報伝達については，主にイネとシロイヌナズナのジベレリン感受性変異体の解析と原因因子の単離により進められてきた．ジベレリンを与えても茎葉伸長などを生じない非感受性の変異体は，ジベレリンの受容や情報伝達を促進する因子（＝正の因子）が壊れた変異体と考えられ，逆にジベレリンが無くても伸び続ける変異体は，ジベレリンの受容や情報伝達を抑制する因子（＝負の因子）が壊れた変異体と考えられる．このような変異体の解析をもとに，3つの重要な情報伝達因子（DELLA，GID2/SLY1，GID1）が明らかとなった（**図4.9**）．

図4.9 イネおよびシロイヌナズナにおけるジベレリン感受性変異体
(A) *gid1*，*gid2*，*slr1* はいずれも機能喪失型劣性変異体である．*gid1* と *gid2* は，ジベレリン非感受性の矮性形質を示すことから，GID1とGID2は本来ジベレリン応答の正の因子と考えられる．*slr1* は恒常性ジベレリン応答型で徒長形質を示すことから，SLR1は，本来ジベレリン応答の負の因子と考えられる．[写真は，蛋白質・核酸・酵素 **51**, 2312-2320（2006）より改変]
(B) *gai* 変異体は，半優性でジベレリン非感受性の矮性形質を示す．*gai* 変異体は，ジベレリンシグナルを受容するドメインを欠損しているために矮性を示しているので，本来のGAIは，ジベレリン応答の負の因子と考えられる．一方，GAIの機能欠損型劣性変異体である *gai-t6* は，負の因子が壊れているので徒長してもよいはずであるが，シロイヌナズナでは，GAIと同じ機能を持つ遺伝子が複数個存在するために，ほとんど野生型と変らない．[写真は，*Genes Dev.* **11**, 3194-3205（1997）より改変]

4.4.1 DELLAタンパク質

1997年，ペング（Peng）らは半優性でジベレリン非感受性の矮性変異体 gai（*gibberellin insensitive*）の原因遺伝子として *GAI* を単離した．GAIは，N末端（アミノ末端）側にD-E-L-L-A（アスパラギン酸-グルタミン酸-ロイシン-ロイシン-アラニン）の5アミノ酸配列を含むドメイン（DELLAドメイン）を持ち，C末端（カルボキシ末端）側にGRASドメインを持つタンパク質であり，後にDELLAタンパク質と総称される．*gai* 変異体ではDELLAドメイン中に変異が生じていた．彼らは，GAIタンパク質の形質発現に関して次のような仮説を立てた（**図4.10**）．すなわち，GAIタンパク質は，本来ジベレリン情報伝達の抑制因子として働くもので，ジベレリンの信号が伝わるとその抑制がはずれて植物が伸びる．一方，DELLAドメインは，ジベレリンの信号を受容する部位であって，そこに変異が起きた *gai* 変異体は，信号を正しく受容できないために植物の伸長が抑制される，という仮説である．この考え方は現在でも基本的に正しく，当時の遺伝学的な解析結果や遺伝子情報だけで，このような仮説を立てた彼らの洞察力はすばらしいといえる．

一方，イネの徒長型変異体 *slender1*（*slr1*）は，ジベレリンを与えていないのに，ジベレリンを多量に与えたかのように伸長し続ける劣性の変異体である．驚くべきことに，この変異体もDELLAタンパク質に変異を生じていた．では，なぜ *gai* 変異体は矮性でジベレリン非感受性となり，他方，*slr1* 変異体は徒長型になったのだろうか？　両者をコードする遺伝子の塩基配列を比較したところ，*gai* 変異体の場合は信号受容に関与するDELLAドメインに変異が生じていたのに対して，*slr1* 変異体の場合には抑制活性を担うGRASドメイン内に変異が生じており，その結果として抑制活性を失っていたことがわかった．なお，シロイヌナズナにおいては，このGRASドメインに変異が起きてもイネ *slr1* 変異体の場合のような徒長形質を示すことはほとんど期待できない（**表4.1**）．これは，シロイヌナズナの場合はイネと事情が異なり，GAI以外に4つのDELLAタンパク質（RGA，RGL1，RGL2，RGL3）が存在するため，このうちの1つのタンパク質が壊れて抑制機能が失われたとし

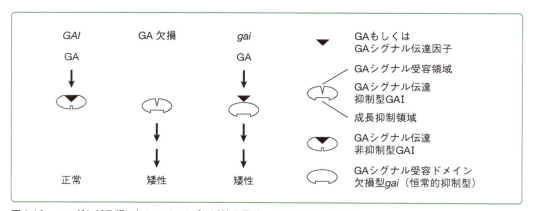

図4.10　ペングらが予想したシロイヌナズナ矮性変異体 *gai* の形質発現モデル
DELLAタンパク質に属するGAIタンパク質分子内には，ジベレリンからの信号の受容領域（GAIの絵の上側）と，成長抑制に関わる領域（GAIの絵の下側）が存在し，*gai* 変異体の場合はジベレリンからの信号の受容領域が変異したと考える．その場合，以降の信号が正しく伝わらず，ジベレリン存在下でも変異 *gai* タンパク質が成長抑制機能を維持する結果，矮性の形質が現れたとペングらは考えた．[Peng J. *et al. Genes Dev.* **11**, 3194-3205（1997）を参考にして作成］

表4.1 ジベレリンの主要な受容・情報伝達因子

	イネ	シロイヌナズナ
DELLAタンパク質	SLR1	RGA, GAI, RGL1〜3
F-boxタンパク質	GID2	SLY1
ジベレリン受容体	GID1	AtGID1a〜c

SLR：SLENDER RICE,
GID：GIBBERELLIN INSENSITIVE DWARF,
RGA：REPRESSOR OF GA1,
GAI：GIBBERELLIN (GA) INSENSITIVE,
SLY：SLEEPY

ても，他のDELLAタンパク質が機能的に補うためである．

DELLAタンパク質を蛍光ラベルして顕微鏡で見えるようにしたGFP-SLR1やRGA-GFPの観察から，これらDELLAタンパク質に由来する蛍光シグナルは核に局在し，ジベレリンの添加によりそれら蛍光シグナルは消失した．このことから，DELLAタンパク質は，ジベレリンの情報伝達において抑制因子として機能し，ジベレリンの信号受容に応じて分解され，抑制状態が解除されることにより信号が伝達されると考えられた．では，DELLAタンパク質の分解を担当するのはどのような因子であろうか？

4.4.2 GID2/SLY1 F-boxタンパク質

イネのジベレリン非感受性矮性変異体*gid2*の原因遺伝子を単離したところ，F-boxタンパク質をコードしていることが明らかになった．F-boxタンパク質とは，特定のタンパク質を対象としたユビキチン依存的分解に関わるSCF E3複合体を構成するサブユニットの一つである．一方，別のグループにより，通常であればジベレリンにより休眠が打破されるところ，ジベレリン存在下でも休眠しつづけるシロイヌナズナ変異体*sly1*の原因遺伝子が，やはりF-boxタンパク質をコードすることが報告された．結果的に，茎葉の伸長と発芽といういずれもジベレリンが関与する2つの異なる過程において，非感受性を示す変異体の原因因子がどちらもタンパク質の分解に寄与するF-boxタンパク質であったことになる．では，どんなタンパク質の分解に関わるのだろうか？ この疑問に答えるため，*gid2*変異体中でGFP-SLR1の挙動を観察したところ，ジベレリンを与えても蛍光シグナルが消失しないことが判明した．このことから，GID2/SLY1 F-boxタンパク質は，DELLAタンパク質の分解に関わることが示唆された．では，ジベレリンの信号を受容し，DELLAタンパク質に伝える因子は何であろうか？

4.4.3 GID1受容体

A. *GID1*遺伝子の単離

イネのジベレリン非感受性極矮性変異体*gid1*が単離，解析された．この変異体では，ジベレリンに対してあらゆる応答を示さなくなっていたことから，GID1がイネにおけるすべてのジベレリン情報伝達に共通して，正に働く因子と考えられた．

*GID1*遺伝子は，リパーゼによく似たタンパク質をコードしていた．ただし，リパーゼが酵素活性を持つためには，トライアッドと呼ばれる活性中心に位置する3つのアミノ酸残基（セリン，アスパラギン酸，ヒスチジン）が必要であるが，GID1ではヒスチジンが

バリンに変わっていたため，リパーゼとしての酵素活性はなさそうであった．一方で，GID1とSLR1の上位性検定を行ったところ，*gid1 slr1*二重変異体は*slr1*と同様の徒長形質を示した．このことから，GID1とSLR1は同一の情報伝達経路上にあり，GID1がSLR1の上流で機能すると考えられた．しかも，*gid1*変異体では，GFP-SLR1が核内で分解されずに存在しており，このことからGID1がジベレリンの受容体であって，受容した信号をSLR1に伝え，その分解に導く可能性が考えられた．そこで，放射性標識したジベレリンを用いてGID1との結合試験を行ったところ，両者の結合を確認できた．そして，重要な事実として，GID1は活性型ジベレリンであるGA_4やGA_1と結合する一方，GA_{34}など構造的に活性型ときわめて似ているものであっても不活性型のジベレリンとは結合しないことが判明した．また，GID1-GFPの観察から，GID1は核および細胞質に局在し，膜上には存在しないこともわかった．これらのことから，GID1がジベレリンの核内受容体であると結論づけられた．現在では，ジベレリン受容体はこの核内受容体であるGID1のみであって，以前その存在が強く想定されていた細胞膜上の受容体（4.2.1項）というものは存在しないと考えられている．イネの種子を用いた最近の網羅的な発現解析によっても，このことは確かめられている．

B. GID1受容体の作用機序

では，GID1に受容されたジベレリンの信号は，どのようにDELLAタンパク質に伝達されるのだろうか？　これは，酵母内でジベレリンの存在／非存在下でのタンパク質の相互

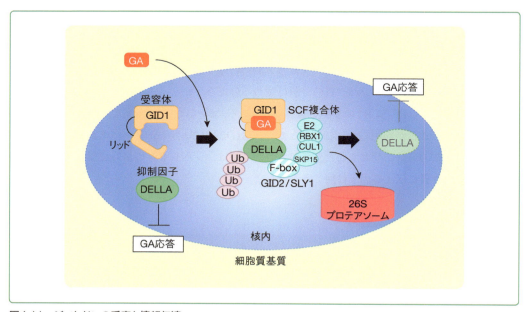

図4.11　ジベレリンの受容と情報伝達
核内でジベレリンは受容体であるGID1と結合する．ジベレリン-GID1複合体は，ジベレリン情報伝達の抑制因子であるDELLAと結合し，F-boxタンパク質を介してDELLAはSCF複合体と呼ばれるF-box，SKP15，CUL1，RBX1，E2の各タンパク質からなる複合体と結合する．それによってDELLAはユビキチン（Ub）修飾を受ける．最終的に，DELLAに付加されたユビキチン鎖を26Sプロテアソームが認識することでDELLAの分解が誘導された結果，GA応答が起きる．

作用を調べることで明らかとなった．すなわち，受容体GID1はジベレリンと結合した時にのみDELLAタンパク質と結合し，GID1-GAと結合したDELLAタンパク質だけがGID2/SLY1 F-boxタンパク質と結合することが可能で，その複合体の形成によりDELLAタンパク質は分解に導かれることが判明した（図4.11）．さらに，DELLAタンパク質側のGID1との結合ドメインは，N末端側に位置するDELLAドメインであることも判明した．これはつまり，1997年にペングらがジベレリン受容ドメインと予想した部位が受容体GID1と結合する領域であり，gai変異体ではそこに異常が生じたためGID1と結合できず，非感受性や矮性を示したと考えれば説明できる．GID1がイネのジベレリン受容体であるという報告に続き，シロイヌナズナにおけるGID1ホモログAtgid1abcの三重変異体がジベレリン非感受性で，かつ極矮性を示すことが3グループから相次いで報告され，シロイヌナズナのジベレリン受容体は，イネとは違って冗長的に存在することが明らかとなった．

C. GID1受容体のX線結晶構造解析

　X線を用いたジベレリン受容体の結晶構造解析は，日本の2つのグループにより報告された（図4.12）．GID1受容体はアミノ酸配列から示唆されていたようにリパーゼと類似の構造をしており，リパーゼでいうところの基質結合部位を用いてジベレリンと結合していた．GID1には，N末端側にリッドと呼ばれるペプチド領域があり，GID1にジベレリンが結合すると，その上に覆いかぶさるようにリッドが蓋をし，そのリッドの上にDELLAタンパク質のDELLAドメインが結合することも明らかになった．

　このように，ジベレリン受容体はリパーゼによく似た構造をしており，おそらくリパーゼから受容体に進化してきたと考えられる．そのような受容体は動物では報告されていない．現在では，枝分かれに関与する植物ホルモンであるストリゴラクトンの受容体もリパーゼから進化したと考えられており，もしかすると，植物はリパーゼ由来の受容体ファミリーを独自に進化させたのかもしれない．

4.4.4 DELLAタンパク質の下流で働く転写因子

　現在，ジベレリンの情報伝達は，抑制因子DELLAタンパク質がジベレリン依存的に分

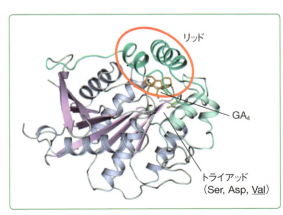

図4.12　X線結晶解析によるイネGID1の構造
GID1はリパーゼとよく似た構造をしており，基本構造はα/β-hydrolaseと呼ばれる構造（紫とピンクの部分）をとっている．また，リパーゼにおいて活性中心となるトライアッド（触媒三残基，catalytic triad）とoxyanion holeと呼ばれるモチーフの配置もよく似ている．さらに，N末端側にリッドと呼ばれる，活性中心を覆う蓋になる部分を有している．トライアッドを形成する3つのアミノ酸が，リパーゼではSer, Asp, Hisであるのに対し，GID1ではSer, Asp, Valと変わっているため，GID1はリパーゼとしての活性は認められない．つまり，残基の配置はリパーゼとよく似ているが，アミノ酸を変化させることでGA受容体として機能するのに都合よくなっていると考えられる．

解されることにより，下流のジベレリン応答（多くの場合，特定の遺伝子発現）が生じるために活性化されると理解されている．DELLAタンパク質分子内の機能ドメインとして，直接DNAに結合するような領域は見つかっておらず，DELLAタンパク質自身が直接転写因子として機能する可能性は低い．では，どのようにしてジベレリン依存的な遺伝子発現のオン・オフ制御をするのだろうか？　これについては，2つの異なる方式を併用してDELLAタンパク質が機能することが報告されている（**図4.13**）．

　1つは，DELLAタンパク質が情報伝達の下流で働く転写因子と結合し，それに伴って転写因子の機能を抑制する方式である．ジベレリンが存在しないとき，多くのジベレリン応答遺伝子の転写がオフであるのは，それら遺伝子の上流に存在するシス配列に結合すべき転写因子とDELLAタンパク質とが結合することで，シス配列への転写因子の結合が結果的に阻害される機構によるためである．ジベレリンの存在によりDELLAタンパク質が分解されるのに従い，その阻害状況は緩和され，転写因子が機能できる状態に戻る．その結果，転写がオンになる．現在までに数多くの転写因子に対する阻害例の報告例を表にまとめた（CDに収載した**補表4.1**参照）．

　もう1つは，DELLAタンパク質が転写因子と結合することによりコアクティベーターとして機能する方式である．先に述べたとおり，ジベレリンの生合成酵素GA20oxやGA3oxをコードする遺伝子の転写は，ジベレリンによりフィードバック抑制制御を受ける．逆にいえば，ジベレリンが存在しないとき，すなわちDELLAタンパク質が存在するときは，これらの転写はオンとなる．このような，ジベレリンによるフィードバック制御を受ける遺

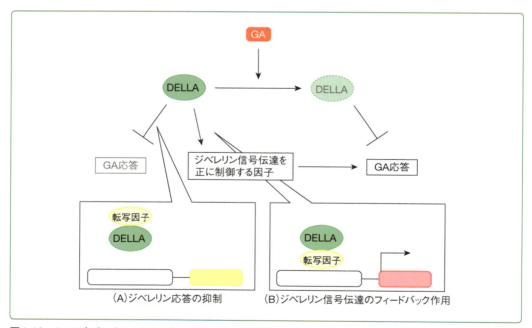

図4.13　2つの方式によるDELLAタンパク質の遺伝子発現制御
(A) DELLAタンパク質が転写因子と結合し，その転写因子の機能を抑制する方式．(B) DELLAタンパク質が転写因子と結合し，コアクティベーターとして機能する方式．

伝子として，他に *SCL3*（*SCARECROW-LIKE3*），*GID1* 遺伝子なども知られる．それらはすべてジベレリンの情報伝達を正に制御する因子である．2014年，2つのグループによりこの制御機構が明らかになった．すなわち，これらの遺伝子の上流に存在するシス配列にはC2H2ジンクフィンガー型転写因子が結合するが，DELLAタンパク質はそれら転写因子と結合することによりコアクティベーターとして転写活性を上昇させ，ジベレリンの情報伝達のフィードバック機構を担っているというものである．

上記のことは，DELLAタンパク質が，あるときは転写因子と結合することによりその転写因子のDNAへの結合を阻害する働きをし，またあるときは転写因子のコアクティベーターとして転写の活性化に関与する，という正反対の作用を持つことを意味する．この2つの方式をどう使い分けているのか，今後の解明が待たれる．

4.5 農園芸におけるジベレリンの役割

4.5.1 「発芽に及ぼす作用」を利用する

水や温度などが適した生育環境にあっても種子が発芽しない場合がある．発芽過程を含めて植物が成長を停止している状況は「休眠」と呼ばれる．休眠は，たとえば気候的に春と似た秋口に誤って発芽して，厳しい冬に遭遇するという不都合を避けるためには非常によいしくみである．大根やレタスなどではこの休眠状態を人為的に抜け出させて発芽を促したい場合，種子にジベレリン溶液を与える処理法が知られている．

研究材料（4.2.1項参照）としても重用されたオオムギの種子は，ビールなどの醸造には欠かせない原料であって，醗酵段階で用いる酵母が利用しやすいように種子内の澱粉をある程度糖化しておく必要がある．オオムギ種子を発芽に適した環境におき，胚で合成されるジベレリンを介して澱粉分解に必要なα-アミラーゼなどの酵素群を誘導して発芽まで到達させることにより，いわゆる「麦芽」が調製されている．現在使われていない技術ではあるが，1960年代，国内外の醸造メーカーが麦芽調製にかかる日数の短縮を狙ってジベレリン利用を検討したケースも知られる．

4.5.2 「栄養成長に及ぼす作用」を利用する

肥料の投入により植物体の成長がよくなり過ぎる欠点を，もともと背丈の短い矮性品種の活用によって補い，緑の革命が達成されたことは4.3.4項で述べたとおりである．イネなど育種面が整備されている植物では，数ある系統のなかに矮性種が選抜・維持されている可能性が高い．他方，たとえばコムギは2倍体や4倍体以外に，6倍体の品種が多く用いられており（イネは2倍体），平たくいえば遺伝子のセットを6つも持つためにジベレリンの生合成や情報伝達に関わるタンパク質の遺伝子もたくさん重複して存在しているので，これらすべてが同時に異常をきたす確率はきわめて低く，育種的に矮性形質の出現を期待することが難しいと考えられる．

ヨーロッパの農業においてコムギは主要穀物として生産されている．コムギにジベレリンの生合成を抑える薬剤を投入して化学的に草丈を制御して矮化させることで，生産性の

増大や倒伏防止に利用されている．これらジベレリンの生合成阻害剤は4.3.1項で紹介した生合成に関わる酵素の活性を抑制しており，結果的に植物体内に存在する活性型ジベレリン量の減少を引き起こすことから背丈が短くなる．合成に関わる酵素タンパク質は種を越えて互いに似ており，コムギ以外の植物に対しても同様の矮化効果を期待できる．

4.5.3 「生殖成長に及ぼす作用」を利用する

デラウエアなど一群のブドウ品種にジベレリンが処理され，いわゆる種なしブドウとして流通しているのは広く知られる話である（図4.14）．ブドウへのジベレリン処理は時期を違えて計2回施される．初回は開花時期のつぼみをジベレリンの溶液に浸して種なし化を図る．この処理で種子が無くなる理由については，花粉の異常発達を引き起こし受精能力が低下するためと考えられている．2回目の処理は1回目から2週間前後経過した時点でブドウの房ごとジベレリン溶液に浸す．この処理は，可食部の肥大を目的として行われる．ナシやリンゴでは，種子に由来するジベレリンが可食部（果肉）の肥大を生じさせているとする報告もある．なお，これらの処理は収穫時期を早め，台風遭遇の被害回避にも寄与している．最近はジベレリンに加えてウレア型合成サイトカイニンCPPU（フルメット）や抗生物質ストレプトマイシンとの共処理法も知られる．

ジベレリンはイチゴの栽培にも利用されている．先端に果実がつく果柄をジベレリン処理によって伸長させ，葉陰になっていた果実の色づきを改善したり，あるいは果実の自重により棚からぶら下がりやすい状態として，背を屈めて覗き込まなくても見つけやすく，また収穫自体を容易にしている．この他，いわゆる花を楽しむ花卉類においても，ジベレリンは花芽を発達させたり，開花の促進剤として利用されている．

図4.14　産業的にジベレリンが利用されている例
(左)開花期のブドウに処理して種なし化を図る．（保命園 内田秀典氏 提供）
(右)果柄を伸ばし，イチゴの摘み取りを容易にする．（神山ファーム[旧 大洗ベリーフィールズ] 大貫善之氏 提供）

参考文献
1) 安益公一郎・上口(田中)美弥子・松岡信（2010）植物のシグナル伝達, 共立出版, p.31
2) 上口(田中)美弥子・中嶋正敏・松岡信（2007）植物の生長調節, 42, p.30
3) 山口信次郎（2006）植物ホルモンの分子細胞生物学(小柴共一・神谷勇治・勝見允行編, 講談社, p.32

第5章 アブシシン酸
Abscisic acid

5.1 アブシシン酸研究の歴史

5.1.1 アブシシン酸の発見

　アブシシン酸は植物の休眠や乾燥対応などに関わり，陸上に進出した植物の成長と生存に必須な植物ホルモンである．20世紀のはじめころ，種子発芽を阻害する抽出物が多くの植物から得られた．1940年代後半，ジャガイモ塊茎の休眠芽を研究していたヘンベリ（Hemberg）は，塊茎の表層部にオーキシン作用を阻害する物質が含まれていること，この物質の量は芽の休眠性の低下とともに減少することを見出した．また，セイヨウトネリコの芽の休眠を打破すると，芽に含まれる阻害物質が減少することも示した．ヘンベリの一連の実験は，この成長阻害物質が単なる妨害物質ではなく，休眠や発芽といった重要な植物の成長過程を制御する生理活性物質であることを示す先駆的な研究となった．

　1950年代に入ると，成長阻害物質の分離が試みられた．ベネット - クラーク（Bennet-Clark）とケフォード（Kefford）は，数種の植物のシュート（地上部）や根から得た酸性エーテル抽出物をペーパークロマトグラフィーで分離し，成長阻害作用を示すインヒビター β の画分を得た．その後，多くの植物の根や花や果実などからインヒビター β が分離され，ヘンベリが見出した成長阻害物質もインヒビター β であることがわかった．のちにアブシシン酸が同定されると，さまざまな植物組織から得られたインヒビター β の主成分は，アブシシン酸であることが示された．

5.1.2 アブシシン酸の単離と同定

　カーンス（Carns）は，ワタの未熟果実が落果する時期にオーキシン作用を阻害する活性が果実内で増大すること，この活性を持つ抽出物は葉と果実の脱離を促進することに着目し，1961年にワタの成熟果実の果壁からワタ芽生えの葉柄脱離を促す活性物質の結晶を得た．分子構造の決定には至らなかったが，器官脱離（abscission）を促す物質との意味で，彼らはこの物質を「アブシシン」と命名した．

　アディコット（Addicott）らは葉身を取り除いたワタ芽生えの葉柄脱離を指標に，落葉促進物質の精製と構造決定に取り組んだ．このグループに参加した大熊は，1963年，ワタの未熟果実 225 kg から 9 mg の純粋結晶を得て，赤外スペクトル分析や質量分析により構造を決定した．この物質はカーンスらの「アブシシン」よりも強い葉柄脱離作用を示し，「アブシシンⅡ」と命名された．

　同じころ，ヴァン・ステヴェニンク（van Stevenick）らはキバナハウチワマメの花序

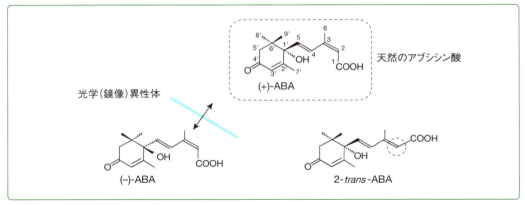

図5.1 アブシシン酸（ABA）とその異性体の構造
天然のアブシシン酸は右旋性の光学活性を示すことから，一般に(+)-ABAと表記される．(+)-ABAの絶対配置をRS方式で表すとSであるため，(S)-(+)-ABAないしは(S)-ABAと表記されることもある．また，C-2位にカルボキシ基がシス位に配置するため，(+)-2-cis-ABAとも表される．C-2位のカルボキシ基がトランス位に配置したのが2-trans-ABAで，点線の円で囲んだ部分が二重結合の異性化部位を示す．

の上部の花や若い果実が脱落することに注目して研究を進め，果実の抽出物が花と果実の脱離を促進し，幼葉鞘の成長を阻害することを見出した．この活性もまた，インヒビターβの画分に一致した．ウェアリング（Wareing）らのグループは，カエデなど落葉樹の冬芽の休眠に成長阻害物質が関わることを示し，ヴァイオリン用材として有名なシカモア（セイヨウカジカエデ）の葉からこの物質の精製を進めた．アベナ屈曲試験を指標に精製した物質は，インヒビターβの画分に分画された．彼らはこの物質をさらに高度に精製し，休眠（dormancy）を誘導する物質との意味で，「ドルミン」と命名した．

1965年，「アブシシンⅡ」の平面構造が大熊らにより報告されると，コーンフォース（Cornforth）のグループが直ちに合成を試み，合成物質の生理活性から立体構造を明らかにした（**図5.1**）．「アブシシンⅡ」の構造が明らかになるにつれて，キバナハウチワマメの花や果実の脱離促進物質や「ドルミン」も同一の構造を持つことがわかってきた．同一の物質が異なる名前で呼ばれることによって生じる混乱を避けるため，1967年の第6回国際植物成長物質会議において，アブシシン酸（abscisic acid, ABA）という名称に統一された．

5.2 アブシシン酸の生理作用・役割

アブシシン酸はいずれの器官からも検出され，たとえば葉では生重量1 gあたり10 ng程度含まれている．アブシシン酸の含量は生育段階や環境により大きく変化し，果実や未熟種子では生重量1 gあたり数百ngに達することがある．また，乾燥状態におかれた葉では数倍から数十倍にその含量が増加する．こうしたアブシシン酸内生量の変化は，その生理作用との相関が明確な場合が多い．

5.2.1 種子の成熟

受精にはじまる種子の発達過程において，アブシシン酸は種子の形態が完成したころに最も多く蓄積し，成熟過程でしだいに減少する（**図**5.2）．種子の貯蔵タンパク質や貯蔵脂質の蓄積は，アブシシン酸により高まる．種子に含まれる水分は種によって異なるが，生重量の10％程度まで低下する．このため，種子の中で生きている組織・細胞（胚や糊粉層）は，強い乾燥耐性を持つ．培養で得られた体細胞由来の不定胚は乾燥耐性を持たないが，アブシシン酸で処理すると乾燥耐性が付与され，低水分状態での冷凍保存が可能になる．成熟した胚に比較的多量に蓄積するLEA（LATE EMBRYOGENESIS ABUNDANT）タンパク質遺伝子の発現はアブシシン酸により誘導され，細胞の乾燥耐性に働く（5.2.6項参照）．このように，アブシシン酸は種子の成熟に必須な植物ホルモンである．

5.2.2 種子の休眠形成と発芽抑制

発芽に適した環境条件でも発芽しない性質を，種子の休眠という．また，休眠性が低下した種子でも，光や温度などが発芽に不適当な環境では発芽しない．これらの性質により，種子は生育に適した季節や場所で発芽することが可能となっている．種子成熟過程における休眠の形成には，アブシシン酸が必須である（図5.2）．ヒマワリやトウモロコシの未熟種子をアブシシン酸合成阻害剤で処理すると，休眠の形成が阻害される．また，アブシシン酸欠損突然変異体の種子は，休眠性をほとんど示さない．

母体から離れた種子の休眠性の維持や，休眠から覚めた種子の環境条件による発芽抑制にも，アブシシン酸は重要な働きを持つ．レタスやシロイヌナズナにおいて，吸水した成熟種子が休眠性を維持するには，アブシシン酸が新たに合成される必要がある．春に結実

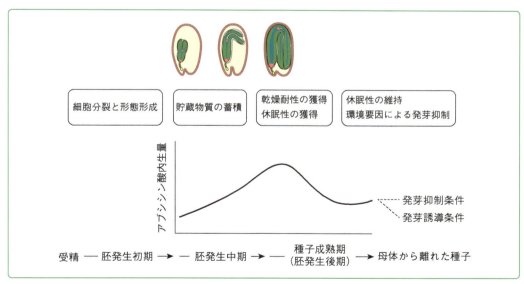

図5.2 発達過程の種子および母体から離れた種子におけるアブシシン酸の作用
種子発達過程において，アブシシン酸は貯蔵物質の蓄積，乾燥耐性および休眠性の獲得に働く．母体から離れた成熟種子では，休眠性の維持や温度や光などの環境要因による発芽抑制に働く．

し，秋に発芽する冬生草本種子では，春から秋にかけて休眠性が低下する．このとき，発芽できる上限温度がしだいに上昇するが，夏の間は環境の温度が上限温度を上回るために発芽しない．高温はアブシシン酸合成を促すことにより発芽を抑制する働きを持つ．

5.2.3 芽の休眠

アブシシン酸は樹木の冬芽やジャガイモなどの塊茎の芽の休眠に働く．芽の休眠には，環境条件が適切でも成長しない自発休眠（endodormancy）と，低温などの環境要因により成長が抑制される環境休眠（ecodormancy）がある．ポプラの自発休眠の形成は，アブシシン酸合成酵素遺伝子の発現上昇とアブシシン酸内生量の増加を伴う．ブドウやジャガイモにおいても，アブシシン酸内生量は芽の休眠形成に伴って増加し，休眠性の低下に伴って低下する．一方，アブシシン酸内生量と休眠の間に相関が認められていない植物種もあり，ヤナギの芽では，アブシシン酸に対する感受性と休眠性に相関が示されている．

葉の葉腋にある側芽（腋芽）の休眠にも，アブシシン酸が関わる可能性が示されている．エンドウ，アサガオ，シロイヌナズナ，トマトをアブシシン酸で処理すると腋芽の成長が抑えられる．腋芽の成長はオーキシンとストリゴラクトンにより抑制され，サイトカイニンによって促進されることが知られているが，アブシシン酸による腋芽の成長抑制との関連（相互作用）は明確にされていない．

5.2.4 気孔の閉鎖

土壌や大気の乾燥によって水ストレスを受けた植物では，気孔が閉じて蒸散が抑えられる．アブシシン酸を葉に直接処理すると気孔の閉鎖が起こる．トマトやタバコのアブシシン酸欠損突然変異体は，正常な植物がしおれない程度の乾燥した条件でもしおれてしまう．これは，水ストレスを受けても気孔が閉じないことが原因である．

気孔の閉鎖を誘導するアブシシン酸は，維管束で合成され，輸送により孔辺細胞に供給される（5.3.5項，図5.9参照）．一方，ダイズやソラマメの表皮から単離した孔辺細胞を浸透圧の高い溶液中に入れると，アブシシン酸量が増加することが示されている．最近，孔辺細胞ではアブシシン酸合成に必要な酵素をコードするすべての遺伝子が発現していること，湿度の低下は孔辺細胞におけるアブシシン酸合成酵素遺伝子の発現を誘導することが示された．これらのことから，気孔の閉鎖には，輸送により維管束から孔辺細胞へ供給されるアブシシン酸だけでなく，孔辺細胞自身で合成されるアブシシン酸が重要な役割を持つことがわかってきた（図5.10参照）．

5.2.5 水ストレス耐性

土壌が乾燥すると，はじめに根の，次いで茎，葉の水ポテンシャルが低下する．水ポテンシャルとは，通常，浸透ポテンシャル（浸透圧の数値にマイナスをつけたもの）と圧ポテンシャル（膨圧）の和のことである．水は，水ポテンシャルの高い方から低い方に移動する．多くの植物において，細胞の水分が低下して圧ポテンシャルが0になるとアブシシン酸含量が増加する．

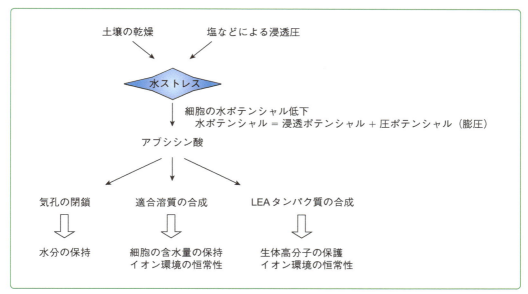

図5.3 水ストレス応答におけるアブシシン酸の作用
土壌の乾燥や浸透圧上昇による水ストレスは,アブシシン酸量の増加をもたらす.アブシシン酸は気孔の閉鎖,適合溶質の合成,LEAタンパク質の合成などを促し,水ストレスに対応した生存を可能とする.

　水ストレスは低温(凍結)や塩類によっても生じる.高濃度の土壌塩類による作物栽培への被害は,特に半乾燥地域における灌漑によりもたらされ,世界的な問題となっている.塩にさらされた植物では,アブシシン酸の合成が誘導される.この誘導は,塩の化学的性質によるものではなく,塩濃度の変化がもたらす物理的な刺激によると考えられている.アブシシン酸は適合溶質やLEAタンパク質の蓄積を促すことで,細胞の水分状態を調節して細胞活性を保持し,植物が乾燥に対応することを可能にしている.

　水ストレスを受けた植物の細胞には,ベタイン,ソルビトール,プロリンなど,適合溶質と呼ばれる物質が蓄積する(図5.3).適合溶質の蓄積は細胞の浸透ポテンシャルを低下させるため,アポプラスト(細胞外)の水ポテンシャルが低下しても細胞の含水量を保つことができる.ベタイン合成の最終段階を触媒するベタインアルデヒド脱水素酵素遺伝子や,プロリン合成に関わる*P5CS*遺伝子の発現は,アブシシン酸により誘導される.

　また,水ストレスを受けた細胞には,種子から見出されたLEAタンパク質が蓄積する.LEAタンパク質は高い親水性を持ち,アミノ酸配列に基づく立体構造から,水分の保持,生体高分子の保護,吸着によるイオン濃度調節などの役割を持つと予測されている.多くのLEAタンパク質遺伝子の発現は,アブシシン酸によって誘導される(図5.3).

5.2.6 栄養成長の抑制,促進と維持
A. シュート

　水ストレスを受けた植物では,特にシュートの成長が強く抑制される.水ストレスはアブシシン酸量を大きく増加させること,十分に水が与えられた植物を比較的高濃度のアブシシン酸で処理すると成長が抑制されることなどから,アブシシン酸は水ストレス環境下

で一時的にシュートの成長を抑制する作用を持つと考えられる．一方，トマトやトウモロコシ，シロイヌナズナのアブシシン酸欠損突然変異体の芽生えは，十分に水が与えられても，各器官のサイズが野生型よりも小さく，個体あたりの重量も軽い．また，アブシシン酸欠損突然変異体に比較的低濃度のアブシシン酸を与えると，成長が野生型と同レベルまで回復する．したがって，ストレスを受けていない組織に存在する低濃度のアブシシン酸には，栄養成長を促す働きがあると考えられる．

B. 根

根にアブシシン酸を与えると，濃度に依存して伸長成長が抑制されるが，低濃度では逆に伸長が促進される．アブシシン酸はサイクリン遺伝子の発現を抑制し，サイクリン依存性リン酸化酵素を阻害する *KRP1* 遺伝子の発現を誘導することにより細胞分裂を抑制する．根の先端部に存在する「静止中心」と呼ばれる細胞はほとんど分裂せず，周囲に存在する幹細胞の分化を抑制することにより，幹細胞機能を維持させる働きを持つ．低濃度のアブシシン酸は静止中心の細胞分裂を抑え，幹細胞が他の細胞に分化することを抑制することにより，幹細胞機能および根の伸長を維持すると考えられている．

C. エチレンとの相互作用

アブシシン酸による栄養成長の促進的制御には，エチレンとの相互作用が関わっている．水ストレスを与えたトウモロコシの芽生えをアブシシン酸合成阻害剤で処理すると，根の伸長がさらに強く抑制される．このとき，同時にエチレン合成阻害剤を与えておくと根の伸長が回復する．また，アブシシン酸合成を阻害するとエチレンの生成が誘導される．アブシシン酸はエチレン生合成を抑制することにより，根の成長を維持すると考えられている．アブシシン酸がエチレン作用の抑制を介して葉の成長を維持している可能性は，シロイヌナズナやトマトのアブシシン酸欠損突然変異体，エチレン非感受性突然変異体を用いた実験からも示されている．

5.2.7 葉の老化

動物の老化は個体が死に向かう過程である．一方，植物では個体が成長する過程においても，葉や花などの特定の器官が老化する．老化は，植物や器官の齢（age）と環境要因により誘導される．

葉の老化過程では，光合成活性の低下，黄色化（クロロフィルの分解），タンパク質の分解，分解物の母体への転流などの生理・生化学的変化を経て，器官脱離に至る．器官脱離は，アブシシン酸の名称の由来となっているように，アブシシン酸の単離・同定を導いた現象である．しかし器官脱離においてアブシシン酸の作用は多くの場合間接的であり，直接的にはエチレンの作用によることが明らかにされている．

葉の老化に伴い，アブシシン酸合成酵素遺伝子 *NCED*, *AAO3* の発現が高まること，アブシシン酸内生量が増加すること，アブシシン酸処理が葉の老化および老化関連遺伝子の発現を誘導することなどから，アブシシン酸は葉の老化を促す作用があると考えられてい

る．ところが，若い葉をアブシシン酸で処理しても老化誘導は起こらない．このように，アブシシン酸の老化における役割は植物の齢に依存しており，齢が進んだ葉の老化には促進的な作用がある．

5.2.8 病害抵抗性の低下

アブシシン酸は，病原菌に対する抵抗性を低下させる作用を持つ．アブシシン酸欠損突然変異体では病害抵抗性が高まり，植物をアブシシン酸で処理すると病害抵抗性が低くなる．植物の病害抵抗性には，サリチル酸，ジャスモン酸，エチレンが関わることが知られているが，アブシシン酸は，これら3種のホルモンの作用を抑えることにより，抵抗性遺伝子の発現を抑制すると考えられている．また，アブシシン酸は，防御応答の誘導に重要な活性酸素種の生成を抑制する．

5.2.9 種子植物以外の生物における作用

アブシシン酸は，これまで調べられたすべての種子植物から検出されているが，シダ，セン類，タイ類，藻類にも広く存在する．セン類，タイ類において，アブシシン酸は維管束植物と同様に水ストレス応答および休眠に関わる（CD収載の補足5.3参照）．

光合成生物に限らず，菌類である糸状菌にもアブシシン酸合成能が認められる．アブシシン酸生合成型糸状菌の多くは植物病原菌であり，比較的多量にアブシシン酸を合成する．ただし，糸状菌におけるアブシシン酸の生理作用は知られていない．アブシシン酸の受容体や主要な情報伝達に関わるタンパク質の遺伝子は，シダ植物およびコケ植物にも存在することが示されている．これらの遺伝子は，突然変異体や形質転換体の解析などから，種子植物と同様の機能を持つことも明らかにされつつある．

5.3 アブシシン酸の合成と代謝

5.3.1 アブシシン酸の構造

アブシシン酸は炭素数15のセスキテルペンであり，C-1′位が不斉炭素原子となるキラルな構造を持つ（図5.1）．化学的には，(+)-ABAと，その鏡像関係にある光学異性体(−)-ABAが合成されるが，植物が合成するのは(+)-ABAのみである．(−)-ABAを植物に与えたときの応答の程度は植物種や応答の種類によって異なり，天然の(+)-ABAと同程度の場合，(+)-ABAより弱い場合，応答を示さない場合がある．

アブシシン酸に強い光が当たると，C-2位のシス二重結合が異性化して2-*trans*-ABAに変換する．2-トランス体は植物組織からも検出されるが，アブシシン酸としての生理的な活性は示さない．光はトランスからシスへの異性化も誘導すると考えられ，時間が経つとシス体とトランス体がほぼ等量な平衡状態に達する．

5.3.2 生合成

糸状菌において，アブシシン酸はファルネシルピロリン酸から直接合成されるが，高等

植物ではカロテノイドを経て合成される．高等植物におけるカロテノイドの主要な前駆体はグリセルアルデヒド3-リン酸とピルビン酸であり，MEP経路により合成される．キサントキシンまでの反応はプラスチドで進行し，それ以降の反応は細胞質基質で行われる．

　カロテノイドからアブシシン酸に至る反応に関わる酵素とその遺伝子は，主に種子休眠や乾燥耐性を持たないアブシシン酸欠損突然変異体の解析から明らかにされた（CDの補表5.1，図5.4）．ゼアキサンチンエポキシダーゼ（ZEP）は，アンテラキサンチンを経てゼアキサンチンからビオラキサンチンに変換する．9-シス型のキサントフィル（9-cis-ビオラキサンチン，9′-cis-ネオキサンチン）から炭素数15のキサントキシンを切り出す酵素は，9-cis-エポキシカロテノイドジオキシゲナーゼ（NCED，9-cis-epoxycarotenoid dioxygenese）である．多くの場合，NCEDの触媒する酸化開裂反応がアブシシン酸合成の律速段階となっている（5.3.4項参照）．

　キサントキシンはプラスチドから細胞質基質に輸送されるが，そのしくみは不明である．短鎖デヒドロゲナーゼレダクターゼ（SDR）は，NADを補酵素としてキサントキシンをアブシシンアルデヒドに変換する．植物は複数のアルデヒド酸化酵素遺伝子を持つが，アブシシンアルデヒドに高い基質親和性を示し，アブシシン酸合成の最終段階を担うのはアブシシンアルデヒド酸化酵素（ABAO）である．

5.3.3　不活性化

　アブシシン酸は，水酸化に始まる環構造の修飾，または糖の結合による結合型形成のいずれかにより不活性化される（図5.5）．

A. 環構造の修飾による不活性化

　アブシシン酸は，主にC-8′位の水酸化を受けて8′-ヒドロキシアブシシン酸となり，不可逆的な不活性化経路をたどる．アブシシン酸の8′位水酸化酵素は，小胞体膜に存在するシトクロムP450一原子酸素添加酵素（CYP）である．シトクロムP450一原子酸素添加酵素はジベレリン合成を含むさまざまな代謝経路で働くが（シロイヌナズナには*CYP*遺伝子が272個存在する），このうちCYP707Aがアブシシン酸のC-8′位水酸化酵素（ABA8′OH）である．8′-ヒドロキシアブシシン酸は非常に不安定で，ほとんどアブシシン酸活性を持たないファゼイン酸に容易に（自動的に）異性化することから，C-8′位の水酸化反応が不活性化の律速段階となっている．ファゼイン酸は，C-4′位のカルボニル基が水酸基に還元されることにより，ジヒドロファゼイン酸とエピジヒドロファゼイン酸となる．

B. 結合型の形成による不活性化

　アブシシン酸の1位のカルボキシ基にグルコースが結合したβ-グルコシルエステル（配糖体）は，代表的な結合型アブシシン酸であり，多くの植物から検出されている．配糖体は，UDP-グルコースからアブシシン酸にグルコースを転移する反応を触媒するアブシシン酸グルコース転移酵素（配糖化酵素）により生成され，葉では液胞に蓄積する．アブシシン酸グルコシルエステルは，β-グルコシダーゼによって活性型のアブシシン酸に戻るこ

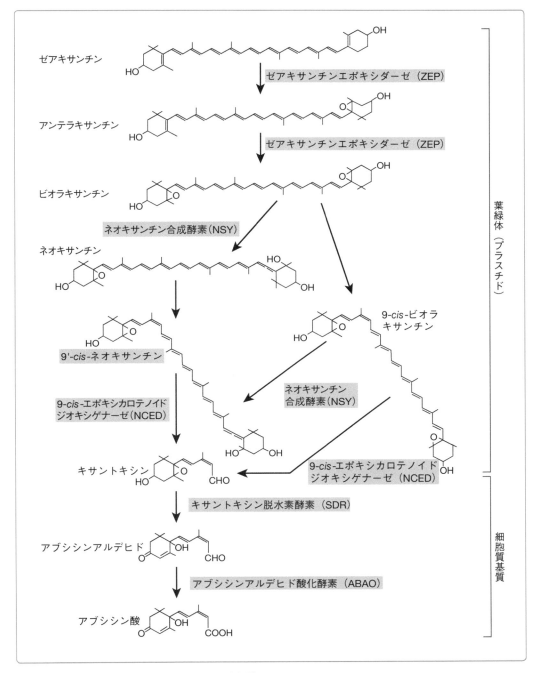

図 5.4 種子植物におけるアブシシン酸の生合成経路
ゼアキサンチン以降の反応のみを示す．各反応を触媒する酵素の名称とその略号を矢印の脇に示した．ビオラキサンチン，ネオキサンチンをシス型に異性化する酵素は，まだ特定されていない．

とができる．このため，アブシシン酸グルコシルエステルは活性型アブシシン酸の供給源の一つとなっている（5.3.4項参照）．

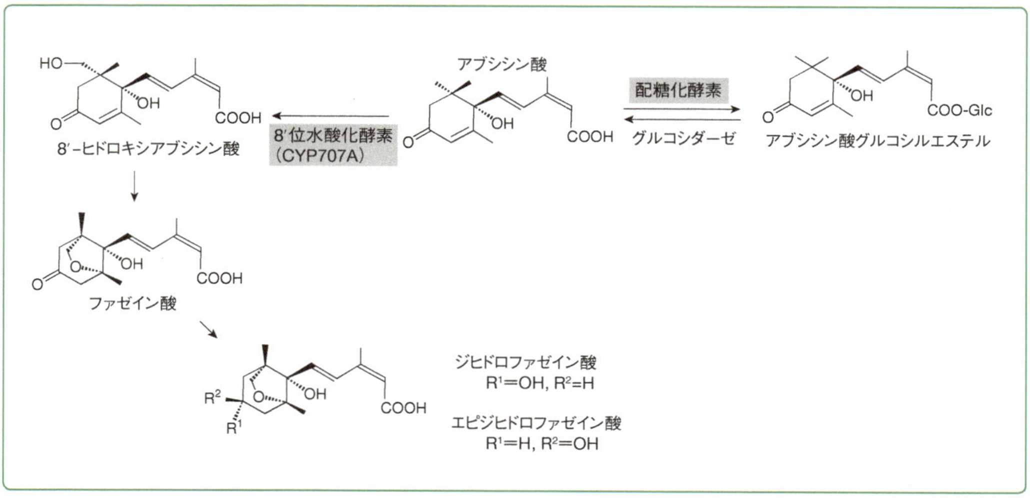

図5.5　アブシシン酸の主要な不活性化経路
アブシシン酸は，環構造の修飾あるいは配糖化によって不活性化される．環構造の修飾は，C-8′位の水酸化に始まる経路が主要である．配糖化されたアブシシン酸は，グルコシダーゼにより活性型のアブシシン酸に変換される．

5.3.4　アブシシン酸量の調節

A. 水ストレスによる合成と不活性化の制御

　乾燥，浸透圧，塩などによる水ストレスに応答したアブシシン酸合成の上昇は，*NCED*遺伝子の発現により調節される（**図5.6**）．インゲンの葉および根では，水ストレスを受けるとアブシシン酸量が増加する前に*NCED* mRNA量とタンパク質量が増加し，吸水によってストレスが緩和するとアブシシン酸の減少に先立って両者とも減少する．アブシシン酸内生量の低下には，合成段階での調節とともに，アブシシン酸の不活性化による調節も働いている．水ストレスを受けたシロイヌナズナの再吸水過程では*CYP707A*遺伝子の発現が高まり，増加したアブシシン酸が分解される．また，*CYP707A*遺伝子の機能喪失突然変異体の種子では，アブシシン酸が過剰に蓄積し，休眠性が高まることが知られている．

B. 光と温度による合成の制御

　光発芽種子の発芽は赤色光によって誘導され，遠赤色光によって抑制される．この発芽誘導は，主にジベレリンの内生量がフィトクロムを介して増加するために起こる（4章参照）．遠赤色光による発芽抑制には，アブシシン酸量の制御も寄与している．レタスおよびシロイヌナズナの種子では，*NCED*遺伝子の発現が赤色光により抑制され，遠赤色光により誘導される（図5.6）．また，アブシシン酸欠損突然変異体の種子は，野生型種子よりも遠赤色光照射後の発芽率が高い．シロイヌナズナ種子において，高温は*NCED*遺伝子の発現を高めることによりアブシシン酸量の上昇をもたらし，夏季の発芽を抑制する（図5.6）．

C. 配糖化と脱配糖化による制御

　配糖化によるアブシシン酸の不活性化と，脱配糖化による活性化は，アブシシン酸作用の制御に寄与することが示されている．アズキやシロイヌナズナの配糖化酵素遺伝子の発

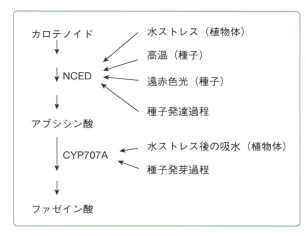

図5.6　合成と不活性化によるアブシシン酸量の制御
環境要因（水分，光，温度）や生育に応じたアブシシン酸量の制御は，合成と不活性化の両面で行われる．合成は主に*NCED*遺伝子の発現制御，不活性化は主に*CYP707A*遺伝子の発現制御を介して行われる．

現は，アブシシン酸やストレス処理によって上昇し，アブシシン酸のC-8′位水酸化酵素とともに，活性型アブシシン酸の過剰な蓄積を抑える．

アブシシン酸配糖体を基質とするグルコシダーゼのうち，小胞体で働く酵素は水ストレスにより活性化され，ストレス条件での活性型アブシシン酸の供給に寄与する．シロイヌナズナにおいて，小胞体と液胞で働く両者の酵素機能が失われた突然変異体では水ストレス耐性が大きく低下することから，脱配糖化による活性型アブシシン酸レベルの上昇が植物のストレス対応に重要な役割を持つことが示されている．

5.3.5　アブシシン酸の合成場所と輸送

　根で合成されたアブシシン酸が器官を超えて葉の孔辺細胞に輸送され，気孔の閉鎖に関わる可能性が示されてきた．一方，トマトおよびシロイヌナズナのアブシシン酸欠損突然変異体を用いた接ぎ木実験は，根に与えた水ストレスで増加したアブシシン酸は，根から輸送されたものではなく，地上部で合成されるものであることを示している（**図5.7**）．し

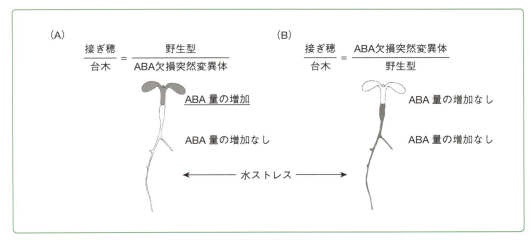

図5.7　土壌の乾燥に応答したアブシシン酸の合成は地上部で行われる
野生型を黒塗り，アブシシン酸欠損突然変異体を白抜きで表す．芽生えを地上部（接ぎ穂）と地下部（台木）に切り分け，接ぎ木して生育した植物の根に水ストレスを与えたときのアブシシン酸量の増加を，アブシシン酸誘導性遺伝子の発現から調べている．（A）アブシシン酸欠損突然変異体の根に野生型の地上部を接ぎ木．地上部でのみアブシシン酸誘導性遺伝子の発現が認められる．（B）野生型の根にアブシシン酸欠損突然変異体の地上部を接ぎ木．地上部でも地下部でも，アブシシン酸誘導性遺伝子の発現は認められない．

たがって，水ストレスに応答したアブシシン酸の合成は，主に葉で行われていると考えられる．

根で受け取られた水ストレスの情報が地上部に伝えられるしくみは，明確にされていないが，根における水ポテンシャルの低下が地上部の水ポテンシャルの低下をもたらし，これがアブシシン酸合成を誘導している可能性が示されている．

シロイヌナズナのアブシシン酸合成酵素をコードする遺伝子である*ABA2*（*SDR*）と*AAO3*（*ABAO*）は，水ストレスの有無にかかわらず主に葉の道管や篩管を取り囲む維管束柔組織で発現している．一方，*NCED*遺伝子の発現は，水ストレスにより維管束柔組織で急速に誘導される（**図5.8**）．このため，乾燥に応答したアブシシン酸の合成は主に維管束柔組織で行われ，アブシシン酸は周囲の細胞，あるいは他の器官に輸送されると考えられる．

アブシシン酸が細胞の内外に輸送されるためには特定の輸送体を必要としているが，それら輸送体は根の先端，培養細胞，孔辺細胞に局在する可能性が示唆されてきた．近年，細胞膜に局在するATP結合カセット（ABC）輸送体タンパク質などが，細胞内外へのアブシシン酸の輸送に働くことが示されている（**図5.9**）．葉において，維管束あるいは孔辺細胞で働く輸送体のうち，いずれか1つの遺伝子が突然変異により機能を失うと，水分の喪失と乾燥耐性の低下が生じる．このため，気孔の閉鎖には，孔辺細胞自身で合成したアブシシン酸とともに，輸送によって供給されたアブシシン酸が重要な働きを持つと考えられる．アブシシン酸輸送体の突然変異は，種子のアブシシン酸感

図5.8 乾燥状態におかれたシロイヌナズナ葉におけるアブシシン酸合成酵素NCED3の抗体染色（緑色）
NCEDは乾燥状態におかれると，急速に葉脈部の柔組織に蓄積する．

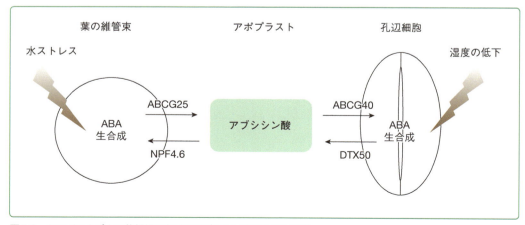

図5.9 シロイヌナズナの葉組織におけるアブシシン酸の合成と輸送
ABCG25とNPF4.6は維管束柔細胞の細胞膜，ABCG40とDTX50は孔辺細胞の細胞膜で主に働くアブシシン酸輸送体．ABCG25とDTX50はアポプラストへの排出に，NPF4.6とABCG40は細胞内への輸入に働く．

受性にも異常をもたらす．このため，細胞膜を介したアブシシン酸の輸送が細胞のアブシシン酸応答と成長の調節に重要な役割を持つと考えられる．

5.4 アブシシン酸の受容と情報伝達

5.4.1 アブシシン酸の受容とタンパク質リン酸化による情報伝達

　アブシシン酸がその生理活性を発揮するには，他の植物ホルモンと同じように細胞がアブシシン酸を認識（受容）し，その情報を作用点に伝えるしくみが必要である．ツユクサの表皮やオオムギ糊粉層細胞のプロトプラストを用いた実験から，アブシシン酸の情報は細胞の外側で受け取られることもある可能性が示唆され，細胞膜に存在するアブシシン酸受容体の候補もいくつか提示されたが，いまのところ広く認められているものはない．一方，2009年に細胞の内側に存在するアブシシン酸受容体（PYR/PYL/RCARタンパク質）が発見され，現在その働きが明らかにされてきている（**図5.10**）．アブシシン酸応答は，気孔の閉鎖のように遺伝子発現の変化を必要としない応答と，遺伝子の発現変化を介する応答とがある．PYR/PYL/RCARタンパク質は，この両者の応答に関わる主要な受容体である．

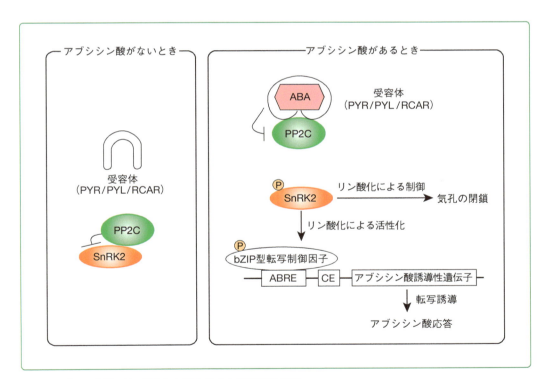

図5.10　タンパク質のリン酸化によるアブシシン酸情報の伝達
受容体で受け取られたアブシシン酸の情報は，タンパク質リン酸化酵素（SnRK2）の活性化を介して，遺伝子発現変化を必要としない応答（気孔の閉鎖）および遺伝子発現の変化を介したさまざまな応答を引き起こす．タンパク質脱リン酸化酵素（PP2C）は，SnRK2によるアブシシン酸情報伝達を抑制しているが，アブシシン酸を結合した受容体はPP2C活性を抑制し，SnRK2を活性化させる．

アブシシン酸受容体のPYR/PYL/RCARで受け取られたアブシシン酸の情報は，タンパク質のリン酸化を介して伝達される．リン酸化による情報伝達は脱リン酸化により抑制されているが，アブシシン酸が受容体に結合すると脱リン酸化が抑えられ，リン酸化による情報の伝達が誘導される．つまり，アブシシン酸は脱リン酸化の「ブレーキ」を外すことにより，その作用を発揮する．

5.4.2 アブシシン酸-受容体複合体によるタンパク質リン酸化の制御

A. 転写制御因子のリン酸化による遺伝子発現の制御

アブシシン酸応答をもたらすタンパク質のリン酸化は，タンパク質リン酸化酵素SnRK2が担当している．シロイヌナズナのアブシシン酸応答には3つの*SnRK2*遺伝子が関与するが，これらの遺伝子の機能が失われた三重突然変異体では，ほぼすべてのアブシシン酸応答が失われる．

アブシシン酸誘導性遺伝子の転写制御領域には，ACGTをコアに持つシス配列，ABRE（abscisic acid responsive element）が存在する．アブシシン酸による転写誘導には複数のABRE，またはABREと共同して働くCE1（coupling element 1）配列など，複数のシス配列が必要とされる．ABREには，bZIP型の転写制御因子が結合する．このbZIP型転写制御因子は，アブシシン酸に依存したリン酸化により活性化される．このリン酸化を担うのが，タンパク質リン酸化酵素SnRK2である（図5.10）．

B. アブシシン酸によるタンパク質脱リン酸化とリン酸化の制御

シロイヌナズナのアブシシン酸感受性突然変異体から見出されたMg^{2+}依存性のタイプ2Cセリントレオニンタンパク質脱リン酸化酵素（PP2C）は，アブシシン酸作用を抑制する働きを持つ．*PP2C*遺伝子の変異は，種子の発芽，植物の成長，気孔の閉鎖，遺伝子発現など，ほとんどすべてのアブシシン酸応答に異常をもたらす．植物のゲノムには多数の*PP2C*遺伝子が存在するが，アブシシン酸の情報伝達に関わるのは互いに相同性の高い少数の遺伝子（シロイヌナズナでは，主に種子で働く*AHG1*や，植物体と種子で働く*ABI1*など）である．

通常，PP2CはSnRK2に直接作用し，SnRK2のリン酸化活性を抑制している（図5.10）．アブシシン酸受容体のPYR/PYL/RCARは，アブシシン酸が結合するとその立体構造が変化してPP2Cと結合するようになる．受容体–アブシシン酸複合体に結合したPP2Cは脱リン酸化活性を失う．これにより，SnRK2が活性化され，タンパク質リン酸化による転写制御因子の活性化や，下流の情報伝達因子への情報伝達が引き起こされる．PP2Cから解放されたSnRK2は自己リン酸化により活性化すると考えられている．

C. PP2Cによる気孔閉鎖の制御

アブシシン酸による気孔の閉鎖は遺伝子発現の変化を必要としない反応であるが，タンパク質リン酸化酵素SnRK2は，気孔の閉鎖において重要な働きを持つ（**図5.11**）．リン酸化による情報伝達の下流では，NADPH酸化酵素（RbohF）が関与する活性酸素の生成，

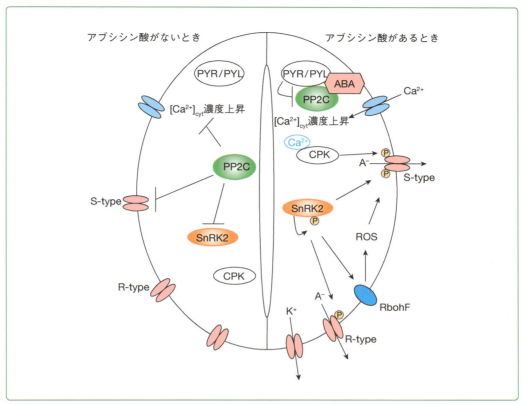

図5.11 気孔の閉鎖におけるアブシシン酸作用の分子機構

二次メッセンジャーである細胞内カルシウムイオン濃度の上昇，カルシウム依存性タンパク質リン酸化酵素（CPK）の活性化，細胞膜陰イオンチャネルの活性化，カリウムイオンの排出促進が連続して誘起され，膨圧が低下して気孔が閉じる．SnRK2は細胞膜陰イオンチャネル（S型とR型）を直接リン酸化して活性化する．面白いことに，アブシシン酸が作用しない状態では，PP2CはSnRK2を抑制するだけでなく，細胞膜陰イオンチャネルに直接作用し，その活性を抑制することが示された．

5.5 農園芸におけるアブシシン酸の役割

　塩害による作物生産量の低下は，世界的に深刻な問題となっている．降雨などによる多湿条件により種子が収穫前に発芽してしまう穂発芽は，穀類の品質低下と収量低下をもたらしている．地球規模の気候変動は温暖化や砂漠化，豪雨などを引き起こし，発芽から種子形成に至る植物の生育全般に大きな影響を与えつつある．アブシシン酸は発芽調節やストレス耐性に関わる植物ホルモンであり，農業現場での利用が可能になれば大きな効果が期待できる．

5.5.1 (+)-ABA利用の可能性

　菌類を用いた天然型の(+)-ABAの大量合成が可能となり，圃場で生育する作物に対する(+)-ABAのさまざまな効果が調べられた．その結果，発芽後の初期生育の促進，果実の着色促進，他の植物ホルモンとの混合処理による栄養成長の促進や花芽形成の促進などに効果のあることが認められている．これらの効果の一部はカリウムなどのミネラルの吸収促進に由来すると考えられ，肥料の効果発現促進剤として利用されている．アブシシン酸の成長促進効果は，実験室で見られる成長抑制効果と一見矛盾するように見える．実験室内で行われる植物ホルモン処理実験では，特定の濃度のホルモンが存在し続ける条件で，比較的短時間（数時間～数日間）の反応を見ることがほとんどである．これに対し，圃場では1回，あるいは数回の間欠的散布処理により，数週間から数か月後に作物に現れる効果を長期的に見ている．処理後一過的に上昇したアブシシン酸の作用が，他の内生ホルモンや環境との相互作用を経て長時間後に現れる効果は，アブシシン酸の新たな生理作用の解析につながるかもしれない．

5.5.2 アブシシン酸内生量調節の試み

　近年，アブシシン酸内生量を高める天然化合物がいくつか見つかっている．種皮色素の前駆体であるプロアントシアニジンは，アブシシン酸合成酵素遺伝子*NCED*の発現を高める効果を持ち，種子の休眠性の維持に寄与する可能性が示唆されている．プリン代謝物のアラントインは，*NCED*遺伝子の発現誘導とともに，アブシシン酸配糖体を基質とするグルコシダーゼ，BG1を活性化することにより，アブシシン酸内生量を高める．また，ジャガイモの塊茎誘導物質として見出されたテオブロキシドは，アブシシン酸分解酵素遺伝子の発現を抑制し，*BG1*遺伝子の発現を高めることにより，アブシシン酸内生量を高めることが報告された．さらに，アブシシン酸の不活性化を阻害することにより植物体内のアブシシン酸含量を増大させる効果を持つ薬剤が合成されている．このような効果を持つ天然物の発見と薬剤の開発は，環境条件に左右されない安定した収量と品質作物生産を可能にすると期待される．

　アブシシン酸作用を人為的に制御する薬剤も以前から開発されている．これらの薬剤はアブシシン酸の構造を改変することにより，アブシシン酸受容体やアブシシン酸代謝酵素に結合し，効果を発揮することが期待されてきた．アブシシン酸受容体の発見を導いたピラバクチンは，シロイヌナズナに存在する14個のPYR/PYL/RCARタンパク質の一部とのみ親和性を持ち，種子発芽の抑制効果は持つが，芽生えには作用しないといった特異性を持つ．アブシシン酸受容体の結晶構造が解明された現在，タンパク質の構造特異的に作用する薬剤がデザインされており，実用的な薬剤の開発が期待される．

参考文献
1) 大熊和彦（1990）*植物の化学調節*, **25**（2）, pp.214-216
2) Nambara, E. and Marion-Poll, A.（2005）*Annu. Rev. Plant Biol.*, **56**, pp.165–185
3) 瀬尾光範・小柴共一（2008）*遺伝*, **26**（2）, pp.45-50
4) Cutler, S. R., Rodriguez, P. L., Finkelstein, R. R., Abrams, S. R.（2010）*Annu. Rev. Plant Biol*, **61**, pp.651–679
5) Finkelstein, R.（2013）*The Arabidopsis Book* URL: http://www.bioone.org/doi/full/10.1199/tab.0166
6) 瀬尾光範（2015）*植物の生長調節*, **50**（1）, pp.21-27

第6章 エチレン
Ethylene

6.1 エチレン研究の歴史

6.1.1 古くから広く知られていたエチレンの作用

エチレン（ethylene）はガス状の植物ホルモンであり，植物のさまざまな生理作用に関わっている．他の植物ホルモンよりも生合成経路や作用機構，情報伝達経路が早くから明らかにされた．

エチレンの作用は古くから人々に利用されてきた．古代エジプトでは，エジプトイチジクの果実に傷をつけると成熟が進むことを，人々が経験的に知っていたことが聖書からうかがえる．中国においては，香をたいた容器の中にナシを入れておくと，早く成熟することが知られていた．ロシアではキュウリをいぶすことによって雌花が増えることが農民に知られ，プエルトリコではパイナップルを，フィリピンではマンゴをいぶすことによって開花が促進され，同調することが知られていた．これらはすべてエチレンの作用によって起こる．現在でも硬く酸っぱいキウイを，リンゴやトマトといっしょにビニール袋に入れると甘く柔らかくなるなどといった知恵が，生活情報誌に紹介されている．一般の人のエチレンに対する理解は他の植物ホルモンよりも進んでいるが，その研究はオーキシンのようにはじめから注目されていたわけではなかった．

エチレンの植物に対する影響は，エチレンを利用する視点からではなく，エチレンによる被害という視点から調べられた．19世紀当時，欧米では石炭ガスを照明ガスや燃料として用いていた．この石炭ガスにはエチレンが5％近く含まれ，パイプラインからガスが漏れることは珍しくなかった．そのため，ガス灯のまわりの街路樹が落葉したり，暖房用ガスが漏れ，温室の植物が壊滅的な被害を受けたと記録されている．1901年にロシアのネルジュボウ（Neljubow）は，石炭ガスの引き起こすエンドウ黄化実生の上胚軸の成長異常が，エチレンによることを明らかにした．こうして，植物の成長に被害を与える気体の正体がエチレンであることが明らかにされた．しかし，エチレンが植物体内でつくられることがわかったのは，さらに30年近くあとのことである．

1910年にカズンズ（Cousins）は，オレンジから放出される気体が，バナナの追熟を促進することを報告した．これは植物がエチレンを発生することを示唆する最初の報告である．しかし，オレンジの果実が多量のエチレンを発生することはないので，現在ではこの現象は，オレンジが生産したエチレンではなく，オレンジに感染していたアオカビの一種Penicilliumが生産したエチレンによるものと推測されている．その後，植物の発生する気体が，エチレンと同様の効果を示すことがいくつか報告され，植物体内でエチレンが生成

されることは，1934年にゲイン（Gane）によって化学的に証明された．彼は60ポンド（約27 kg）の成熟したリンゴから4週間にわたって気体を集め，臭素と反応させてジブロモエチレンにし，さらにアニリンと反応させて，ジフェニルエチレンジアミンの結晶を得て同定した．

6.1.2　エチレン研究の発展

　エチレンは植物内生のホルモンとして認知されるようになったが，同時期にオーキシンが発見され，当初エチレンの作用はオーキシンの媒介によると考えられていた．また，知られていたエチレンの作用が植物の成長に阻害的なものであったために，研究者の興味はオーキシンに向けられ，エチレンの研究は注目されなかった．さらに，生理活性を示すような低濃度のエチレンを定量的に測定する技術が当時は開発されていなかったことも，研究低迷の一因であった．

　しかし，1959年にバーグ（Burg）らが，エチレンの測定にガスクロマトグラフィーを導入したことにより，感度が高く，定量性のよい測定が可能となった．さらに，1960年代になって，オーキシンによってエチレンが誘導されることがわかり，それまでオーキシンの作用であると考えられていた現象のなかには，オーキシンによって誘導されたエチレンの作用によるものが含まれていることが明らかとなった．このような経緯により，エチレンは真に植物ホルモンとして働いていると認識されるようになり，エチレンに関する生理学的な研究が開始されるようになったのである．これが1つ目のエチレン研究の大きな成果である．

　その後，エチレンの生合成経路の確立が一つの金字塔となり，それを触媒する酵素の精製と，cDNAや遺伝子の単離が行われ，エチレン研究の2つ目の大きな成果を生んだ．さらにエチレンの情報伝達に関わる突然変異体の単離やその遺伝子の同定などが，植物生理学上のエチレン研究の3つ目の大きな成果といえる．

6.2　エチレンの化学

6.2.1　エチレンの構造および類似生理活性物質

　エチレンは炭素原子が二重結合したアルケン（オレフィン）である（**図6.1A**）．また，日常生活で使用しているポリエチレンの構成単位そのものである．これまでに，植物が生産する物質で，エチレンと同様の生理活性を引き起こすものは知られていないが，高濃度（100倍程度）のプロピレン（図6.1B）には，エチレンと同様の働きがある（図6.2参照）．

　エチレン処理をするには，植物体を密閉容器に入れ，適当量のエチレンを注入すればよいが，圃場ではエチレン発生剤であるエテホン（ethephon, (2-chloroethyl)phosphonic acid, 商品名 エスレル）（図6.1C）や，実験室レベルでは前駆体の1-アミノシクロプロパン-1-カルボン酸（1-aminocyclopropane-1-carboxylic acid, ACC）（6.4.1項，図6.5参照）を投与する場合もある．エテホンは，「液体エチレン」と呼べるような試薬で，農業上のエチレン処理に用いられている．pH 5以上になると加水分解して，リン酸，塩素とともにエチレン

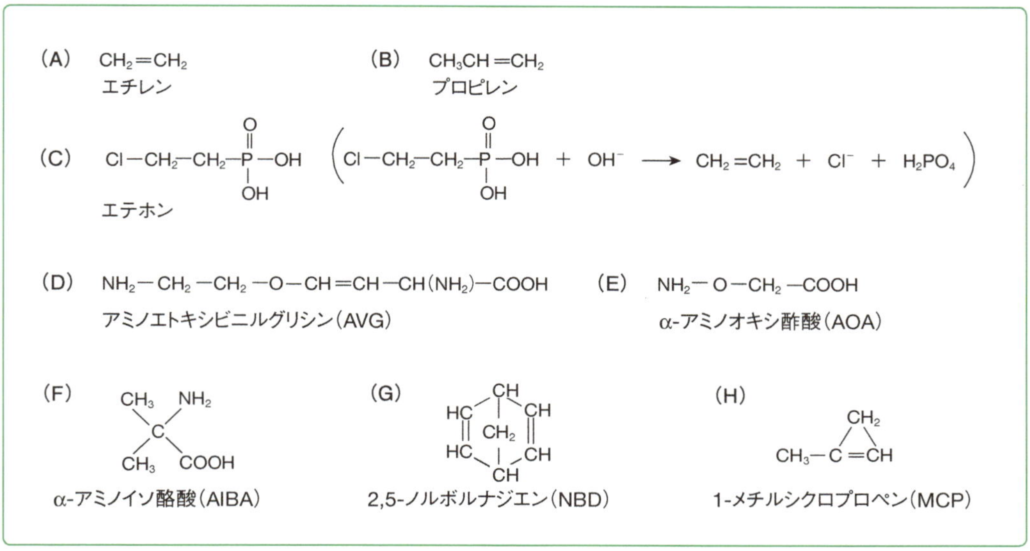

(A)　$CH_2=CH_2$
　　　エチレン

(B)　$CH_3CH=CH_2$
　　　プロピレン

(C)　Cl—CH_2—CH_2—P(=O)(OH)OH
　　　エトホン
　　　(Cl—CH_2—CH_2—P(=O)(OH)OH + OH^- → $CH_2=CH_2$ + Cl^- + H_2PO_4)

(D)　NH_2—CH_2—CH_2—O—CH=CH—CH(NH_2)—COOH
　　　アミノエトキシビニルグリシン（AVG）

(E)　NH_2—O—CH_2—COOH
　　　α-アミノオキシ酢酸（AOA）

(F)　$(CH_3)_2$C(NH_2)COOH
　　　α-アミノイソ酪酸（AIBA）

(G)　2,5-ノルボルナジエン（NBD）

(H)　CH_3—C(=CH)CH_2（環）
　　　1-メチルシクロプロペン（MCP）

図6.1　エチレンに関連する化学物質
(A) エチレン，(B) エチレン類似生理活性物質，(C) エチレン発生剤，(D)・(E) エチレン生成阻害剤（ACS阻害剤），(F) エチレン生成阻害剤（ACO阻害剤），(G)・(H) エチレン作用阻害剤．

を発生する．

6.2.2　エチレンに関連する阻害剤

A. エチレン生成阻害剤

アミノエトキシビニルグリシン（aminoethoxyvinylglycine，AVG）（図6.1D），α-アミノオキシ酢酸（α-aminooxyacetic acid，AOA）（図6.1E）は，ACC合成酵素（ACS）（6.4.1項参照）の阻害剤であり，エチレン生成を阻害する．しかし，これらはACSに特異的な阻害剤ではなく，ピリドキサルリン酸（pyridoxal phosphate，PLP）を補酵素とする酵素群の阻害剤である．使用する際にはこのことに留意する必要がある．α-アミノイソ酪酸（α-aminoisobutyric acid，AIBA）（図6.1F），Co^{2+}は，ACC酸化酵素（ACO）を阻害する．

B. エチレン作用阻害剤

チオ硫酸銀錯塩（silver thiosulfate，STS，$Ag(S_2O_3)_2^{3-}$）は，水溶性のエチレン作用阻害剤として最も有効な薬剤であり，切り花の鮮度保持剤として市販されている（6.6.4項参照）．銀イオンが阻害剤として作用するので，硝酸銀でも効果はあるが，銀イオンは陽イオンであり，植物体内での移動速度がきわめて遅く実用的ではない．それに対しSTSは陰イオンとして挙動し，植物体内を速やかに移動できる．

2,5-ノルボルナジエン（2,5-norbornadiene，NBD）（図6.1G）は，入手が容易なエチレン作用の阻害剤である．気体として使用するため，試料植物を密閉容器に入れ，NBDを揮発させて使用する．NBDとエチレン受容体との結合は可逆的であり，空気中に戻せば，エチレン感受性は回復する．

1-メチルシクロプロペン（1-methylcycropropene，1-MCP）（図6.1H）は，エチレン受

容体と不可逆に結合する阻害剤であり，処理後に空気中に戻しても，エチレン受容体が新たに生合成されるまで，その阻害効果は持続する．花卉やトマト，バナナ，アボカドなどの果実などを輸送する場合にきわめて有効である（6.6.5項参照）．STSやNBDを高濃度で用いると薬害が出やすいが，1-MCPを高濃度で用いても薬害がほとんど出ないといわれている．現在，実用面で最も注目されている薬剤である．

6.2.3 エチレンの抽出と定量

エチレンは，低濃度（0.1 μL/L以下）から植物にさまざまな生理作用を引き起こす．一般的には植物が生成する（植物から拡散してくる）単位時間あたりのエチレン生成量を測定し，その生成速度を指標として植物体内のエチレン含量を議論している．そのためには調べたい植物あるいは器官，組織片を密閉容器に入れ，一定時間後に蓄積したエチレンを注射器を用いて容器から抜き取り，ガスクロマトグラフィーで測定し，「エチレン量／生重量（あるいは個体数）／h」の単位で表す．

6.3 エチレンの生理作用・役割

エチレンは適当な刺激を受けるとすべての組織で発生する可能性がある．エチレンの発生は，高等植物の初期発生から老化，生殖までの一生を通じ，遺伝的にプログラムされた内的な刺激によって生成される場合と，外的な刺激によって生成される場合に大別できる．

6.3.1 果実の成熟

遺伝的にプログラムされた内的な刺激によって生成されるエチレンが引き起こす最も代表的な生理現象は，果実の成熟である．果実には，十分に成長したあとに，呼吸量（二酸化炭素の発生）の増大するクリマクテリック（climacteric）型果実と，顕著な増大のみられない非クリマクテリック（nonclimacteric）型果実がある．前者にはリンゴ，バナナ，トマト，アボカド，モモ，ナシ，カキなどがあり，後者にはオレンジ，ブドウ，イチゴ，パイナップルなどがある．

クリマクテリック型果実では，成熟開始時に爆発的なエチレンの増加とともに，呼吸量の著しい増加（クリマクテリック現象）が同時期に，あるいはエチレン増加にすこし遅れて起こり，軟化をはじめとする成熟が促進される．このことを指して，クリマクテリック型果実のエチレン生成は自己触媒的である，といわれている．非クリマクテリック型果実では，成熟の過程で顕著なエチレン生成量の増加が起こらず，一定の低いエチレン生成しか起こらない．エチレン処理によって追熟が顕著に促進されることもない．しかし，エチレンに応答しないわけではなく，たとえばエチレン処理により緑色の柑橘果実はクロロフィルが退色して黄色に色づく．

生成されたエチレンによって，軟化を引き起こすポリガラクチュロナーゼやグルカナーゼ（セルラーゼ）が誘導される．トマト果実ではリコペン（トマトの赤い色素）の生合成に関わるフィトエン合成酵素などが誘導される．

6.3.2 落葉，落果

エチレンは葉や果実の器官脱離を促進する．葉の齢が進行するとエチレンが生成されるようになり，老化（senescense）が起こり，葉柄の基底部の離層形成を促進し，エチレンによって誘導されたセルラーゼが働き，細胞どうしの接着が弱まって器官は脱離する．病原菌の感染により誘導されたエチレンによっても葉の脱離は起こる．

6.3.3 実生の形態形成

双子葉植物の実生の特徴的な形態は，先端部のフック（かぎ状部）である．暗所の実生において顕著であり，光照射によりフックは展開する．実生は，このフックの背側で土を押し分けて，先端の茎頂分裂組織を保護しながら伸長し，地上に現れる．

フックの形成は，エチレンの作用による．ヤエナリの黄化実生をエチレン処理すると，フック形成はさらに顕著になる．さらに胚軸，あるいは上胚軸の伸長成長の抑制と，横方向への肥大成長が実生全体で起こり，太く短い実生になる（図6.2）．逆にエチレン作用の阻害剤（1-MCPなど）で処理すると，伸長成長の抑制が解除され，著しい伸長成長が起こり，細く長い実生になる．根の伸長成長が抑制される場合もある．

シロイヌナズナの突然変異体 ctr1（constitutive triple response1）を単離したキーバー（Kieber）らは，この双子葉植物に一般的に見られる形態を，シロイヌナズナにおける三重反応（triple response）として，論文に記述した．その論文のインパクトの強さから，この現象がエチレン研究分野以外の人にも広く知られるようになり，双子葉植物に一般的に見られるエチレンに応答した形態に，三重反応という言葉が使われるようになった．

本来，三重反応とは，エチレンに対してエンドウの黄化実生が起こす形態応答を意味する（図6.3）．上胚軸の1）伸長成長阻害，2）横方向への肥大成長，3）水平方向への屈曲成長である．1）と2）は一般的な双子葉植物の実生でも起こるが，3）が起こるのはエンドウやソラマメだけである．これらの反応が上胚軸全体ではなく，伸長成長部位で顕著に起こる点も異なる．エンドウでもエチレンによってフックは形成されているが，エチレン

図6.2 黄化ヤエナリ実生のエチレンに対する応答
(A) 2日間暗所で生育させたヤエナリ実生を，各濃度のエチレン，プロピレン，1-MCP中でさらに2日間生育させた．(B) 各実生の先端部の拡大図．フックの曲がり具合と胚軸の太さに注目．

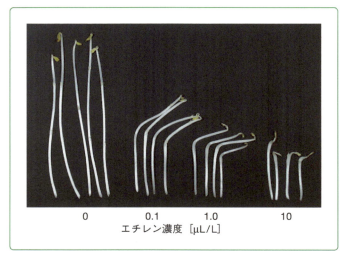

図6.3 黄化エンドウ実生のエチレンに対する三重反応
4日間暗所で生育させたエンドウ実生を,各濃度のエチレンでさらに2日間処理した.

処理によって過度に屈曲することはない.
　ナイト(Knight)とクロッカー(Crocker)が,ネルジュボウの発見を追試し,エンドウのエチレンに対する3つの反応を三重反応と名づけた経緯がある.

6.3.4 接触,機械的なストレスへの応答

　ユリを温室で栽培すると,通路のまわりのユリは,他の場所のユリよりも背丈が低くなる.これは通路を通る人の体がユリに触れ,その刺激によってエチレンが発生したためと考えられている.風による曲げや機械的な接触のような物理的なストレスがかかると,植物体は一過性にエチレンを発生する.その結果,伸長成長の抑制と横方向への肥大が起こり,背丈が低く,太い丈夫な植物体になる.
　このような接触により形態が変化する現象を,ジャッフェ(Jaffe)は接触形態形成(thigmomorphogenesis)と呼んだ.接触によりエチレンが発生することは間違いないが,エチレンだけの作用で接触形態形成が起こるか否かに関しては異論もある.接触による一過性のエチレン生成は,緑熟果実に触れることによっても起こる.

6.3.5 伸長成長の抑制と促進

　エチレンにより伸長成長の抑制が起こることは,6.3.3項や6.3.4項ですでに述べたが,その作用機構は次のように考えられている.細胞膜の直下にはチューブリンで構成される表層微小管があり,セルロース微繊維はこの表層微小管の方向に沿って並ぶ.エチレンは,横方向に並んでいる皮層細胞の微小管を,縦方向に並ばせる効果がある.その結果,セルロース微繊維も縦方向に並び,細胞の縦方向に「たが」がかかったような状態になる.細胞の膨圧はどの方向にもかかるので,「たが」が縦方向にかかった場合は縦方向の伸長が抑制され,横方向の肥大が促進される.
　一方,水生植物の伸長成長は,エチレンによって促進されることが知られている.特に浮きイネでは,この現象が顕著である.浮きイネ性は量的形質で,複数ある原因遺伝子の

うちの一つが，エチレン誘導性遺伝子の転写因子ERFファミリー（6.5.1項参照）のSNORKEL 1（SK1），SNORKEL 2（SK2）であることが，近年わかった．浮きイネは冠水すると植物体内からのエチレンの拡散が妨げられ，植物体内のエチレン濃度が高くなり，SK1とSK2に作用して，下流の遺伝子発現（ジベレリン生合成を含む）を引き起こし，著しい伸長成長が起こると考えられている．その結果，水面上に伸びた葉からの酸素の供給が可能になる．一方，冠水耐性のイネは同じく転写因子ERFファミリー（6.5.1項参照）の一つSubmergence1（Sub1）を持っている．冠水して高濃度になったエチレンのシグナルを受けたSub1はSLENDER RICE1（4.4節参照）の発現を誘導し，ジベレリンの情報伝達を抑制して伸長成長を抑制し，エネルギーの消費を抑えて冠水状態に耐えていると考えられている．このように冠水時のイネの対応は品種によって正反対であるが，ともにエチレンを介している点が興味深い．

6.3.6　花に関する作用

花に関するエチレンの作用として，開花の促進，雌花の形成促進，花弁の老化と萎凋（しおれ）の3つがあげられる．パイナップルなどのアナナス科やマンゴではエチレン処理により開花が促進され，これが農業上利用されている．エチレン処理により雌雄異花のキュウリ，メロンでは雌花の形成が促進され，性決定にACC合成酵素（6.4.1項参照）が関わっていることが明らかにされている．

多くの花卉において，開花後エチレン生成が促進され，その結果，花弁の脱離や萎凋が起こる．雌ずいからエチレン生成が起こることが多い．雌ずいでエチレン生成のみが起こる場合（トレニアなど）や，その生成したエチレンによって花弁のエチレン生成が引き起こされる場合（カーネーションなど）がある．園芸産業では，エチレン生成を抑制したり感受性を下げたりすることが，切り花の鮮度保持のために重要な課題となっている．

6.3.7　上偏成長

植物体をエチレン処理すると，葉が垂れ下がる．この現象を上偏成長（epinasty）という（**図6.4B**）．これは葉（葉柄）のような背腹性を持つ植物器官で，向軸側（上側）の細胞が背軸側（下側）の細胞に比較して，早く伸長成長した結果である．

トマトの場合，根が冠水すると上偏成長が起こる．この場合，根でつくられたエチレン前駆体のACCが道管を通って，葉柄に運ばれてエチレンになることが，明らかにされている．他の植物ホルモンと異なり，エチレンは前駆体のACCを含め植物体内を移動することはなく，働く部位で生成するが，この場合は珍しい例である．

上偏成長の反応は迅速であり，トマトでは冠水後1～3時間のうちに観察される．また，この反応は可逆的であり，空気中に戻すと下側が成長し，正常な形態に戻る．上偏成長の生理的意義は明らかでない．

6.3.8　傷害への応答

エチレンは正常な生育過程ばかりでなく，不定期に加えられるストレスや，あるいは過

図6.4 エチレンによるトマト実生の上偏成長
(A)未処理．(B)10 μL/Lのエチレンで4時間処理した．

酷な環境によるストレスなどの外的な刺激によっても生成される．そのなかでも，傷害によるエチレン生成は代表的なものである．生成されたエチレンによって，フェニルアラニンアンモニアリアーゼ（PAL）やペルオキシダーゼなどのリグニン生合成に関与する酵素が誘導される．また，PRタンパク質（防御タンパク質，12.2節参照）である塩基性グルカナーゼ，塩基性キチナーゼなどの酵素を誘導したり，抗菌性物質のファイトアレキシン（phytoalexin）の生成を誘導し，植物の防御反応のための生理現象を引き起こす．

傷害によるエチレン生成の誘導は，基本的にどの植物組織でも起こるが，果実のような生殖組織では，より顕著なエチレン生成が起こる．

6.3.9　通気組織の形成

冠水によるトマト葉柄の上偏成長（6.3.7項参照）はすでに述べたが，トウモロコシやイネの根が水に浸かると，そのストレスによりエチレンが生成され，茎や根に破生通気組織が形成される．破生通気組織の形成は，低酸素状態になった根に酸素を供給するためであると考えられている．破生通気組織の形成はエチレン生成の阻害剤や，エチレン作用の阻害剤によって抑制されることから，エチレンによる細胞死の誘導であると考えられている．

6.3.10　根に関する作用

エチレンは主根の伸長成長を抑制するが，多くの植物で不定根の発根や根毛の形成を促進することが知られている．不定根の発根は根の原基の形成と活性化に続き，伸長が起こる．エチレンは根の原基の形成と活性化を促進し，伸長を阻害する．

6.4 エチレンの合成と代謝

エチレンがどのようにつくられ，エチレンのシグナルがどのように伝わって働くかということに関しては，他のどの植物ホルモンよりも多くのことが早く明らかになった．エチレンの作用を考えるうえで，エチレンの生合成，受容と情報伝達は，重要な要因である．一方，エチレンはガス状であるので，供給（生合成）が止まれば拡散でその濃度は減少する．そのため，他の植物ホルモンの細胞内濃度と異なり，エチレンの代謝や分解は考慮する必要がない．

6.4.1 生合成経路

エチレンは，細菌，菌類，コケ，シダなどでも生成するが，これらの生合成経路は高等植物とは異なっている．細菌と菌類の生合成経路は明らかになっているものもあり，たとえば *Penicillium digitatum* では 2-オキソグルタル酸が前駆体になっている．

高等植物では S-アデノシルメチオニン（S-adenosylmethionine，SAM），ACC を経て，エチレンが生成される（図6.5）．メチオニンを経て SAM が生成する経路は，あらゆる生物に共通の反応である．SAM を ACC に変換する反応，およびそれに続く ACC をエチレンに変換する反応は，高等植物に固有の反応で，それぞれ ACC 合成酵素（ACS），ACC 酸化酵素（ACO）が触媒する．

1966年にリーベルマンらが，メチオニンがエチレンの前駆体であり，C-3位と C-4位がエチレンに変換することをリンゴ果実を用いて証明した．1977年にヤンらは，メチオニンからつくられる SAM が生合成経路の中間体であることを証明し，ACC がエチレンの前駆体であることを明らかにした．同時期にまったく独立にルルッセン（Lürssen）らは，数千の化学物質をダイズ葉切片に与え，エチレンを発生する物質が ACC であることを報告している．

6.4.2 ACC合成酵素（ACS）

ACC 合成酵素（ACC synthase，ACS）は SAM を ACC に変換する反応を触媒し，この反応はエチレン生合成の律速段階である．多くの場合，エチレン生成速度は細胞内の ACC 含量と，ACS 活性に依存している．また，ACS 活性の上昇は *de novo* な（新たな）タンパク質合成を伴い，主に転写段階で制御されている．

ACS はピリドキサルリン酸を補酵素とし，分子量は約 55,000 前後であり，二量体で働き，アミノ基転移酵素の一種と考えてよい．細胞内ではサイトゾルに局在している．酵素の半減期が短く不安定なため，細胞内での含量はきわめて微量で，酵素の精製は困難であり，わずかに数例が報告されているのみである．

精製された ACS は少ないが，ACS の cDNA はさまざまな植物種から多数クローニングされ，それぞれの *ACS* 遺伝子が，刺激（傷害，追熟，オーキシン，接触など）特異的に発現すること，アミノ酸配列に 7 つの保存された領域があり，多重遺伝子族（遺伝子ファミ

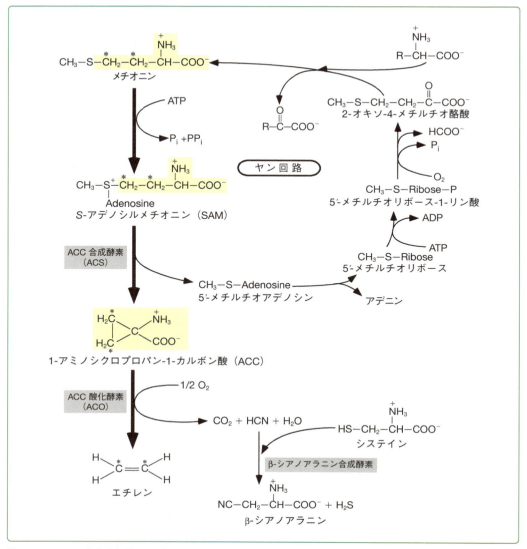

図6.5 エチレン生合成経路および関連する経路
エチレン生合成経路を太い矢印で示した．エチレンに変換されるメチオニン由来の炭素に＊を付けた．ACCに変換されるメチオニンの骨格を黄色で囲んだ．S-アデノシルメチオニンから生じた5′-メチルチオアデノシンが再びメチオニンに変換されるメチオニン再生経路（ヤン回路）および，シアン化水素（HCN）を無毒化する反応も示した．

リー）を構成していることが知られている．

　*ACS*の転写はエチレンによって抑制される場合と，誘導される場合がある．一般的に非クリマクテリック組織では転写量は減少する場合が多いが，クリマクテリック組織では，エチレン処理により*ACS*の転写量は自己触媒的に増加する場合が多い．

　PLPを補酵素とする酵素群には，特異的な基質によって不活性化される酵素が多く，ACSもSAMが自殺基質として働き，ACC以外にビニルグリシンが生成され，活性中心のリシン残基に共有結合し（SAM標識），酵素は不活性化される．この反応を反応機構依存的不活性化反応といい，植物組織内での速やかなACSの代謝回転（酵素タンパク質の半減期）

への寄与が示唆されている.

6.4.3 ACSのリン酸化による制御

ACSはリン酸化されるが，ACSはC末端領域のリン酸化部位によって3つのタイプに分類される．タイプ1はカルシウム依存性タンパク質リン酸化酵素（CDPK）によるリン酸化部位とMAPキナーゼによるリン酸化部位を持つアイソザイム，タイプ2はCDPKによるリン酸化部位のみを持つアイソザイム，タイプ3はリン酸化部位を持たないアイソザイムである．タイプ2 ACS遺伝子の突然変異体としては，*eto*（*ethylene over producer*）*1*, *eto2*, *eto3*が知られている．*eto1*の原因遺伝子は，タンパク質の特異的分解系ユビキチン-プロテアソーム系の構成因子であるE3リガーゼに標的タンパク質を提示するアダプタータンパク質をコードしている．このE3リガーゼはCul3を構成因子としており，ETO1は，BTB/POZドメインやTPRドメインといったタンパク質間相互作用に関わると考えられているドメインを持っている．また，*eto2*の原因遺伝子は*ACS5*であり，eto2-1タンパク質はC末端領域のリン酸化部位がフレームシフトにより12アミノ酸残基変異している．このことによりeto2-1タンパク質はリン酸化の有無にかかわらず，ETO1タンパク質が結合できないために，分解へ導かれないと考えられている．*eto3*の原因遺伝子は*ACS9*であり，eto3タンパク質はリン酸化部位の近くのバリン残基が，負電荷を持つアスパラギン酸残基に変異しているためC末端領域が恒常的にリン酸化された状態に近くなっていると考えられている．

リン酸化状態のACSタンパク質は，非リン酸化状態のものよりも半減期が長く安定であり，細胞内の蓄積量が増加する．律速段階の酵素が増加するので，*eto*突然変異体はエチレン過剰生成になるわけである．通常，酵素のリン酸化・脱リン酸化は酵素活性の活性化・不活性化に関わることが多いが，ACSの場合，活性自体には影響がない．タイプ1もタイプ2 ACSも外的な刺激によって誘導されるACSである．ACSは翻訳後，リン酸化修飾を受け細胞内で働き，不要になると脱リン酸され，リン酸化状態を目印にユビキチン-プロテアソーム系で分解され細胞内の量が調節されていると考えられている．一方，リン酸化による制御を受けないタイプ3のACSは，例が少ないがトマト果実の成熟期にのみ発現する*SlACS4*や，ウリ科の花の性分化に関わる*CmACS7*, *CsACS2*（6.3.6項参照）など遺伝的にプログラムされた内的刺激によって誘導される遺伝子にコードされたACSと考えられる.

6.4.4 ACC酸化酵素（ACO）

ACC酸化酵素（ACC oxidase, ACO）は，エチレン生合成の最終段階となるACCをエチレンに変換する反応を触媒する．分子量は約35,000で単量体で働き，Fe^{2+}とアスコルビン酸を補因子とする．反応に酸素を必要とし，二酸化炭素により活性化され，Co^{2+}により阻害される．細胞内のサイトゾルに局在している．ACSと異なり，細胞内の含量は比較的高く，トマトの成熟果実では主要なタンパク質の一つである．しかし，補因子が明らかになるまで，生化学的解析はまったく成功しなかった．

ACOもACSと同様に，遺伝子ファミリーを構成しており，それぞれの*ACO*遺伝子が異なる組織で発現していることが多い．エチレン生成のない組織でも構成的に発現している

ことが多く，そのことは組織にACCを与えると，エチレンが発生することからわかる．多くのACOはエチレンによって誘導される．

6.4.5　その他の反応

メチオニンはエチレンの前駆体なので，エチレンが多量に生成される組織では，多量のメチオニンが消費され，細胞内の含硫アミノ酸であるメチオニン含量の低下をもたらし，生理的な問題が生じる．メチオニン供給を維持するために，ACCの合成に使われたSAMは5′-メチルチオアデノシンになり，図6.5の経路を経てメチオニンへと再利用される．この経路はヤン回路と呼ばれている．この経路によりメチルチオ基（CH_3–S–）の量は不足することなく，維持されている．

一方，ACOによりACCはエチレンとシアノギ酸に変換され，シアノギ酸は非酵素的に二酸化炭素とシアン化水素（HCN）を生じ，結果としてエチレンの生成に伴い等モルのHCNが生成される．生じたHCNはβ-シアノアラニン合成酵素によってβ-シアノアラニン（3-シアノアラニン）に代謝され，無毒化される．

6.5　エチレンの受容と情報伝達

エチレンの情報伝達系解明の端緒となった研究は，シロイヌナズナのエチレン関連の突然変異体を用いた遺伝学的解析である．1988年の*etr1*（*ethylene resistant1*）の単離に続き，*ctr1*やさまざまな突然変異体が単離され，情報伝達に関する多くの知見が得られた．

他の植物ホルモンに比べ，エチレンに関する多くの突然変異体が単離された理由の一つは，スクリーニングが簡単なため（主に三重反応を指標にする）である．もう一つの理由は，エチレンの情報が伝達されなくても致死にならないためであろう．

6.5.1　エチレンの情報伝達系

エチレンの情報伝達系で現在までに知られている構成因子を図6.6に示した．エチレンシグナルは，ETR1→CTR1→EIN2→（EBF1/2）→EIN3→ERF1→エチレン応答遺伝子と続く．

エチレン受容体ETR1は小胞体膜に存在している．エチレンがない場合（図6.6A），ETR1はCTR1と結合している．ETR1と結合したCTR1はキナーゼ活性を持ち，同じく小胞体膜に局在するEIN2のC末端側をリン酸化する．EIN2のC末端領域（EIN2-C）はEBF1/2の翻訳を抑制するが，リン酸化されたEIN2はC末端領域が切り離されないので，その機能が働かない．その結果，F-boxを持つEBF1/2タンパク質は翻訳され，下流の転写因子EIN3を分解する．EIN3は，ERF1（エチレン応答遺伝子のプロモーターのシス配列GCC-boxに結合する転写因子）のプロモーターのシス配列EBSに結合して転写を活性化する転写因子である．EIN3が分解されるとERF1が転写されなくなり，下流のエチレン応答遺伝子は発現しない．

これに対して，エチレンがある場合（図6.6B）は，エチレンが受容体ETR1に結合する

と，CTR1は受容体から遊離されキナーゼ活性を失う．リン酸化されないEIN2-Cはプロテアーゼ（未同定）によって切り離される．EIN2-Cは*EBF1/2* mRNAの3′-UTRに結合し，Processing-body（P-body）に取り込まれ翻訳を抑制するためにEBFタンパク質が合成されない．その結果，EIN3は分解されることなく*ERF1*のプロモーターに結合して転

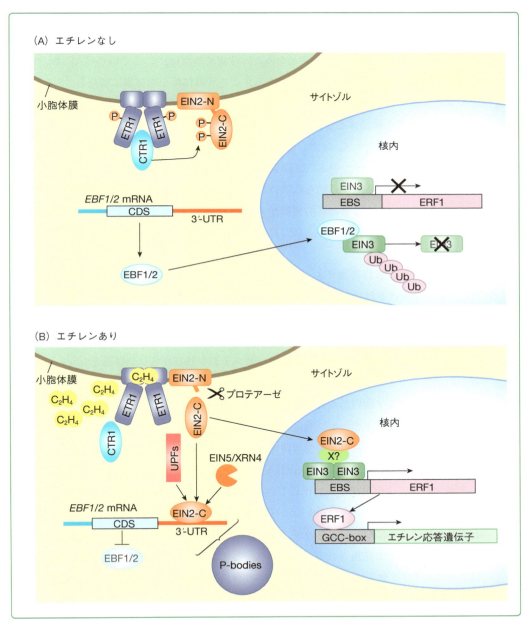

図6.6　エチレン情報伝達系の模式図
エチレン情報伝達系の解説は本文を参照．ETR1, ETHYLENE RESISTANT1；CTR1, CONSTITUTIVE TRIPLE RESPONSE1；EIN, ETHYLENE INSENSITIVE；XRN4, EXORIBONUCLEASE4；EBF1/2, EIN3 binding F-box1/2；ERF1, ETHYLENE RESPONSE FACTOR1；EBS, EIN3 biding site；3′-UTR, 3′-untranslated region；CDS, coding DNA sequence；P-body, processing –body；UPF, up-frameshift protein.

写を促進する．翻訳された ERF1 はプロモーターに結合し，エチレン応答遺伝子が転写されエチレン応答が起こる．

6.5.2　エチレン受容体

　エチレン受容体タンパク質は N 末端（アミノ末端）側から3つあるいは4つの膜貫通ドメイン，GAF（cGMP phosphodiesterase/adenyl cyclase/formate hydrogen lyase transcriptional activator）ドメイン，ヒスチジンキナーゼ様ドメイン，レシーバー様ドメインの4つのドメインから構成される．原核生物が持っていた二成分制御情報伝達系を真核生物も持ち，機能していることを示した最初の例となった．注意する点は，ここでいう GAF はジベレリン情報伝達に登場する GAF1 とは別である．この受容体は小胞体膜に局在し，S–S 結合によりホモ二量体として機能している．機能発現には1価の銅イオン Cu^+ を必要とする．この Cu^+ を供給する輸送体として ran1（responsive to antagonist1）が同定されている．

　シロイヌナズナには ETR1，ETR2，EIN4，ERS1（ETHYLENE RESPONSE SENSOR1），ERS2 の5つの ETR1 様遺伝子が同定されている．果実が成熟しないトマトの突然変異体として古くから知られていた Nr（Never ripe）の原因遺伝子 NR も，ETR1 のホモログであり，etr1-1 と同様の変異が入っていた．トマトからも5つのエチレン受容体遺伝子 SlETR1，SlETR2，NR，SlETR4，SlETR5 が同定され，器官特異的に発現し，機能分担が示唆されている．

　エチレン受容体は膜貫通ドメインを3つ持つサブファミリー1，4つ持つサブファミリー2にグループ分けされている．膜貫通ドメインは Cu^+ を必要とするエチレン結合部位を含むセンサードメインと考えられている．最初に単離された突然変異体 etr1-1 はこのドメインに変異が入っていた．GAF ドメインから C 末端までの領域は，サイトゾル側に局在している．ヒスチジンキナーゼ様ドメインは，ヒスチジン残基からリン酸基をレシーバードメインのアスパラギン酸残基に受け渡すが，サブファミリー2にはこのヒスチジンキナーゼ活性に必要なアミノ酸残基が保存されていない．遺伝学的解析から，エチレンの情報伝達系にこのヒスチジンキナーゼ活性は必要ないことが明らかにされている．レシーバー様ドメインを持つ受容体と持たない受容体がある．トマトの受容体遺伝子ファミリーは，果実の成熟とともにエチレンによって mRNA 量もタンパク質も増加する．エチレンが存在しないときは，受容体自体がリン酸化している．1-MCP で処理するとさらにリン酸化部位が増加する．逆にエチレンが存在するとリン酸化は抑制される（図6.6）．リン酸化と CTR1 との結合は明らかになっていないが，リン酸化された受容体と CTR1 は結合し，リン酸基が外れると CTR1 も遊離されると思われる．ここであげた受容体のリン酸化は Ser/Thr 部位であり，サブファミリー1エチレン受容体が保持しているヒスチジンキナーゼによる His/Asn リン酸化リレーとは関係ない．

　エチレン受容体はエチレン応答の負の制御因子であり，5つの受容体の機能は重複している．エチレン受容体のエチレン応答機構について表6.1にまとめた．一般的に，遺伝子ファミリーの機能が重複している場合は，1つの遺伝子に変異が入っても他の遺伝子が機能を補うので表現型は現れない．たとえば受容体としての機能（エチレンとの結合に続く

CTRの遊離によるEIN2リン酸化機能の喪失）を完全に失ったヌル突然変異体 *etr1-5* は，遺伝子の重複のため単独では野生型と同じ表現型しか示さない（表6.1B）．しかし，このようなヌル突然変異体の場合は，五重突然変異体になるとエチレンがなくてもエチレン応答性を示す．三重あるいは四重ヌル突然変異体の場合も，正常な受容体が残っているので表現型は弱くなるものの，エチレン応答性を示す（表6.1D）．一方，最初に単離された突然変異体 *etr1-1* の場合は単独で優性のエチレン非感受性という表現型を示した（表6.1C）．*etr1-1* はエチレン結合部位に変異があり，エチレン結合活性を失っていたが，情報伝達活性は失っていなかったためである．言い換えると *etr1-1* はCTR1との結合を維持してCTR1にEIN2-Cのリン酸化能を保持させていたと推測できる．

この性質はエチレン非感受性の形質転換体を作出する場合に好都合である．つまり，*etr1-1* タイプの突然変異遺伝子を1つ導入すれば，その形質転換体はエチレン非感受性になるからである．事実，そのような形質転換体の作出が複数報告されている．

受容体の働きを抑制する新たな調節因子が見つかっている．シロイヌナズナのエチレン非感受性の突然変異体 *etr1-2* のサプレッサー変異体として単離された突然変異体 *rte1* は，エチレンに対して高感受性になっている．原因遺伝子の *REVERSION-TO-ETHYLENE SENSITIVITY1*（*RTE1*）も，受容体ETR1と挙動を共にして小胞体膜に局在している．最近，シトクロムb5と相互作用することが明らかになり，酸化還元状態に影響があるだろうと推測されているが，RTE1の生化学的な機能は，いまだに明らかになっていない．調べ

表6.1 受容体からみたエチレン応答機構

	受容体	エチレンなし				エチレンあり				
		CTR1と結合	CTR1キナーゼ活性	切り出されたEIN2-C	エチレン応答	エチレンと結合	CTR1と結合	CTR1キナーゼ活性	切り出されたEIN2-C	エチレン応答
(A) 野生型	ETR1	○	○	×	×	○	×	×	○	○
	ETR2	○	○			○	×	×		
	EIN4	○	○			○	×	×		
(B) ヌル変異体の単独変異体 *etr1-5* 変異体	etr1-5	−	×	×	×	−	−	×	○	○
	ETR2	○	○			○	×	×		
	EIN4	○	○			○	×	×		
(C) *etr1-1* 変異体	etr1-1	○	○	×	×	×	○	○	×	×
	ETR2	○	○			○	×	×		
	EIN4	○	○			○	×	×		
(D) ヌル変異の三重変異体（*etr1-5, etr2-3, ein4-4*）	etr1-5	−	×	○	○	−	−	×	○	○
	etr2-3	−	×			−	−	×		
	ein4-4	−	×			−	−	×		

エチレンとの結合について，○，結合する；×，変異のためエチレンとの結合能力がない；−，変異のため受容体の機能を完全に失っている．受容体とCTR1との結合について，○，結合する；×，結合しない；−，変異で結合能力がない．CTR1キナーゼ活性について，○，EIN2-Cをリン酸化する活性がある；×，活性がない．切り出されたEIN2-Cについて，○，ある；×，ない．エチレン応答について，○，応答する；×，応答しない．

たかぎりにおいて，RTE1はETR1の働きを抑制するが，他の4つの受容体には影響しないようである．また，果実が成熟しないトマトの突然変異体として知られていた *Green-ripe*（*Gr*）は，RTE1のホモログであった．*Gr*は胚軸伸長に対するエチレン応答やエチレンによる葉柄の上偏成長は正常であるが，果実のエチレン応答が起こらない．解析の結果，プロモーター領域に334塩基の欠損があり，その結果，果実で*GR*が異所的発現をして受容体の機能を抑制したので，エチレン応答が起こらなくなり果実が成熟しなくなったと考えられている．

6.5.3 CTR1

シロイヌナズナの突然変異体*ctr1*は，恒常的にエチレンを感受した形態を示す劣性突然変異体として同定された．機能を失った*ctr1*が恒常的なエチレン応答性を示すことから，CTR1はエチレン情報伝達系を負に制御する因子であると理解されてきた．解析された結果，CTR1はセリン／トレオニンプロテインキナーゼであり，EIN2-Cをリン酸化することが明らかになった．別の言い方をすると，*ctr1*変異体ではエチレンの有無にかかわらず，EIN2-Cはリン酸化されないのでプロテアーゼで切り出され，核とサイトゾルで機能する，つまり常にエチレン存在下と同様の情報伝達が起こることになり，恒常的なエチレン応答性を示すわけである．

6.5.4 EIN2とEIN3

シロイヌナズナの突然変異体*ein2*，*ein3*はともに，1995年に単離され，エチレン非感受性の表現型が強い劣性突然変異体である．EIN2は1999年から解析の報告はされてきたが，EIN2のC末端領域のみを植物体に過剰発現させた結果から，C末端領域にエチレンの情報を伝達する機能があると推測されてきたが，機能がわかっていない遺伝子だった．最近になって，エチレンが存在しない場合はCTR1によってリン酸化されることが示された．エチレンが存在する場合はリン酸化されていないEIN2-Cはプロテアーゼによって切り離され，EIN2-Cとして2つの機能を持つ．1つはEIN2-Cには核に移行するシグナルNLS（nuclear localization signal）があり，切断された後に核に移行し，EIN3/EIL1を活性化しERF1の転写を促進すると考えられているが未同定の因子もあり，活性化の機構はまだ明らかにされていない．もう1つの機能は，EIN2-Cはサイトゾルにも局在し，EBF1/2の翻訳を抑制すると考えられている．EIN2-Cが*EBF1/2*の3′UTRに結合し，UPFsとEIN5/XRN4と相互作用をしてP-bodyに取り込まれ，*EBF1/2*の翻訳を抑制する．一般的にP-bodyはサイトゾル中でmRNAと複数のタンパク質（5′-exoribonuclease，deadenylaseなど）と集合体RNPs（RNA-Protein complexes）を構成し，pre-mature stop codonなどを持つ異常なmRNAの分解を通してmRNA品質管理を担っている．このようなmRNAの品質管理はnonsense-mediated mRNA decay（NMD）と呼ばれる．UPFはNMDに必要な因子で43S翻訳開始前複合体の形成を阻害すると考えられている．植物では，UPF1/2/3ともにエチレン情報伝達の変異体（upf1/2/3）として単離されている．また，EIN2-Cが結合するEBF1/2 mRNAの分解には5′-exoribonucleaseであるEIN5/XRN4が，直接機能

すると考えられている．P-bodyの主な機能はmRNAの分解である一方で，翻訳を阻害する場合もあり，この場合mRNA貯留や保護を通して翻訳を抑制する．mRNAはP-bodyとstress granule間を移動する場合も推測されている．EIN2は情報伝達の重要な因子であるが，不明な点は多く，今後の研究を待つ必要がある．

6.6 農園芸におけるエチレンの役割

農業上最も重要なエチレンの作用は，果実の成熟と農作物の老化であり，その関係は表裏一体である．つまり，成熟と老化は植物にとっては同じことであり，人が微生物を利用する場合の，発酵と腐敗のような関係にある．こうしたことからエチレンの農業上の利用は，エチレンで処理する場合と，エチレンの作用を抑える場合に大別される．

6.6.1 果実の成熟促進

トマトの成熟に用いられている．生食用のトマトの収穫には，トマト果実が順次成熟することは都合がよいが，大規模栽培の加工用トマトの機械による収穫においては，成熟時期がそろわないことは不都合である．そこで，農場では熟期が迫ったトマトにエテホンを散布していっせいに成熟させ，収穫している．

また，完熟したバナナは植物防疫上輸入できないので成熟前の緑熟期の果実を輸入し，エチレン処理により成熟を促進したあとに出荷している．柑橘の脱緑，色づけに利用されることもある．

6.6.2 開花の促進，球根・種子の休眠打破

パイナップルの圃場にエテホンを散布して，開花の促進が行われている．それまでは年1回しか収穫できなかったが，この処理により開花が促進，同調して周年収穫が可能になった．また，アイリス，フリージア，スイセン，クロッカスの球根をエチレン処理すると，休眠が打破されて開花が促進される．農耕地の強害雑草として知られるオナモミ属の植物の駆除や，トウモロコシ，ソルガムなどに寄生するストライガ（*Striga*）(11.1.2項参照) やオロバンキ（*Orobanche*）を駆除するために耕作の前に土壌中にエチレンを注入し，いっせいに発芽させて駆除に成功した例もある．

6.6.3 モヤシの栽培

モヤシという言葉には「ひよわで，ひょろひょろした」という語感があるが，最近販売されているモヤシは太くて短い（図6.2）．モヤシの製造業者がモヤシマメを発芽させたあとに，エチレン処理を施して出荷しているためである．

6.6.4 切り花の鮮度保持

切り花の鮮度を保持するためには，①エチレンの生成抑制，作用の阻害，②細菌の繁殖による道管閉塞の抑制，③エネルギー源としての糖の供給が三つの重要な要因である．切

り花の鮮度保持剤はエチレンに関していえば，エチレン作用の阻害剤としてのSTS（6.2.2項B参照）が最もよく用いられている．出荷されているカーネーションのほとんどはSTS処理されている．しかし，主成分が重金属の銀であるので，使用が問題となっており，アメリカではすでに使用が禁止されている．1-MCP（6.2.2項B参照）が切り花の鮮度保持剤として注目を集め，アメリカではEthylBlocの商品名で売り出されている．エチレン生成を抑えるためにAOA（6.2.2項A参照）が用いられることもある．

6.6.5 青果物の鮮度保持

青果物の鮮度は，1）エチレン生成を抑制する，2）エチレンを積極的に分解・吸収する，3）エチレン作用を阻害することによって，保持することができる．

1）の例としては，ACSの阻害剤AVG（6.2.2項A参照）が，ReTainという商品名でアメリカでは売られ，収穫前のリンゴなどに使用されている．

2）の例としては，活性炭や多孔質セラミックなどにエチレンを吸収させるものや，過マンガン酸カリウムなどのように，エチレンを酸化エチレンに分解して不活性化させるもの，あるいはそれらを組み合わせたものなどが多数販売され利用されている．

3）の例としては，慣行ではCA貯蔵（controlled atmosphere storage）が行われている．これは気体の組成を高二酸化炭素，低酸素に調節し，低温貯蔵する方法（たとえば5% CO_2, 3% O_2, 3℃）である．一方，国外ではエチレン受容体の阻害剤1-MCPがSmartFreshの商品名で用いられている．STSは重金属なので，食用の青果物に使用することはできないが，1-MCPは収穫後の青果物の鮮度保持剤として注目され，リンゴ，アボカド，メロン，プラム，トマトなど20種類以上の青果物での使用が30近い国で認可されている．日本国内ではニホンナシ，リンゴ，カキでの使用が許可されている．

参考文献
1) 森仁志・平山隆志（2004）新版 植物ホルモンのシグナル伝達（福田裕穂ほか監修），秀潤社，pp.138-150（森），pp.151-163（平山）
2) Kieber, J.（森仁志 訳）(2004) テイツ／ザイガー 植物生理学第3版（西谷和彦・島崎研一郎監訳），培風館，pp.525-546
3) 小柴共一・神谷勇治・勝見允行編（2006）植物ホルモンの分子細胞生物学，講談社
4) Abeles, F. B. (ed.) et al. (1992) *Ethylene in Plant Biology* 2nd ed., Academic Press
5) Alberts, F. B. et al. (2014) *Molecular Biology of the Cell* 6th ed., Ch. 7 Control of Gene Expression, POST-TRANSCRIPTIONAL CONTROLS, Regulation of mRNA Stability Involves P-bodies and Stress Granules, Garland Science, pp.427-428

第7章 ブラシノステロイド
Brassinosteroids

7.1 ブラシノステロイド研究の歴史

ブラシノステロイド（brassinosteroid）はステロイド構造を持つ植物の成長ホルモンである．初めて明らかにされたブラシノステロイドはブラシノライドである（**図7.1**）．ヒトなどの哺乳類には男性ホルモン，女性ホルモン，黄体ホルモン，副腎皮質ホルモン，ニューロステロイドなどのステロイドホルモンが知られている（図7.1）．また，昆虫や甲殻類の脱皮ホルモンであるβ-エクジソンもステロイドホルモンである（図7.1）．興味深いことに，プロゲステロン（黄体ホルモン）は植物に広く存在しており，またエクジソン類はシダ植物やホウレンソウなどの一部の植物によって合成される．

7.1.1 ブラシノステロイドの発見

アメリカ農務省のミッチェル（Mitchell）は，花粉の抽出物がインゲンマメ幼植物の成

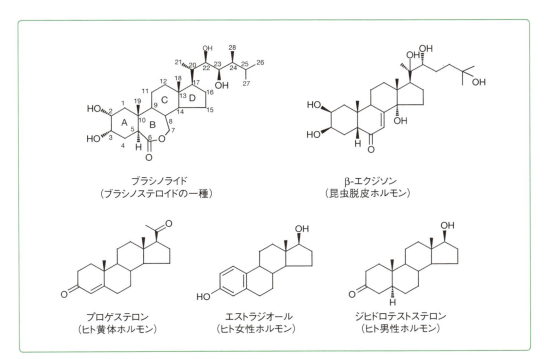

図7.1 ブラシノライドと動物ステロイドホルモンの構造
ブラシノライドの構造には環の名称と炭素番号が付けてある．

長を著しく促進することに注目し，その原因物質を単離しようと試みた．ミッチェルらは1970年にアブラナの花粉からその本体として"ブラッシン"を取り出したが，これはほとんどが不純物であり，構造を決定することはできなかった．しかしこのとき，活性本体は超微量成分であることがわかったので，以後アメリカ農務省のマンダバ（Mandava）やステフェンス（Steffens）らはこの微量成分解明のために大規模なプロジェクトを組み，大変な努力をした結果，40 kgの花粉から4 mgのブラシノライドを単離した．その単離と構造決定は，1979年にグローブ（Grove）らにより報告された．

一方日本では，ブラシノステロイドの研究がまったく違う形で進行していた．イスノキの虫こぶ（虫えい）や葉にはイネの葉を関節部位で屈曲させる活性が高い物質が含まれており，その原因物質が名古屋大学の丸茂らにより追究されていた．彼らは1968年に1 mgにも満たない収量ではあるが3種類の成分を分離した．しかし，当時の技術では精製が不十分であり，また機器の性能も低かったため，構造を決定することはできなかった．ブラシノライド発見後，これら3種類の成分は，その同族体であることが明らかになった．

7.1.2 ブラシノステロイド研究の発展

ブラシノライドの発見後，日本ではイネの葉の屈曲物質の追究が集中して行われた．その結果，横田らは1982年にクリの虫こぶからカスタステロンを単離した．なお，カスタステロンはブラシノライドの直前の前駆体であり，ブラシノライドと同様に受容体に作用する活性ブラシノステロイドであることが後に示された．カスタステロンの発見に続いて多数の類縁体のほとんどが日本において単離・構造決定され，これらはブラシノステロイドと総称されるようになった．現在までにブラシノステロイドは種子植物，シダ植物，コケ植物および藻類から同定されている．その成長調節作用の大要は1980年代初期には明らかにされた．一方，生合成については，1990年代のニチニチソウのクラウンゴールを用いた代謝研究，さらには2000年代の酵素化学的研究によって明らかにされた．また，1996年以降にブラシノステロイド欠損あるいは非感受性変異体が多数発見され，それに伴いさまざまな生合成遺伝子，受容体，さらには情報伝達因子が決定されていった．

7.2 ブラシノステロイドの化学

7.2.1 ブラシノステロイドの構造

ブラシノステロイドは，「酸素原子をC-3位に持ち，C-2, C-6, C-22, C-23位のいずれかに1つ，またはそれ以上の酸素を持つステロイド化合物」と定義できる．

ブラシノライドは活性のいちばん強いブラシノステロイドであり，その構造と炭素番号を図7.1に示す．A環には隣接するα-水酸基（環部では，αは紙面の下向き，βは上向きを指す），側鎖にも隣接するα-水酸基（側鎖では逆に，αは紙面の上向き，βは下向きを指す）があり，B環にはラクトン構造がある．置換基の異なるさまざまなブラシノステロイドについては，CDに収載した補図7.1を参照．

7.2.2 ブラシノステロイドの抽出と定量

ブラシノステロイドの抽出はメタノールで行う．その後，溶媒分画によって酢酸エチル中性区を分離する．次いでヘキサンと80％メタノールの間で分配し，80％メタノール画分を活性炭，セファデックスLH20クロマトグラフィーなどで精製する．次いで逆相HPLCを行って，ブラシノステロイドの各成分を分離してから，GC-MS分析を行う．生物検定には，イネの葉の屈曲反応（**図7.2**）を用いる．

内生ブラシノステロイドを定量するときには，抽出の段階でメタノールに定量したいブラシノステロイドの重水素標識体を内部標準物質として入れる．GC-MSで測定する際に内部標準物質の量と試料中のブラシノステロイドの量の比がわかるので，試料に最初に入っていた量を計算できる．GC-MSでは，ブラシノステロイドをメタンボロン酸やトリメチルシリル化試薬と反応させて，揮発性の誘導体にしてから分析する．

現在では，ほとんどの植物ホルモンはLC-MSによって分析でき，予備精製も非常に簡単である．しかしながら，この手法は検出感度の点でブラシノステロイドに適用できない．

7.2.3 植物体内のブラシノステロイドの分布

ブラシノステロイドは，花粉，種子，茎，葉，根，培養細胞，形成層など，ほとんどすべての器官，組織に存在する．特に花粉や種子に多いが，これは他の植物ホルモンでも同様である．成長部位ではブラシノステロイドの生合成遺伝子の発現が高まるので，活性ブラシノステロイドは成長の盛んな組織に多く含まれると予想される．一般の茎葉で，ブラシノステロイド前駆体のカスタステロンの濃度は組織1gにおよそ0.1 ng程度であり，ブラシノライドの濃度はその十分の一以下である．根における濃度は茎葉部よりさらに低い．

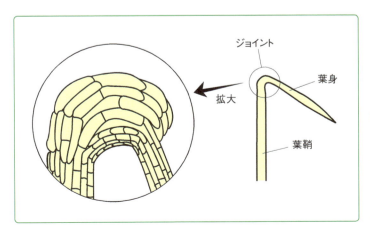

図7.2　暗所で育てたイネの葉のジョイント部のブラシノステロイドによる屈曲
イネの葉身と葉鞘の間にある関節部位（ジョイント）の向軸部の細胞はブラシノステロイドに特異的に反応して伸長肥大し，その結果として屈曲が起こる．

7.3 ブラシノステロイドの生理作用・役割

ブラシノステロイドの生理作用として，細胞伸長，細胞分裂，屈曲，木部分化，種子発芽などの促進，さらに生殖成長の制御，ストレス耐性の付与などがある．なお，CDに収載した**補表**7.1に作用に関係する遺伝子の発現と機能についてまとめた．

7.3.1 伸長成長（細胞伸長と細胞分裂）

A. 茎の成長

ブラシノステロイドは，双子葉類では上胚軸，胚軸，節間，花柄を伸長させ，単子葉類では幼葉鞘や中胚軸を伸長させる．ブラシノステロイドが欠損すると，これらの組織が短くなるとともに太くなる．また，イネのブラシノステロイド欠損突然変異体においては，変異の程度に応じて特定の節間のみが短くなる．また，インゲンマメの若い茎をブラッシン（7.1.1項参照）で処理すると，細胞伸長の他に細胞分裂も促進される．したがってブラシノステロイドは細胞伸長ばかりでなく細胞分裂にも関わっていると考えられる．

ブラシノステロイドに対して反応するのは組織が若いときである．エンドウの胚軸やコムギの幼葉鞘では，若い組織はジベレリンに最もよく反応し，齢が経過するとともにブラシノステロイド，次いでオーキシンに最もよく反応するようになる．

一方，カボチャの胚軸では，内側の組織はブラシノステロイドによって伸長し，オーキシンには反応しない．外側の組織は両方のホルモンによって伸長する．また，ブラシノステロイド処理すると，ダイズ上胚軸の篩部や木部柔組織などの内部組織にキシログルカンエンドトランスグリコシラーゼの発現が誘導される．キシログルカンエンドトランスグリコシラーゼは細胞壁の多糖のつなぎ変えを行うことにより，細胞の伸長・肥大を引き起こす．したがって，ブラシノステロイドの伸長・肥大作用にはキシログルカンエンドトランスグリコシラーゼが介在していると考えられる．

また，ブラシノステロイドは，微小管タンパク質の成分であるTUB1などのβ-チューブリンの遺伝子の発現を高めるとともに，微小管の配向を伸長方向と直角にさせる．セルロースは微小管に沿って合成されるので，細胞にはセルロースの枠がはめられ，縦方向への伸長が起こる．

一般に，オーキシンとブラシノステロイドは相乗的な伸長効果を示す．この場合，ブラシノステロイド処理してからオーキシン処理をすると大きな効果がある．また，この相乗効果は避陰反応における葉柄伸長においても見られる．また，ブラシノステロイドはオーキシン早期応答性遺伝子などの発現を誘導するので，ブラシノステロイドとオーキシンの働きは一部重複（あるいはクロストーク）しているものと考えられる．

ブラシノステロイドはジベレリンとは相加的な反応しか示さない．一方，シロイヌナズナやエンドウのブラシノステロイド欠損変異体や非感受性の矮性突然変異体はジベレリンの投与によって伸長せず，ジベレリン欠損の矮性突然変異体はブラシノステロイドに対する反応性が低い．したがって，ブラシノステロイドとジベレリンの両方が伸長に必要であ

るが，お互いにその作用は独立していて，補完性がないと考えられる．

B. 葉の成長

ブラシノステロイド突然変異体では，葉柄も葉身も成長が抑制される．特に，シロイヌナズナでは外見がキャベツ様になり，トマトでは葉がちりめん状に縮れる．イネの葉身屈曲（図7.2）は，ジョイント部の向軸部細胞がブラシノステロイドによって肥大が促進されて起きる．青色光は屈曲に有効であるが，それは向軸部細胞でCYP85A1などの生合成遺伝子の発現を高め，その結果合成されたカスタステロンが屈曲を起こすためである．また，向軸部細胞の肥大にはBU1というブラシノステロイドの情報伝達因子が介在している．

一方，イネやムギの葉は葉鞘中から出ると展開するが，ブラシノライドとカスタステロンは，この葉の展開促進作用が非常に強い．コムギではゼアチンの活性はその百分の一であり，ジベレリンには活性はなく，オーキシンは阻害的である．したがって，ブラシノステロイドは葉の表面の細胞を裏面の細胞より速く成長させるものと思われる．このように，ブラシノステロイドは葉の特定の細胞に働きかけて，葉特有の形態形成を引き起こす．

ブラシノステロイドの欠損変異体の*det2*や*cpd*（CYP90A1変異），*rot3*（CYP90C1変異）などでは，葉が小さくて丸い．これは，表皮細胞が短く，軸方向の葉肉細胞の数も減少している結果であり，ブラシノステロイドが葉の細胞の伸長と分裂に関係していることを示している．

C. 根の成長

ブラシノステロイドは低い濃度では根の成長を促進するが，高い濃度では阻害する．したがって根の成長には低濃度のブラシノステロイドで十分と思われる．トマトやエンドウ，シロイヌナズナの根では，シュートと比べてカスタステロンが微量しか存在せず，前駆体が蓄積する．このことから，根においては活性ブラシノステロイドの濃度が低く調節されていると考えられる．また，トウモロコシやシロイヌナズナでは，根の屈地性を促進する．この場合，ブラシノステロイドはPIN2（オーキシン排出輸送体）やROP2（低分子量Gタンパク質）の挙動に影響を与える．ROP2は頂芽優勢，側根形成，胚軸伸長にも関係することがわかってきた．

根端および茎頂の分裂組織は，ブラシノステロイドによる細胞周期の進行促進の結果として拡大する．したがって，受容変異体*bri1*では分裂組織の大きさは縮小する．

D. エチレン合成

ブラシノステロイドはエチレンと同じように，葉柄の上偏成長（6.3.7項参照）を引き起こしたり，フック（かぎ状部）が開くのを阻害したりする．これはブラシノステロイドが，1-アミノシクロプロパン-1-カルボン酸（ACC）合成酵素（ACS）とACC酸化酵素（ACO）の活性化を通じてエチレン発生を促進することによる．シロイヌナズナでは*ACS5*遺伝子や*ACO2*遺伝子の発現がブラシノステロイドによって活性化される．

7.3.2 分化

ブラシノステロイドは管状要素（道管・仮道管細胞）分化と葉原基形成を促進する．そのため，*cpd*変異体では道管細胞の減少と篩管細胞の増加が顕著である．ヒャクニチソウ葉肉細胞における管状要素の分化過程を**図7.3**に示す．分化前期では，オーキシンとサイトカイニンが働いて脱分化が起こる．分化後期の最初には，ブラシノステロイドが合成されて，直接または間接的に二次細胞壁合成を促進するとともに，細胞死を進行させ，最後には空洞の管状要素ができる．なお，ヒャクニチソウ葉肉細胞で合成されるカスタステロンは，そのほとんどが細胞外に分泌される．したがって，カスタステロンは，分泌細胞自身または近くの細胞の外側から膜結合受容体によって認識されると思われる．このことは，受容体BRI1の認識部位が細胞外にあることと合致する（図7.7参照）．

ブラシノステロイドに木部分化作用があることは，ブラシノステロイド欠損の突然変異体で形成層周辺に異常が見られることからも支持される．

トマトの茎頂分裂組織にある葉原基の発生位置にカスタステロン合成酵素をコードする*CYP85A1*遺伝子が発現し，合成されたカスタステロンによって*Sus4*によるショ糖合成が活性化される．したがって，葉の分化にはブラシノステロイドとショ糖の合成が関係している考えられる．

*cpd*変異体などでは，気孔とトライコーム（毛状突起）の密度が増加するので，ブラシノステロイドは気孔とトライコームの分化を抑制すると考えられる．

7.3.3 暗所における形態形成

シロイヌナズナやトマトのブラシノステロイド突然変異体は，暗所でも，光の下で育てたような形状を示す．すなわち，胚軸が短く，フックが展開して子葉が拡大し，第一葉芽も出現する（**図7.4**）．加えて，アントシアンが蓄積し，二酸化炭素の固定を行うRuBisCO

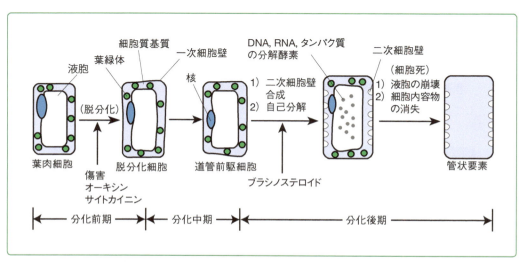

図7.3　ヒャクニチソウ葉肉細胞における管状要素の分化過程
ブラシノステロイドは分化後期の最初に合成されて，管状要素（道管・仮道管細胞）の形成を促進する．

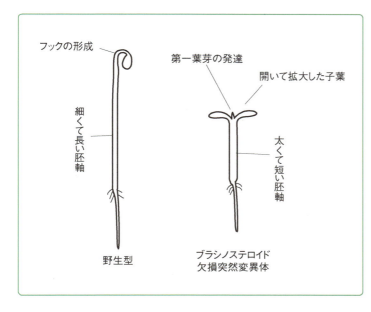

図7.4 ブラシノステロイド欠損突然変異体の暗所での表現型
シロイヌナズナやトマトのブラシノステロイド突然変異体は，暗所でも，光の下で育てたような形状を示す．すなわち，胚軸が短く，フックが展開して子葉が拡大し，第一葉芽も出現する．

タンパク質やクロロフィル a/b 結合タンパク質（Cab）などの光依存性の遺伝子が発現する．ただし，このような現象はエンドウの突然変異体では認められない．

暗所で突然変異体の胚軸が短いのは，ブラシノステロイドによる細胞伸長作用が失われたためであり，フックが展開するのはブラシノステロイドによるエチレン合成が起こらなくなったためであるが，他の現象についてはよくわかっていない．

正常な植物は暗所で徒長する．この現象がブラシノステロイドの増加によるものではないことは，暗所で活性型ブラシノステロイドであるブラシノライドやカスタステロンの含量が顕著に低下することから明らかである．

7.3.4 発芽

ブラシノステロイドは，イネなどの作物の種子の発芽率を顕著に上昇させる．寄生植物のストライガやオロバンキの種子をあらかじめ適当な水分下で前培養すると，宿主の分泌する発芽促進物質（ストリゴラクトン）に対する反応性が誘起される．ブラシノステロイドはこの誘起効果を早めるとともに，発芽刺激物質と同時処理すると発芽率も高める．また，光による発芽阻害も解除する．

シロイヌナズナの突然変異体 *ga1*，*ga2*，*ga3* および *sly1* では，ジベレリン欠損または非感受性のため発芽率が落ちているが，ブラシノステロイドによって発芽率が回復する．一方，ブラシノステロイド欠損の突然変異体 *det2* と非感受性の突然変異体 *bri1* では，アブシシン酸による発芽阻害が野生型より強く現れる．したがって，ブラシノライドはアブシシン酸の発芽阻害作用を打ち破ることにより発芽を促進すると考えられる．

7.3.5 生殖成長

ブラシノステロイドは花粉に豊富に含まれており，花粉管を伸長させる作用が強い．ブ

ラシノステロイド突然変異体では稔性の低いものが多い．この稔性低下は，*cpd*突然変異体では花粉管が伸びないことによるものであり，*dwf4*突然変異体では雄ずいの花糸が伸びないために花粉が柱頭につかないことが原因である．セイヨウアブラナやドクムギの花粉では，ブラシノステロイドは澱粉粒中に含まれる．*in vitro*（試験管内）であるが，花粉が吸水すると，ブラシノステロイドが澱粉粒から遊離してくる．したがって，ブラシノステロイドは花粉の働きに重要な役割を果たすと考えられる．

一方，ブラシノステロイドはトウモロコシの頂花（雄花）の分化を誘導する．したがって，ブラシノステロイドが欠損すると茎葉部が矮化するとともに，頂花が雌花化する．なお，ジャスモン酸が欠損すると，茎葉部は正常のまま，頂花が雌花化する．雌花化現象における，ブラシノステロイドとジャスモン酸の関係は不明である．

果実の成熟にブラシノステロイドの合成が必要なことは，エンドウやブドウなどにおいて示されている．ブラシノステロイド欠損のシロイヌナズナやエンドウでは，種子の形がいびつになったり，小さくなる傾向がある．ソラマメのブラシノステロイド欠損体の場合では，鞘が小さくなるために，種子の大きさが制限されるとされる．一方ワタの果実におけるワタの繊維の分化と伸長には，ブラシノステロイドが必須であることが示されている．

7.3.6 ストレス耐性の付与

ブラシノステロイドは耐病性，耐暑性，耐冷性，耐塩性，除草剤耐性などのストレス耐性を付与する．また，重金属の蓄積も抑制する．ブラシノステロイド欠損の*cpd*突然変異体では病原性関連遺伝子の発現が減少していることが知られている．なお，ブラシノステロイドによる耐病性は，サリチル酸などが関係する全身獲得抵抗性とはまったく異なることが示されている（12.2.1項参照）．

ブラシノステロイドはエチレン合成を促進したり（7.3.1項D参照），ジャスモン酸の生合成に関与する12-オキソファイトジエン酸還元酵素3（OPR3）の発現を高めたりするので，ブラシノステロイドによるストレス耐性の付与にはこれらのホルモンが関係している可能性がある．一方，耐暑性は，ブラシノステロイドによって熱ショックタンパク質（HSP）などが蓄積することが原因であると推定されている．

7.4 ブラシノステロイドの合成と代謝

7.4.1 生合成

ブラシノステロイドはステロール（脂溶性のステロイドアルコール）から合成されるので，最初にステロールの生合成，ついでブラシノステロイドの生合成について説明する．

A. ステロールの生合成

動物の主要なステロールであるコレステロールや，酵母や菌類の生成するエルゴステロールは，メバロン酸からスクワレン，スクワレンオキシド，ラノステロールを経由して合成される．しかし，植物の主要なステロールであるシトステロール，カンペステロールおよ

びスチグマステロールは，スクワレンオキシドから合成されるシクロアルテノールからつくられる（CD収載の補図7.2参照）．一方トマトでは，主要なステロールとしてコレステロールがつくられる．なお，植物においてもステロールの一部がラノステロールから合成されることが示されている．

　植物体内では一般にシトステロールが最も多い．しかし，ブラシノステロイドに変換されやすいのはカンペステロールである．CDの補図7.2には生合成酵素が示してある．シロイヌナズナの例ではステロールの下流の合成遺伝子 *STE1*，*DWF5* および *DWF1* に突然変異が起こると，カンペステロールが合成されなくなり，典型的なブラシノステロイド欠損による矮性形質が現れる．一方，上流の合成遺伝子，*CYP51*，*FK* および *SMT2* に突然変異が起こると，ブラシノステロイド欠損だけでは説明できない異常な表現型が現れる．このことから，ステロール自身も植物の成長や形態形成に重要な役割を果たしていることがわかる．

B. ブラシノステロイドの生合成

　ブラシノステロイドのカンペステロールからの生合成経路および関係する酵素名（シロイヌナズナ）を図7.5に示す．これら酵素はDET2を除きすべてシトクロムP450酵素である．相同の酵素がトマト，イネ，エンドウなどから同定されている．これらの酵素は複数の中間体を基質とするので，ブラシノステロイドの生合成経路は網の目状になっている（図7.5）．生合成経路は植物の種類あるいは組織の違いによっても異なる．たとえば，イネやトウモロコシでは3-デヒドロティーステロールやティファステロールの内生量が多いので，これらを経由する生合成もこれら植物では重要と考えられる．

　最初の生合成反応はCYP90B1によるカンペステロールまたはその還元体の5α-カンペスタノールのC-22位への水酸基の導入である．こうしてできた22-ヒドロキシカンペステロールにおいては，CYP90A1によりC-3位水酸基の酸化と二重結合の移動（$\Delta^5 \to \Delta^4$）が起こって22-ヒドロキシ-4-エン-3-オンができる．ついで，二重結合の還元（酵素は5α-還元酵素のDET2），C-23位への水酸基の導入（CYP90C1とその重複酵素のCYP90D1），C-3位カルボニルのα水酸基への還元（未知の酵素），C-2位への水酸基の導入（未知の酵素），C-6位へのカルボニルの導入（CYP85A1，CYP85A2），ラクトン化（CYP85A2）が起こり，活性ブラシノステロイドのカスタステロンおよびブラシノライドが生成する．トマトには，コレステロールから28-ノルカスタステロンを経由してカスタステロンが合成される経路もある．

C. 生合成の調節

　ブラシノステロイドの内生量はフィードバック的に調節されている．これはシトクロムP450酵素の発現が，活性ブラシノステロイドが増加すると抑制され，逆に減少すると促進されるためである．

　ブラシノステロイド受容体の変異体ではこのようなフィードバック制御が起こらないので，活性ブラシノステロイドが異常蓄積する．すなわち，シロイヌナズナの *bri1* ではブラ

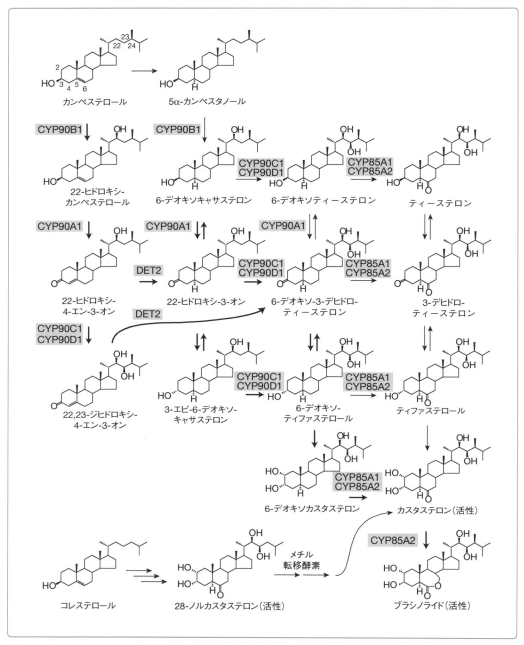

図7.5　ブラシノステロイドの生合成経路
シロイヌナズナでは太い矢印が主要な経路と考えられている．関係する酵素を矢印の近くに示す．

シノライドとカスタステロンが蓄積し，トマトの*cu-3*，エンドウの*lka*，イネの*d61*，オオムギの*uzu*ではカスタステロンが蓄積する．

イネにおいて，青色光はさまざまなシトクロムP450酵素の発現を促進して，カスタステロンの合成を増加させる（7.3.1項 B参照）．また，シロイヌナズナにおけるCYP90A1と

CYP85A2の発現は，概日リズムを刻む．明期におけるこれらの発現上昇はフィトクロムに依存しており，ブラシノライドの合成と連動する．

エンドウの完熟種子においてはブラシノステロイドのほとんどが6-デオキソキャサステロンとして貯蔵されている．その含有量は発芽に伴って急速に減少するとともに，カスタステロンなどが急増する．したがって貯蔵された6-デオキソキャサステロンは発芽初期に使われると考えられる．また，完熟種子にはCYP90A1と相同のCYP90A9およびCYP90A10さらにステロール生合成酵素のmRNAが蓄えられており，これらmRNAが発芽初期のブラシノステロイド生合成の開始に関わっていると考えられる．

7.4.2　ブラシノステロイドの活性構造

ブラシノライド，およびその1/4程度の生理活性と受容体結合能を持つカスタステロンがブラシノステロイドの活性体である．シロイヌナズナの茎葉ではブラシノライドとカスタステロンが活性体として働いているが，イネやトマトの茎葉ではカスタステロンのみが活性体として働く．一方，トマトの果実などではカスタステロンとともにブラシノライドが合成され，果実の成長に使われる．

7.4.3　代謝

ブラシノステロイドの代謝とそれに伴うブラシノステロイドの不活性化は，内生のブラシノステロイドの量を調節するために重要な役割を持っている．以下の代謝系が知られている（**図7.6**）．

A. C-26位の酸化と脱離（図7.6A, B）

ブラシノライドのC-26の脱離（脱メチル）は，ゼニゴケの細胞やインゲンマメの細胞で明らかとなり，さらにカスタステロンのC-26の脱離はトマトの無細胞系で知られている．これは，C-26のメチル基が $-CH_2OH \rightarrow -CHO \rightarrow -COOH$ の順に酸化されたあと脱炭酸が起きるためと考えられる．この一連の反応はCYP734A（遺伝子名 *BAS1*）によって触媒される．また，それと相同性を持つシロイヌナズナのCYP72C1はカスタステロンの生合成中間体を代謝する．これら酵素は活性ブラシノステロイドによって発現誘導される．

B. C-23位水酸基の修飾（図7.6A, B）

グルコースとの結合　マングビーンではブラシノライドのC-23の水酸基に特異的にグルコースが結合する．このグルコシル化はUGT73C5（シロイヌナズナ）という転移酵素によって触媒される．

カスタステロンではこの配糖体化は起こりにくい．しかしインゲンマメの未熟種子中に，24-メチレン-25-メチルカスタステロンやその異性体の23-グルコシドがあるので，C-23位水酸基の配糖体化は6-ケトン体でも起きることがわかる．なお，カスタステロンとブラシノライドのC-2，C-3，C-22位の水酸基にもグルコースが結合するが，その生成率はきわめて低い．

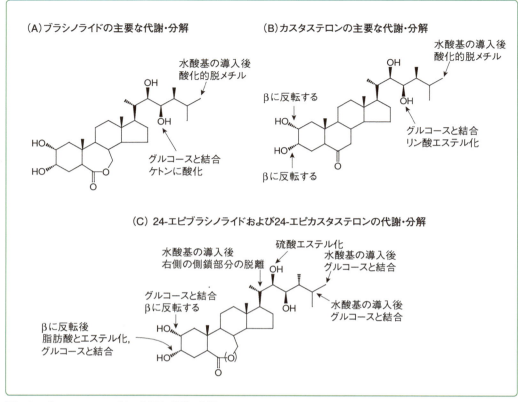

図7.6 ブラシノステロイドの主要な代謝・分解

リン酸との結合 シロイヌナズナとトマトの無細胞系において，カスタステロンはATPによってそのC-23位水酸基がリン酸化される．このリン酸エステル体は，これら植物の内生成分である．イネではブラシノライドもカスタステロンも主として非配糖体性の極性物質になるが，これらがリン酸エステルである可能性も考えられる．

酸化 スギの花粉からブラシノライドのC-23位にケトンが導入された代謝物が単離されているので，C-23位の水酸基の酸化も代謝経路として働くと考えられる．

C. A環水酸基の修飾（図7.6A, B）

インゲンマメの未熟種子にはカスタステロンの水酸基がβに反転した2-エピ，3-エピ体，2,3-ダイエピ体が存在する．これらの生理活性は低いので，水酸基のβへの反転は不活性化を引き起こすと考えられる．

D. C-2位水酸基のエステル化とグルコシド化

ユリの培養細胞にはティーステロンのC-2位水酸基がミリスチン酸などとエステル化したものや配糖体化したものが存在する．シロイヌナズナのPIZZAという酵素はブラシノライド，カスタステロン，ティファステロールなどを脂肪酸エステルにするが，ユリの酵

素とは異なりティーステロンには反応しない．

E. 24-エピ体の代謝（図7.6C）

　カスタステロンとブラシノライドの24-エピ体（CD収載の補図7.1参照）は天然の存在量は少ないが，トマトとツノウマゴヤシの培養細胞などで代謝が調べられている．その代謝は，カスタステロンやブラシノライドと共通するものも，異なるものもある．すなわち，1) C-2位またはC-3位のα水酸基がβ水酸基に反転する．続いてこれら水酸基のどちらかにグルコシル化またはエステル化が起こる．24-エピブラシノライドのC-2位の水酸基の反転はキュウリでも起こる．2) C-20位に水酸基が入り，その後側鎖が脱離する．これは動物ステロイドにも見られる反応である．3) C-25またはC-26位へ水酸基が導入され，その水酸基にグルコースが結合する．4) セイヨウアブラナやシロイヌナズナでは，硫酸転移酵素によってC-22位の水酸基の硫酸エステル化が起こる．しかしながら，その基質は24-エピキャサステロンなどの24-エピ体に限られる．

7.4.4　ブラシノステロイドの体内移動

　トマト，イネ，キュウリ，コムギなどで根が吸収したブラシノライドは求頂的に移動するが，葉に処理したブラシノライドはあまり動かない．トマトの葉において，トランスポゾンを使ってD遺伝子の変異を部分的に起させると，しわ状に変異した部分と正常部分が混在する．したがって，正常部分でつくられたブラシノステロイドは移動しにくいと考えられる．また，エンドウやトマトの変異体を使った接ぎ木実験から，これら植物体中ではブラシノステロイドは求頂的に移動しないことが示されている．したがって，ブラシノステロイドは合成部位の近傍細胞で働いていると考えられる．

7.5　ブラシノステロイドの受容と情報伝達

　ステロイドホルモンの作用発現機構は動物ステロイドホルモンについて詳しく研究されている．動物ステロイドホルモンは脂溶性であるために細胞膜を容易に通過できる．通過したステロイドホルモンは，細胞質中の受容体・熱ショックタンパク質（HSP）複合体と反応すると，HSPの脱離を伴って，受容体との複合体を形成する．この複合体は二量体となって，核に移動してから，DNAに結合して転写制御する．このようなステロイドの転写因子としての働きはゲノミック作用といわれ，作用が見られるまでには少なくとも1時間〜数時間が必要である．しかし，1990年代には，秒単位で作用が現れる例が数多く知られるようになってきた．このようなステロイドホルモンの働きは転写を伴わないため，ノンゲノミック作用といわれる．しかしながら，ブラシノステロイドの作用機構は，動物のステロイドホルモンの場合と異なる．

7.5.1　ブラシノステロイドの受容体の種類

　シロイヌナズナのブラシノステロイドの受容体はBRI1と呼ばれる．シロイヌナズナで

は維管束系に*BRI1*と相同性の高い複数の*BRL*遺伝子が発現するが，これらは木部分化におけるブラシノステロイドの受容に関係すると考えられる．ブラシノステロイドは細胞周期を進行させるサイクリン遺伝子の発現を高めるが，この作用は*bri1*変異体においても起こるので，細胞周期はBRI1と異なる受容様式で調節されていると思われる．

7.5.2 受容体BRI1の構造

BRI1は膜1回貫通型のセリン／トレオニンキナーゼ型受容体であり，その細胞外領域にはロイシン含有量の高いアミノ酸鎖が25個連なったロイシンリッチリピート（LRR）構造がある（図7.7）．21番目と22番目の間には70個のアミノ酸からなる部分構造（アイランド）が挟まっており，この構造と21番目のLRRにブラシノステロイドが結合する．

7.5.3 ブラシノステロイドの情報伝達

ブラシノステロイドの情報は，標的遺伝子の転写因子として働くBES1やBZR1の活性化のために使われる．

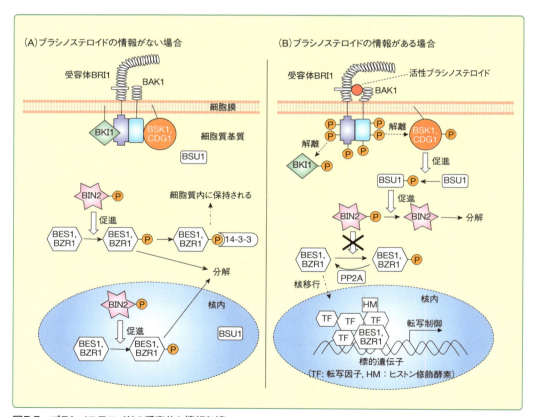

図7.7 ブラシノステロイドの受容体と情報伝達
活性ブラシノステロイドが受容体複合体の細胞外部分に受容されると，その情報は細胞内に伝わる．その結果，活性化された転写因子が核内に移動して標的遺伝子に結合する．

A. ブラシノステロイドの情報がない場合（図7.7A）

　活性ブラシノステロイドがないときには，BRI1の細胞内のキナーゼ領域に抑制因子BKI1，さらにBRI1と同型のキナーゼであるBAK1（別名 SERK3）ならびにBSK1やCDG1などのキナーゼも会合している．一方，情報伝達因子のBIN2は，リン酸化BIN2の状態になっていて，BES1（別名BZR2）やBZR1などの転写因子をリン酸化する．これらのリン酸化体は分解してしまうか，あるいは14-3-3タンパク質と結合して細胞質内に保持される．また，このリン酸化体それ自体には標的遺伝子に結合する能力はない．つまり，BES1やBZR1の欠乏のために，ブラシノステロイドの作用が現れない．

B. ブラシノステロイドの情報がある場合（図7.7B）

　活性ブラシノステロイドがBRI1に結合すると自己リン酸化が起こる．BAK1はBRI1のリン酸化を促進する．すると，キナーゼ領域に結合している抑制タンパク質BKI1がリン酸化されて脱離することにより，BRI1が活性化する．活性化したBRI1は，キナーゼのBSK1やCDG1をリン酸化する．リン酸化キナーゼはBSU1という脱リン酸化酵素（ホスファターゼ）を活性化する．活性化したBSU1はリン酸化BIN2を脱リン酸化により不活性化し，生じたBIN2はプロテアソーム系により分解される．このため，リン酸化BIN2が行っていたBES1あるいはBZR1のリン酸化は起こらなくなるとともに，リン酸化されていたBES1とBZR1は脱リン酸化酵素PP2AによってBES1とBZR1に戻る．こうして生じたBES1とBZR1は核内に移行して標的遺伝子に結合すると，ブラシノステロイドの作用が現れる．

7.5.4　転写因子BES1，BZR1と情報伝達因子BIN2が関与する生理現象

　ブラシノステロイドによって発現が調節される遺伝子の数は数千にも及ぶ．これは，BES1あるいはBZR1による転写制御には多数の転写因子が関係するためである．またBIN2自身がさまざまな情報伝達に関与しているのも原因である．

　BES1あるいはBZR1が遺伝子発現を促進する場合，当該標的遺伝子のプロモーターに存在するE-box（CANNTG）に結合する．一方，抑制する場合には，当該標的遺伝子のプロモーターに存在するBRRE（CGTGT/CG）部位に結合する．ブラシノステロイドの生合成遺伝子のフィードバック的制御（7.4.1項C参照）は，BZR1が遺伝子のBRRE部位に会合することによって起こる．

A. BES1

エピジェネティクスとアブシシン酸の情報伝達　ヒストンのメチル化，脱メチル化，脱アセチル化を行う酵素は，BES1と複合体を形成してプロモーターに結合し，ヒストンを修飾する．たとえば，HDAC19はヒストンの脱アセチル化を行って，アブシシン酸の情報伝達因子のABI3の転写を抑制する．したがって，アブシシン酸による種子発芽阻害などはブラシノステロイドによって抑制されると考えられる．
ストリゴラクトンの情報伝達　ストリゴラクトンの情報伝達因子MAX2はBES1（BZR1

ではない）と会合するが，この状態でストリゴラクトン処理を行うとBES1が分解される．したがって，ブラシノステロイドがストリゴラクトンの情報伝達と相互作用している可能性がある．

B. BZR1

フィトクロムの働きの調節　フィトクロムの光情報の転写因子であるPIFは暗所では蓄積して，暗形態形成を引き起こすが，明所ではPIFがフィトクロムによって分解されるので光形態形成が起こる．暗所でPIF4はBZR1と会合してから，約2000種類の標的遺伝子に結合してその発現を促す．そのしくみにはオーキシン転写因子のARF6，さらにジベレリンの抑制因子であるDELLAなども関与している．ブラシノステロイド欠損のシロイヌナズナやトマトでは，BZR1が生成しないために，上述のような相互作用が消失する．その結果，暗所で暗形態形成反応が起こらず，伸長抑制や葉緑体分化が進行すると考えられる（7.3.3項参照）．

免疫反応の調節とBAK1との関係　植物には病原菌に対する免疫機能がある．FLS2やEFRと呼ばれる受容体は病原菌鞭毛タンパク質であるフラジェリンにある特異的ペプチド部位を認識すると，BAK1と複合体を形成して活性化する．この情報がBSK1あるいはBIK1などの情報伝達因子により伝達されると，MAPキナーゼが活性化されて細胞死（アポトーシス）などの免疫反応が開始される．それについで，活性酸素が発生する．BAK1とBSK1はブラシノステロイドの情報伝達にも使われるため（図7.7），免疫反応とブラシノステロイドの情報伝達はお互いに影響し合う．

　一方，BZR1は病原菌に対する免疫応答を抑制するが，活性酸素の生成や抗酸化物質の合成は促進する．また，BZR1はWRKY40と呼ばれる転写因子群と結合して初期の免疫反応を抑制すると考えられる．WRKYはさまざまなストレス反応に関与する促進的または抑制的調節因子で，植物に100種類程度存在する．

C. BIN2

　気孔の分化はSPCHという転写因子の働きによって起こるが，その働きはMAPキナーゼカスケードによって抑制される．リン酸化BIN2はこのカスケードを阻害することにより，SPCHを稼働させるので気孔が分化する．*cpd*変異体で気孔の密度が高いのは，BIN2がリン酸化状態になっているためと考えられる．

　リン酸化BIN2（図7.7）の働きは多岐にわたり，アブシシン酸の情報伝達因子（ABI15，SnRK2.3）の活性化，オーキシンの転写因子ARF2のDNA結合阻害，同ARF7，ARF19のAUX/IAAとの結合阻害，PIF4（上述）の分解などに関わる．

7.6 農園芸におけるブラシノステロイドの役割

7.6.1 ブラシノステロイド処理による増収効果

　初期の研究において，ブラシノライド処理によりハツカダイコン，レタス，インゲンマメ，ピーマン，ジャガイモなどの農作物の成長が盛んになり，収穫量が増えることが明らかにされた．また，トウモロコシ，イネ，コムギ，ダイズなどにおける増収効果も見出されている．この効果は，よく管理された栽培環境においては一定しないが，不良環境下では効果が一定して出やすい．この理由として，ブラシノライドが病原菌などに対するストレス耐性を増強する（7.3.6項参照）ことがあげられる．実際に中国などで，天然抽出物や化学合成した24-エピブラシノライドや28-ホモブラシノライドが成長促進剤や増収剤などとして使われている．これは，厳しい環境においてブラシノステロイドが植物にストレス耐性を付与するためと考えられている．

　なお，ブラシナゾールと呼ばれるトリアゾール型の合成矮化剤はCYP90B1酵素（図7.5）と直接結合することにより，ブラシノステロイドの生合成を阻害するので，作物の成長調節に利用できる可能性もある．

7.6.2 遺伝子操作による有用作物の作製

　ブラシノステロイド欠損の矮性品種において，遺伝子の変異の程度が適当であれば有用な形質が現れることがある．たとえば，渦性オオムギはブラシノステロイドの受容体遺伝子に変異がある*uzu*であるが，半矮性のため倒伏しにくい利点を持つばかりでなく，その子実が小さく麦飯として適しているため，日本で広く栽培されている．また，倫令というソラマメの品種はブラシノステロイドの生合成遺伝子に変異を持つために半矮性であるが，耐雪性という利点を持つ．

　したがって，ブラシノステロイドの受容体あるいは生合成遺伝子を人為的に改変すれば，植物の大きさを調節したり，収穫量やストレス抵抗性を高めたりすることができるはずである．実際に，シロイヌナズナに酵素CYP90B1の遺伝子*DWF4*を過剰発現させると植物体が大きくなり，種子数と種子重が増加する．イネにおいても，遺伝子改変によって草丈の抑制による倒伏軽減，さらに葉身屈曲抑制による日陰減少と密植栽培が可能になれば，生産量が増加するはずである．しかしながら，このようなイネ品種はいまだ作製されていない．

参考文献・ウェブサイト
1) 藤田文雄（1985）*化学と生物*, **23**, pp.717-725
2) 浅見忠男（1999）*植物の化学調節*, **34**, pp.167-180
3) 横田孝雄（2001）*植物の生長調節*, **36**, pp.208-211
4) 横田孝雄（2003）*植物の生長調節*, **38**, pp.212-219
5) 中村郁子・松岡信（2005）*蛋白質　核酸　酵素*, **50**, pp.121-130
6) 水谷正治（2007）*植物の生長調節*, **42**, pp.19-29
7) 大西利幸（2015）*植物の生長調節*, **50**, pp.28-39
8) トテットくんが行く！「ブラシノステロイドってなんだろう」
　https://www.youtube.com/watch?v=r9brJ3KK-o8

第8章 ジャスモン酸
Jasmonic acid

8.1 ジャスモン酸研究の歴史

ジャスミンの香りは代表的な花の香りの一つであり，ジャスモン酸のメチルエステルであるジャスモン酸メチルは，その香りを特徴づける主要な成分として1962年に発見された．ジャスモン酸類の香料としての利用と合成法に関する研究は，その発見当初からなされてきた．実際にジヒドロジャスモン酸メチルは，1975年からヘディオンという商品名で香料として市販されている．一方，このような花の香り成分としての研究の歴史に比べ，ジャスモン酸類の生理活性物質としての研究の歴史は比較的浅く，それらの研究が活発に行われるようになるまでには，最初の発見から20年あまりの時を待たなければならなかった．

1971年に植物病原菌 *Lasiodiplodia theobromae* の培養液から，植物成長阻害物質としてジャスモン酸が単離され，ジャスモン酸の植物成長に与える効果が初めて示された．その後1977年に，カボチャ種子から単離されたジャスモン酸の類縁体であるククルビン酸の植物成長阻害作用が報告され，植物由来のジャスモン酸様物質が生理活性を示す初めての例となった．1980年には，上田らがニガヨモギから単離した植物老化促進作用を持つ物質が，ジャスモン酸メチルであることを示した．また同じころ（1980, 1981年）に山根らが合成したジャスモン酸や，植物種子中から単離したジャスモン酸が，イネなどの幼植物に対する成長阻害活性を示すことを報告した．

生理活性物質としてジャスモン酸やその類縁体が注目され，研究が活発になってきたのは1980年代の終わりごろからである．1987年に，植物にジャスモン酸を外部から与えると複数のタンパク質の蓄積を引き起こすことがオオムギで報告された．1990年代には，病原菌の接種や傷害に応答して植物細胞内のジャスモン酸やジャスモン酸類縁体の濃度が一過的に上昇すること，病傷害により誘導される遺伝子の発現が，ジャスモン酸処理によっても引き起こされることが相次いで報告され，これ以後病傷害応答におけるジャスモン酸とその類縁体の機能に関して膨大な研究を生む引き金となった．1990年代の半ば以降，ジャスモン酸生合成遺伝子の同定やジャスモン酸生合成・非感受性変異体の解析などによって，病傷害応答のみならず花の形成（特に雄しべの発達）にもジャスモン酸が関与することが示された．2000年代後半以降には，活性型ジャスモン酸の受容体が明らかになり，情報伝達機構の分子レベルでの解析が進展した．

8.2 ジャスモン酸の化学

8.2.1 ジャスモン酸の構造

ジャスモン酸は，動物細胞の生理活性物質として知られるプロスタグランジン類と同様に，5員環ケトンを持つ化合物である（**図8.1**）．後で示すようにその生合成経路もよく似ている．植物ホルモンには，エチレンやジベレリンなど，動物ホルモンと構造的にまったく異なるものが多いが，そのなかでジャスモン酸とブラシノステロイド（7章参照）は，動物細胞の生理活性物質と共通する多くの特徴を有している．ジャスモン酸には5員環部分

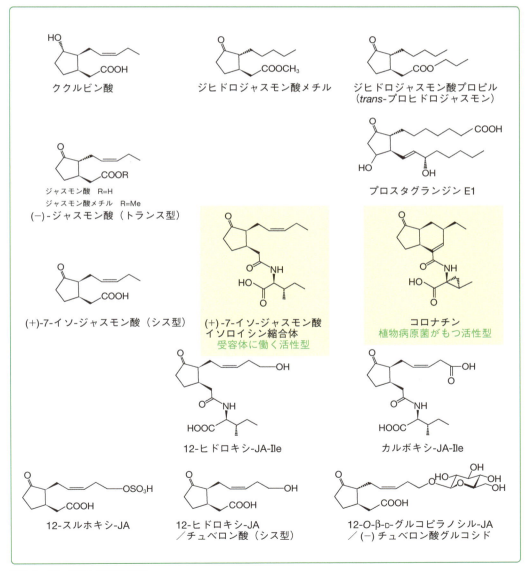

図8.1　ジャスモン酸類の構造

から出ている2つの炭素鎖の立体的な配置によって，シス型（(＋)-7-イソ-ジャスモン酸）とトランス型（(−)-ジャスモン酸）が存在する（図8.1）．一般にシス型のほうが，生理活性物質としても香り成分としても活性がより高いといわれている．シス型は不安定であり，溶液中では容易にシス型がトランス型に変化する．通常，シス型は溶液中で5％程度存在するといわれている．

8.2.2 ジャスモン酸とその類縁体

ジャスモン酸のメチルエステルであるジャスモン酸メチルは，ジャスモン酸よりも揮発性が高いが，植物に処理した場合には一般にジャスモン酸と同様な生理活性を示すことが報告されている．他にもさまざまなジャスモン酸類縁体が知られている（図8.1）．前述のように植物から生理活性物質として最初に単離されたのは，5員環のケトン基の部分がOH基になったククルビン酸と呼ばれる化合物である．またC-12位にOH基がついたものはチュベロン酸と呼ばれ，チュベロン酸やそのグリコシドが塊茎形成の促進物質としてジャガイモから単離されている．また，後に述べるJAR1やJAZタンパク質ファミリーの発見によって，ジャスモン酸とイソロイシンのアミノ酸縮合体［以下，ジャスモン酸イソロイシン（JA-Ile）とする］が，受容体に結合する活性型ジャスモン酸であることが示された．一般的にシクロペンタノン環を持つジャスモン酸の構造類縁体を総称して，ジャスモン酸類と呼ぶ（図8.1）．

ジャスモン酸類の生合成前駆体である12-オキソ-フィトジエン酸（OPDA）は5員環内部に二重結合を持つため，OPDA類縁体はシクロペンテノイドとしてジャスモン酸類とは区別される（**図8.2**）．

8.2.3 ジャスモン酸の定量

先に示したように，ジャスモン酸およびジャスモン酸メチルは，傷害などのストレスに応答して数分以内に内生量が急激に増加する．このため，植物材料の採集や抽出の際には細心の注意を必要とする．初期の研究では，高感度のラジオイムノアッセイ法やエンザイムイムノアッセイ法による定量が行われていた．近年では測定機器の発達により，OPDAやジャスモン酸類縁体の一斉分析が可能になった．80％メタノールもしくはアセトニトリルなどで植物体から抽出した画分を，GC-MS/MSやLC-MS/MSを用いて分析する．ジャ

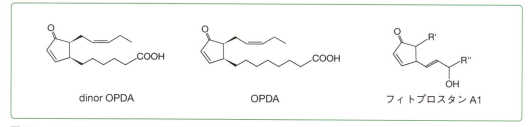

図8.2　12-オキソ-フィトジエン酸（OPDA）の構造とその類縁体

スモン酸およびジャスモン酸メチルの内生量は，新鮮重量1 gあたり数 µg程度であり，また揮発性の物質でもあることから，正確な内生量の測定のためには化合物の回収率を見積もる必要がある．このため，精製の開始時には安定同位体で標識した内部標準を加えて，目的とする化合物の回収率を補正する方法が一般的である（CD収載の補足2.2参照）．

8.2.4　植物内の分布

ジャスモン酸の存在量は，植物の種類，組織，時期，によっても大幅に異なり，新鮮重量1 gあたり10 ngから3 µg程度の範囲で見出される．傷害葉では，活性型ジャスモン酸であるジャスモン酸イソロイシンが，ジャスモン酸量の数分の一から十分の一程度検出される．また，発芽初期の幼植物の分裂が盛んな部分や花芽において，ジャスモン酸やその類縁体の濃度が高い．

トマトの場合，花ではジャスモン酸イソロイシンが多く含まれており，特に雌しべにおいては，ジャスモン酸を上回る量が検出されている．トマトにおいてジャスモン酸の前駆体であるOPDAの分布は必ずしもジャスモン酸の分布とは一致せず，雌しべ，種子，果実ではジャスモン酸よりも存在量が多い．

8.3　ジャスモン酸の生理作用

8.1節で述べたように，ジャスモン酸類の生理作用は，ストレス応答時の防御物質の生産の誘導から形態形成の制御まで多岐にわたる（**図8.3**）．また，前駆体であるOPDAがジャスモン酸類とは異なる生理活性を示す例も報告されている．ここでは生理現象ごとに，ジャスモン酸とその類縁体の働きについて述べる．

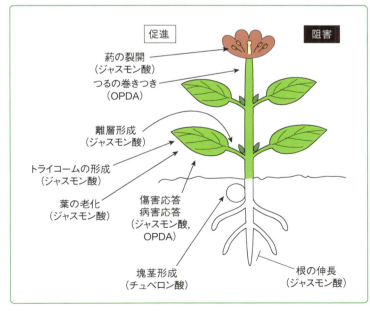

図8.3　ジャスモン酸類とOPDAの生理作用

8.3.1 ストレス応答

　物理的傷害・昆虫による食害・病害・環境ストレスなど，外的要因によるストレスへの防御応答を調節することは，限られたエネルギーを成長と防御応答とに適切に振り分けるために重要である．特に，傷害や病害応答に由来するシグナルが植物に認識された後，ジャスモン酸およびサリチル酸（12章参照）の情報伝達を経由して防御応答が引き起こされる過程とその制御機構についての研究が精力的に行われている．

　植物が，傷害・食害・病害に由来するシグナルをそれらの受容体によって感知すると，活性型ジャスモン酸の合成が開始される．活性型ジャスモン酸量の増加が，ジャスモン酸受容体に認識されると，ジャスモン酸応答遺伝子群の発現を介して防御応答が成立する（図8.4，図8.5，図8.6参照）．これらの応答は一過的であり，植物の成長への影響を一時的なものにすることで，成長と防御のバランスを維持することに貢献していると考えられる．近年の研究から食害や病害応答に共通した情報伝達機構が明らかになりつつあるが，詳細な分子機構の解明には今後のさらなる研究の進展が待たれる．以下にそれぞれのストレス応答におけるジャスモン酸の役割について概説する．

A. 傷害応答・食害応答

　トマトの葉に傷をつけたりジャスモン酸で処理したりすると，プロテアーゼインヒビター遺伝子の発現誘導とタンパク質の蓄積が見られる．プロテアーゼインヒビターは食害虫の消化酵素の働きを阻害するため，このタンパク質を含む葉を摂食した昆虫は十分な栄養分を吸収することができない．ジャスモン酸生合成／情報伝達を欠損した変異体では，このような防御応答が起こらないため，食害虫の被害を顕著に受けることが知られている．食害により生じる刺激に応答してこのようなタンパク質を蓄積することは，植物が食害の拡大を阻止するための防御機構の一つであると考えられている．

　システミンは，ナス科の植物より見出された18アミノ酸からなるペプチドである（9章参照）．システミンは，植物に傷をつけたりジャスモン酸で処理した場合と同様に，プロテアーゼインヒビター遺伝子の発現を誘導する．傷害による刺激によって前駆体タンパク質から切り出されたシステミンは，細胞膜に存在する受容体に結合する．この後，システミン由来のシグナルが葉緑体内で行われるジャスモン酸の生合成を活性化し，ジャスモン酸情報伝達機構を介して，同じ個体で直接傷害を受けていない葉でのプロテアーゼインヒビター遺伝子の発現を誘導すると考えられる．ジャスモン酸の生合成は維管束周辺で起こっているのに対し，トマトのシステミンは篩部に蓄積する．このため，維管束側の細胞表面でシステミンの認識が起こり，合成されたジャスモン酸が篩部を通って輸送される可能性が考えられている．また，ジャスモン酸の生合成欠損変異体 *spr2*, *acx1* とジャスモン酸非感受性変異体 *jai1* に傷を与えると，同じ個体で直接傷害を受けていない葉でのプロテアーゼインヒビター遺伝子の発現が見られない．トマトではこれらの変異体を用いた接ぎ木実験の結果から，傷害を受けた部位でジャスモン酸生合成が起こり，合成されたジャスモン酸もしくはジャスモン酸の類縁体が植物内を移動すると考えられている．

　シロイヌナズナにおいてもジャスモン酸の生合成欠損変異体を用いた接ぎ木実験が行わ

れた．葉に傷害を与えるとジャスモン酸生合成が開始され，ジャスモン酸もしくはその類縁体が根に輸送されることでジャスモン酸応答のマーカー遺伝子である *JAZ10*（8.5.2項C参照）の発現が誘導される．すなわちシロイヌナズナでも軸方向の長距離シグナル伝達には，ジャスモン酸もしくはその類縁体の輸送が重要であると考えられる．一方，シロイヌナズナのロゼット葉を用いた実験により，傷害部位から水平方向に離れた葉でジャスモン酸生合成を引き起こす長距離のシグナル伝達が，電気的なシグナルを介して起こることが明らかにされている．シロイヌナズナの葉を傷つけると，細胞膜の脱分極に由来すると考えられる表面電位の変化が，傷害部位から離れた部位の無傷の葉まで伝わっていく．この電位変化の移動速度は，ジャスモン酸イソロイシンの蓄積パターンや *JAZ10* の発現パターンとよく一致する．また，グルタミン酸受容体様タンパク質をコードする *GLR* の破壊株では，離れた場所の葉では表面電位の変化が起こらなくなり，ジャスモン酸応答も見られなくなる．すなわち，GLR依存で生成する表面電位の変化に応答してジャスモン酸イソロイシンの生合成とジャスモン酸情報伝達の活性化が起こったのち，下流の防御応答遺伝子の発現が誘導される．以上のように，ジャスモン酸生合成を活性化する長距離シグナルについては，同一種の植物においても組織や伝達方向によって異なることが示されており，植物は多様な長距離シグナルを併用して傷害を受けた葉からの情報を無傷の葉に伝えていると考えらえる．今後の研究により，傷害の長距離シグナル伝達機構の，組織や植物種による普遍性／多様性についての理解が進展することが期待される．

　ジャスモン酸情報伝達により引き起こされる防御応答は，サリチル酸情報伝達と，拮抗的な関係にあることが知られている（12章参照）．そのため，ある種の食害虫は，口内分泌物中の共生菌を用いて，対象となる植物のサリチル酸依存的防御応答を活性化させ，間接的にジャスモン酸依存的防御応答を抑制する．すなわち，この食害虫は，植物が備えているジャスモン酸とサリチル酸情報伝達機構の拮抗的性質を巧みに利用していると考えられる．

B. 病害応答

　ゼンク（Zenk）らのグループは，いくつかの培養細胞系にエリシター処理（高等植物の組織や培養細胞系に生体防御反応を誘導する物質の総称．病原菌感染と同様な応答を引き起こす）を行うとジャスモン酸の一過的な蓄積が起こり，それに引き続いて病害抵抗性遺伝子の発現誘導とアルカロイドの蓄積が起こることを示した．この結果から，病原菌の感染応答においてジャスモン酸が内生のシグナルとして機能していることが示唆された．病害応答でのジャスモン酸情報伝達の役割は，感染する病原体の種類によって異なると考えられている．一般的に，ジャスモン酸情報伝達は，感染した細胞を殺して栄養分を吸収するタイプの病原菌（殺生菌：necrotroph）に対する防御応答を引き起こす．一方，サリチル酸情報伝達は生きた細胞に寄生するタイプの病原菌（活物寄生菌：biotrophや半活物寄生菌：hemibiotroph）への防御応答を引き起こすことが，ジャスモン酸やサリチル酸の生合成／情報伝達を欠損した変異体の解析から示されている．また，ジャスモン酸情報伝達の活性化は，活物寄生菌の病原性を高めること，サリチル酸情報伝達の活性化は殺生菌に有利に働くことが知られている．すなわち，一方の生合成／情報伝達の活性化が他方の経

路の働きを抑制していると考えられる．WRKY型の転写因子であるWRKY70を植物内で過剰発現させるとサリチル酸応答遺伝子の発現が上昇する一方で，ジャスモン酸応答遺伝子の発現が抑制されることから，この転写因子がサリチル酸とジャスモン酸情報伝達の拮抗的相互作用を制御していると考えられる．

ジャスモン酸とサリチル酸情報伝達の拮抗的相互作用が，病原菌によっても利用されていると考えらえる例がいくつか報告されている．半活物寄生菌に分類される*Pseudomonous syringae*の感染はサリチル酸を介した防御応答によって妨げられる．*P. syringae*のいくつかの菌株では，植物毒素として知られるコロナチンを産生する．コロナチンは植物細胞に葉の黄化を引き起こすこと，ジャスモン酸イソロイシンと構造が類似していること（図8.1），植物細胞に対してジャスモン酸類と類似した遺伝子発現応答を引き起こすことが知られている．シロイヌナズナの*coi1*はコロナチン非感受性の変異体として単離され，COI1タンパク質は活性型ジャスモン酸の受容体構成因子であることが示されている（8.5.2項A参照）．コロナチンは受容体に直接結合する活性型である．また，病原菌は，エフェクタータンパク質（植物に感染する際に植物の防御応答を攪乱するタンパク質）を細胞内に送り込む．近年の研究から，コロナチンを産生しない*P. syringae*の菌株が産生するある種のエフェクタータンパク質が，ジャスモン酸受容体構成因子の一つであるJAZタンパク質の分解を促すことも明らかになった．*P. syringae*は上記のような手段を通して，感染の際にジャスモン酸情報伝達を活性化することでサリチル酸情報伝達を抑制し，自らの感染に有利な状況を成立させていると考えられる．

ジャスモン酸とエチレンは種々のストレス下において相乗的もしくは拮抗的に作用して適切なストレス応答機構を誘導すると考えられている．少なくとも殺生菌への応答に関しては，ジャスモン酸とエチレンは協調的に機能していると考えられており，その作用点がAP2型転写因子であるERF1やORA59だと考えられている．

C. その他のストレス応答

ジャスモン酸情報伝達は，オゾンなどにより生じる酸化ストレスを抑制するように作用する．たとえばジャスモン酸情報伝達は，植物内生の抗酸化物質であるアスコルビン酸やグルタチオン代謝を活性化し，オゾン誘導性の細胞死を減少させる．

また植物に紫外線（UV）を照射すると，プロテアーゼインヒビター遺伝子など，ジャスモン酸応答性遺伝子の発現が起こることが知られている．トマトのジャスモン酸生合成変異体では，これらの遺伝子のUV照射に応答した発現がまったく起こらなくなる．このことから，植物のUV照射に対する遺伝子発現応答は，ジャスモン酸が関与していると考えられる．

8.3.2 老化と離層形成の促進

ジャスモン酸類を植物に処理すると葉の黄化が起こること，リブロース1,5-ビスリン酸カルボキシラーゼ／オキシゲナーゼなどの光合成に関わるタンパク質量が減少することが知られている．落葉の際に葉の付け根の部分で離層が形成されて葉の脱離が促されるが，ジャスモン酸処理によりこの離層形成が顕著に促進される．また，ジャスモン酸生合成や

情報伝達の変異体においては，葉の黄化や離層形成が遅れることが報告されている．ジャスモン酸処理によって老化が引き起こされる分子機構についてはまだ不明な点が多いが，葉の成長制御に関わるTCP転写因子が，ジャスモン酸生合成遺伝子である*LOX*の遺伝子発現を制御することや，Rubiscoの活性化因子であるRubisco-activaseが，転写・翻訳レベルでCOI1依存的なジャスモン酸情報伝達経路によって制御されることが示されている．

8.3.3 形態形成

A. 花の形成

ジャスモン酸の合成に異常のある突然変異体の解析によって，ジャスモン酸が花の形成（特に雄しべの発達や葯の裂開の制御）に関わることが示された．ブラウス（Browse）らは，リノレン酸などのトリエン脂肪酸をまったく合成しない三重変異体を作製した．この突然変異体からは内生のジャスモン酸が検出されないこと，葯の裂開が起こらず花粉の発芽能も著しく低下するため雄性不稔となることが明らかになった．このような表現型は，開花時にリノレン酸やジャスモン酸を与えることで完全に回復する．

さらに，シロイヌナズナで葯の裂開が遅くなる変異体は，ジャスモン酸生合成に関わる酵素遺伝子に変異を持つことが明らかになった．これらのことから，ジャスモン酸は葯の裂開に必須の因子であると考えられる．また，ジャスモン酸非感受性変異株の一つである*coi1*も雄性不稔である．

一方，トマトのCOI1ホモログであるJAI1の変異体*jai1*は，雌しべ側の発達の不全で不稔となることが知られている．またトウモロコシでは，発達の初期に雌雄両性の原基が形成された後，雄花と雌花に分化する．最近雄花が雌花化する変異体*tasselseed1*の原因遺伝子が，ジャスモン酸生合成に関与する*LOX*遺伝子であることが明らかになり，ジャスモン酸がトウモロコシの性決定機構に重要であることが示された．これらの結果は，植物種による花芽形成時のジャスモン酸の機能の多様性を示している．

B. トライコームの形成

一部の植物では，葉の表面にトライコームと呼ばれる細かい毛状の構造を形成しており，トライコームはその形状や内部に蓄積する代謝産物により分類されている．代謝産物を蓄積・分泌するタイプのトライコームでは，食害虫への防御物質となる二次代謝産物の合成と蓄積，および分泌が行われている．トマトの*jai1*変異体では，このタイプのトライコームの形態形成が損なわれていることが示された．

また，シロイヌナズナでは，転写因子のMYB75，GL3，EGL3がトライコームの形態形成に関与している．これらの転写因子はJAZタンパク質と結合することが示されており，この相互作用を介してジャスモン酸情報伝達からの制御を受けていると考えられる．

8.4 ジャスモン酸の合成と代謝

8.4.1　ジャスモン酸の生合成の開始と代謝

　8.3節で述べたように，さまざまなストレス応答や形態形成の過程でジャスモン酸生合成の活性化が引き起こされる．傷害・食害・病害・環境ストレスに由来するシグナルの受容から活性型ジャスモン酸の蓄積に至る過程には，カルシウムイオン，活性酸素，MAPキナーゼカスケードなどによる情報伝達が関わっていることが示されている（図8.5参照）．しかし，これらの情報伝達経路と葉緑体内で開始されるジャスモン酸生合成反応の活性化との関連についてはまだよくわかっておらず，今後のさらなる研究の発展が待たれる．

　葉緑体などのプラスチド膜（色素体膜）を構成する膜脂質のグリセロール骨格には，リノレン酸やヘキサデカトリエン酸のような二重結合を3つ持つトリエン脂肪酸がエステル結合した状態で存在している．プラスチドの主要膜構成成分であるモノガラクトシルジアシルグリセロール（MGDG）やジガラクトシルジアシルグリセロール（DGDG）などの糖脂質には，細胞に存在するトリエン脂肪酸の大部分が蓄積されている．トマトの脂肪酸不飽和化酵素の突然変異体 *spr2* の解析から，葉緑体のトリエン脂肪酸がジャスモン酸合成の基質として重要であることが示されている．現在考えられている活性型ジャスモン酸合成と代謝のモデルを図8.4と図8.5に示す．ジャスモン酸の合成と代謝についてのより詳しい説明は，CD収載の補足8.1を参照．

A. 活性型ジャスモン酸の生合成経路

a. リパーゼ　通常，細胞内の遊離のトリエン脂肪酸は少ないが，葉に傷害などのストレスを与えると一過的な遊離リノレン酸量の増加とそれに伴ったジャスモン酸の蓄積が起こることが知られている．このため，リパーゼなどの作用による，基質となるトリエン脂肪酸の供給がジャスモン酸合成の律速段階であると考えられている．雄しべの発達に異常が生じた突然変異体 *dad1* では，花と蕾のジャスモン酸含量が野生株の1/5程度に減少するが，雄性不稔の表現型はジャスモン酸やリノレン酸を与えることで回復する．DAD1タンパク質はプラスチドに局在すること，糖脂質よりリン脂質に対して高い脂質分解活性を示すことから，雄しべの発達時のジャスモン酸合成に関わるプラスチド型リパーゼであると考えられた．一方，*dad1* の葉に傷害を与えると，ジャスモン酸の蓄積やジャスモン酸応答遺伝子の発現が見られる．このため，ジャスモン酸合成の起こる組織や，合成を引き起こす刺激の違いによって，異なるリパーゼが関わっていることが示唆されている．

b. リポキシゲナーゼ　ジャスモン酸を含む過酸化脂質（オキシリピン）の生成は，リポキシゲナーゼ（LOX）がリノレン酸などの多価不飽和脂肪酸の *cis, cis*-ペンタジエン構造部分に分子状酸素を添加する反応によって開始される．LOXの反応生成物は種々のオキシリピンに代謝されるが，ジャスモン酸はカルボキシ基側から数えて13位が過酸化されたリノレン酸（13-ヒドロペルオキシリノレン酸）から合成される．13-ヒドロペルオキシリノレン酸の生成を担う13-LOXは，シロイヌナズナには4つ（LOX2，LOX3，LOX4，LOX6）存在しており，いずれもプラスチドへの移行シグナルを持つ．

c. アレンオキシド合成酵素　アレンオキシド合成酵素（AOS）は，ジャスモン酸生合成に特異的な反応経路の初発段階を触媒する．この酵素は13-ヒドロペルオキシリノレン酸

に作用して，非常に不安定な化合物であるアレンオキシドを生成する．AOSはシトクロムP450の一種であり，アマの種子から初めてクローニングされた．その後数多くの植物から*AOS*の塩基配列が得られているが，それらのほぼすべてにプラスチドへの移行シグナルが見られる．アレンオキシド合成酵素の変異体であるシロイヌナズナの*aos*は雄性不稔となり，蕾にジャスモン酸を処理することによってその表現型が回復する．

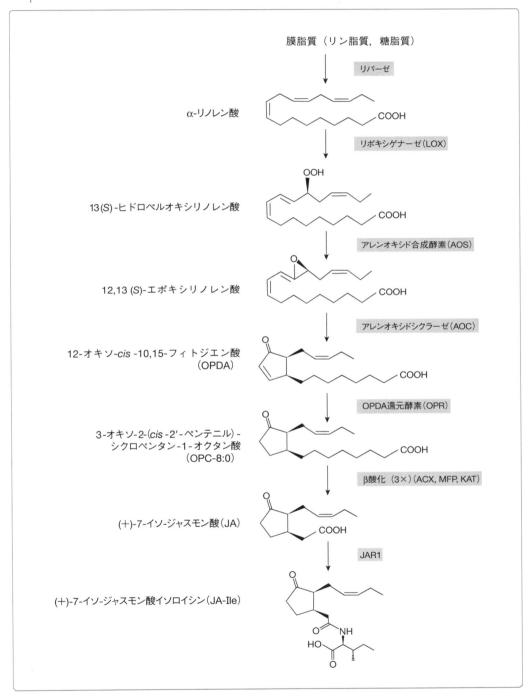

図8.4 活性型ジャスモン酸生合成経路

d. アレンオキシドシクラーゼ　AOS によって生成したアレンオキシドは，室温で数秒以内にα-ケトールあるいはγ-ケトールに自発的に変換するが，アレンオキシドシクラーゼ（AOC）が作用すると環化反応が起こり，シス型の 12-オキソ-フィトジエン酸（OPDA）が生成する．AOC は，トマトから初めて精製され，クローニングがなされた酵素であり，

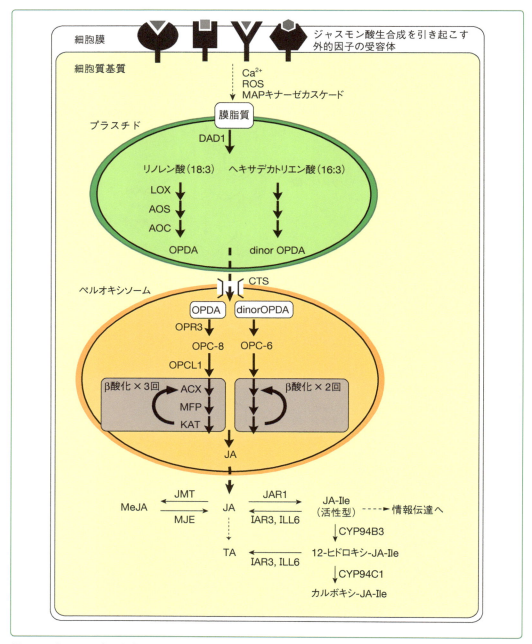

図8.5　ジャスモン酸生合成のモデル図
情報伝達の過程は細点線で，酵素反応は実線矢印で，輸送の過程は太点線で示し，対応する酵素の略称を太字で示した．CD に収載した補図8.1では，生合成の過程で生じる化合物を長方形で囲んで示した．

シロイヌナズナやトマトではAOSと同様にプラスチドに局在する．

e. OPDA還元酵素　OPDA還元酵素（OPR）は，OPDAの5員環部分の二重結合を還元する反応を触媒して，3-オキソ-2-(cis-2'-ペンテニル)-シクロペンタン-1-オクタン酸（OPC-8:0）を生成する．シロイヌナズナとトマトにはOPRのパラログが3つ以上存在するが，OPDAを基質として活性型の（＋）-7-イソ-ジャスモン酸の生成に導く酵素はOPR3だけである．OPR3は，ペルオキシソームに局在することが示されている．また葯の裂開の時期が異常に遅く雄性不稔になる変異体*opr3*は，*aos*と同様に蕾にジャスモン酸を与えることで表現型が回復する．

f. β酸化　acyl-activating enzymeファミリーの一つであるOPC-8:0 CoAリガーゼ1（OPCL1）によってアシル基にCoAが付加されたOPC-8:0は，ペルオキシソームのβ酸化経路で炭素が2個ずつ3回減少し，12炭素で構成されるジャスモン酸になる．トマトやシロイヌナズナのβ酸化経路を欠損した変異体では，傷害時のジャスモン酸含量の低下が報告されている．以上の結果より，β酸化経路がジャスモン酸合成に重要であることが明らかになった．

g. ジャスモン酸イソロイシン合成酵素（JAR1）　ジャスモン酸はさらに代謝されてアミノ酸縮合体となる．ジャスモン酸とイソロイシンの縮合体であるジャスモン酸イソロイシンは，葉・花などから検出されており，浸透圧ストレスや傷害などによって含量が増加する．また，その構造は*P. syringae*から得られた植物毒素であるコロナチンと類似していることが知られている（図8.1）．

　ジャスモン酸からジャスモン酸イソロイシンを合成する反応を触媒する酵素は，細胞質基質に局在すると考えられているJAR1である．*JAR1*は，ジャスモン酸による根の伸長阻害に対して非感受性となる変異体*jar1*の原因遺伝子であり，ATP依存型ジャスモン酸-アミド合成酵素をコードしている．*jar1*のジャスモン酸イソロイシン含量は野生株の1/7に減少しており，種々の病原体に対して感受性になるが，雄性不稔の表現型は示さない．近年の研究からジャスモン酸イソロイシンは，活性型ジャスモン酸の受容体であるCOI1-JAZ複合体（8.5.2項C参照）の形成に必須であることが示された．

B. ジャスモン酸の代謝

a. ジャスモン酸イソロイシンの不活性化　傷害を受けた葉では，ジャスモン酸イソロイシンのペンテニル基の末端がヒドロキシ化した類縁体（12-ヒドロキシ-JA-Ile），もしくはカルボキシ化した類縁体（カルボキシ-JA-Ile）の含量が増加する（図8.1，図8.5）．これらの代謝産物は，シトクロムP450酵素であるCYP94B3とCYP94C1によって，ジャスモン酸イソロイシンが段階的に酸化されることで生成する．12-OH-JA-Ileでは，COI1とJAZの結合を促進する活性はジャスモン酸イソロイシンより弱いが完全には失われていない．そのため，12-ヒドロキシ-JA-Ileからカルボキシ-JA-Ileへのさらなる酸化が完全な不活性化には必要であると考えられる．

　また，ジャスモン酸イソロイシンのアミド結合を加水分解する酵素IAR3とILL6の存在も明らかになった．この反応はJAR1によるジャスモン酸とイソロイシンの縮合反応の逆

反応であるため，縮合反応と加水分解反応の相対活性が細胞内ジャスモン酸イソロイシン含量を制御するために重要であると考えられる．

b. ジャスモン酸のメチル化とジャスモン酸メチルの脱メチル化　ジャスモン酸のメチル化は，細胞質基質に存在すると考えられるジャスモン酸カルボキシメチルトランスフェラーゼ（JMT）によって行われる．シロイヌナズナからは，この過程に関わる酵素がクローニングされている．

一方，ジャスモン酸メチルからジャスモン酸を生成する活性を持つメチルジャスモン酸エステラーゼ（MJE）がタバコ（*N. attenuata*）からクローニングされており，外部から与えられたメチルジャスモン酸は，MJEによる加水分解でジャスモン酸に変換された後，活性型へと代謝されて遺伝子発現の誘導を引き起こすと考えられている．

c. チュベロン酸，チュベロン酸グルコシド，12-スルホキシ-JA　幸田らは，ジャガイモの葉を短日処理すると塊茎形成が誘導される現象に着目し，その誘導物質を単離した．単離された2つの物質は，(+)-7-イソ-ジャスモン酸のC-12位の炭素にOH基のついた化合物（チュベロン酸）とその*O*-グルコシドであり（図8.1），これらはいずれも強い塊茎形成誘導活性を示す．チュベロン酸はジャガイモだけでなく，シロイヌナズナを含む種々の植物中にも存在する．傷害を受けたシロイヌナズナでは，IAR3とILL6による12-ヒドロキシ-JA-Ileの加水分解によりチュベロン酸が蓄積する（図8.5）．

また，アメリカネムノキの就眠運動時に葉を閉じさせる生理活性物質として，(-)-チュベロン酸グルコシドが同定された（図8.1）．ジャスモン酸，ジャスモン酸イソロイシン，コロナチンにはこのような生理活性は見られないこと，チュベロン酸グルコシドをシロイヌナズナに処理しても，ジャスモン酸応答遺伝子群の発現誘導を引き起こさないことから，この現象はCOI1非依存的な経路によって制御されていると考えられる．

12-スルホキシ-JAは，傷害時にチュベロン酸，12-ヒドロキシ-JA-Ile，カルボキシ-JA-Ileとともに蓄積する．12-スルホキシ-JA合成に関わるスルホトランスフェラーゼであるAtST2aは，チュベロン酸を基質として12-スルホキシ-JAを生成する．またトマトにおいてもST2aのホモログの存在が報告されているが，その生理機能についてはよくわかっていない．

d. OPDAとその構造類縁体　OPDAは葉緑体内の酵素反応によって生成するジャスモン酸の生合成中間体である．ブリオニア（*Bryonia dioica*）では，蔓の巻きつきを誘導する活性はジャスモン酸よりもOPDAのほうが高く，また巻きつき時には内生のOPDAの含量が一過的に増大することが知られている．また，トマトの胚形成やシロイヌナズナの種子の発芽制御においても，ジャスモン酸類ではなくOPDAが主に関わっていることが示されている．

OPDAをシロイヌナズナに処理すると，ジャスモン酸処理とは異なる遺伝子グループの発現変化が引き起こされる（8.5.1項参照）．また，活性酸素種による非酵素的な脂肪酸の自動酸化によってもOPDAと類似した構造を持つフィトプロスタン類（図8.2）が生成する．フィトプロスタン類を植物に与えるとOPDAと似た遺伝子発現応答を引き起こす．

8.4.2 ジャスモン酸類の輸送

ジャスモン酸生合成の前半は葉緑体で，後半はペルオキシソームで行われる．ペルオキシソームへのOPDAの取り込みにはABC輸送体であるCOMATOSE（CTS）が関与していることが明らかになっている．CTSはペルオキシソームでβ酸化を受ける種々の物質のペルオキシソームへの取り込みに関与しており，OPDAの取り込みを特異的に行っているわけではないが，cts変異体では稔性が低下していること，発芽率が低下していることが報告されている．

ジャスモン酸イソロイシンの輸送については，まだ不明な点が多い．シロイヌナズナにおいて防御物質であるグルコシノレートや活性型ジベレリンの輸送体として機能するGTR1は，ジャスモン酸イソロイシンを輸送する活性も示すことが報告されている．

8.5 ジャスモン酸の受容と情報伝達

8.5.1 ジャスモン酸類やOPDAによる遺伝子発現誘導

初期のジャスモン酸応答遺伝子の研究から，病傷害，果実の熟成，葯の形成・裂開，老化などによって発現誘導される遺伝子が，ジャスモン酸処理によっても誘導されることが知られていた．近年では，モデル植物のゲノム情報を活用した大規模遺伝子発現解析の結果，ジャスモン酸処理によって発現制御を受ける遺伝子群の全体像が明らかになってきた．

植物にジャスモン酸を処理すると，まず30分以内に早期応答遺伝子群の発現変化が見られる．この遺伝子群にはMYC2などの転写因子，JAZなどの情報伝達因子，ジャスモン酸の生合成遺伝子などが含まれている．これまでに知られているジャスモン酸の生合成に関わる遺伝子はすべてジャスモン酸処理によって誘導されることから，ジャスモン酸生合成遺伝子群の発現がジャスモン酸によって正のフィードバック制御を受けていると考えられている．処理後数時間では，後期応答遺伝子群にも発現変化が見られる．この時間帯では特定の代謝経路に関わる遺伝子群の発現が誘導され，対応する代謝産物が蓄積する．トリプトファン，セリン，システインなどのアミノ酸生合成，アスコルビン酸生合成，グルタチオン代謝などに関わる遺伝子群に加えて，インドールグルコシノレート，ニコチン，リグノールなど二次代謝産物の生合成遺伝子群がこのような後期応答遺伝子群に含まれる．

ジャスモン酸の生合成前駆体であるOPDAも，さまざまな遺伝子の発現変動を引き起こす．DNAマイクロアレイを用いた遺伝子発現解析により，OPDAはジャスモン酸応答遺伝子の発現変化を引き起こすだけでなく，ジャスモン酸への応答は見られない一連の遺伝子群の発現変化も引き起こすこと，その応答はCOI1非依存の経路で起こっていることが明らかになった．ジャスモン酸が前述したような代謝遺伝子群の発現を誘導するのに対して，OPDAは転写因子やキナーゼのような情報伝達因子に加え，熱ショックタンパク質や細胞壁合成関係の遺伝子の発現を誘導する．OPDA応答遺伝子群の多くは傷害によっても発現が誘導されることから，OPDAは傷害などのストレス応答時に，ジャスモン酸とは異なる情報伝達経路を制御していることが示唆されている．

8.5.2 活性型ジャスモン酸の受容と情報伝達機構

他の植物ホルモン情報伝達の研究と同様に，シロイヌナズナを用いてジャスモン酸への感受性が低下した変異体の単離が精力的に行われた．このようにして得られた変異体としては，*coi1*, *jar1*, *jin1*, *jai3* がよく解析されている．これらのうち *jar1* はジャスモン酸イソロイシンの生合成酵素の変異体であったが（8.4節参照），他の原因遺伝子はジャスモン酸の情報伝達に関わる因子であった．興味深いことに，これらの結果から，ジャスモン酸の情報伝達にもユビキチン-プロテアソーム経路を介したタンパク質分解系が関わることが示され，特にオーキシン情報伝達との類似性が高いことが明らかになってきた．

A. COI1

coi1 はもともと，*P. syringae* 由来の植物毒素コロナチンに非感受性のシロイヌナズナの変異体として単離された．この *coi1* 変異体はジャスモン酸に対しても非感受性で，ジャスモン酸による遺伝子発現応答の大部分が起こらなくなり，ジャスモン酸生合成変異体と同様に雄性不稔である．*coi1* 変異体の原因遺伝子が同定されると，*COI1* がコードするタンパク質はSCF型E3ユビキチンリガーゼ複合体の構成因子として知られるF-boxタンパク質であることがわかった．またトマトのジャスモン酸非感受性変異体 *jai1* の原因遺伝子もCOI1のオルソログであった．COI1はオーキシンの受容体複合体を構成するTIR1とアミノ酸配列の相同性を示し，TIR1と同様に他のE3ユビキチンリガーゼ構成因子とともにSCF^{COI1}と呼ばれる複合体を形成する（2章参照）．後述するJAZタンパク質の同定により，COI1は活性型ジャスモン酸の認識に重要な役割を果たしていることが明らかになった（**図8.6**）．

B. MYC2

ジャスモン酸への感受性が低下していることが知られていた *jin1* 変異体の原因遺伝子は，basic-helix-loop-helixドメインを持つ転写因子MYC2であった．MYC2は，もともと乾燥やアブシシン酸処理によって発現が誘導される遺伝子のプロモーター領域に結合し，自身もこれらの処理によって早期に発現が誘導されることが知られていた．また *MYC2* の発現はCOI1依存的にジャスモン酸処理によって誘導される．MYC2の破壊株を用いた大規模発現解析の結果から，MYC2がジャスモン酸応答遺伝子の発現制御の多くの部分を担っていることが明らかになった．しかしMYC2とそのパラログであるMYC3, MYC4をすべて破壊した三重変異体でも雄性不稔にはならないことから，花芽の形態形成は他の転写因子によって制御されていると考えられる．

C. JAI3/JAZ3, JAZタンパク質ファミリーとその相互作用因子

ジャスモン酸への感受性が低下した変異体 *jai3* の原因遺伝子は，ZIMドメインとJasドメインという2つの保存された領域を持つJAZタンパク質ファミリーの一つをコードする *JAZ3* であった（図8.6）．*JAI3/JAZ3* の同定とほぼ同時期に，花芽および傷害応答時における大規模遺伝子発現解析の結果から，ジャスモン酸情報伝達の早期応答遺伝子として *JAZ1* と *JAZ10* が報告された．シロイヌナズナでは12のタンパク質がJAZファミリーを形

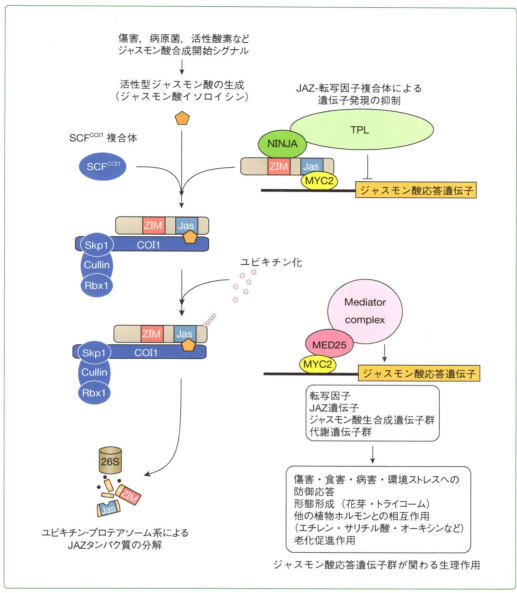

図8.6 ジャスモン酸情報伝達のモデル図

成しており，それぞれの遺伝子の破壊株ではジャスモン酸への非感受性を示さないが，Jasドメインに変異を生じたタンパク質が植物体内に蓄積したときにのみ，ジャスモン酸による根の伸長阻害に対する感受性の低下や雄性不稔といった表現型が現れる．

　ジャスモン酸イソロイシンが存在しない状態では，JAZタンパク質はJasドメインを介してMYC2と結合している．また，ZIMドメインはNINJA（Novel Interactor of JAZ）タンパク質との結合に関わっている．JAZはNINJAを介して転写抑制因子のTOPLESSとの複合体を形成し，MYC2などの転写因子の活性を抑制していると考えられる（図8.6）．JAZタンパク質はまた，ZIMドメインを介してホモもしくはヘテロ二量体を形成するが，

8.5 ジャスモン酸の受容と情報伝達

二量体形成のタイミングや生理的意義についてはまだよくわかっていない．

　各種のストレス刺激により生体内のジャスモン酸イソロイシン濃度が上昇すると，JAZタンパク質はJasドメインを介してジャスモン酸イソロイシン依存的にCOI1と結合し，COI1-JAZ複合体を形成する．この際，JAZと結合していた転写因子はJasドメインから解離する．コロナチンもCOI1-JAZ複合体の形成を促進するが，OPDAやジャスモン酸，ジャスモン酸メチルはCOI1-JAZ複合体形成を引き起こさない．以上の結果から，ジャスモン酸イソロイシンが，受容体に結合する活性型ジャスモン酸であることが示された．SCF^{COI1}複合体と結合したJAZタンパク質は，ユビキチン化された後26Sプロテアソームによって分解されると考えられている．

　JAZから解離した転写因子MYC2は，基本転写因子複合体（mediator complex）と結合して転写反応を開始する．MYC2は，この複合体のサブユニットの一つであるMED25に結合することで転写活性化能を獲得し，標的遺伝子の転写が開始される．JAZタンパク質はMYC2とそのパラログであるMYC3，MYC4に加えて，MYC2の下流でジャスモン酸応答を負に制御するbHLH型転写因子（JAM1，JAM2，JAM3），アントシアニン生合成やトライコームの形態形成に関わるbHLH型転写因子（GL3，EGL3，TT8），アントシアニン生合成やトライコームの形態形成，花芽形成に関わるR2R3 MYB型転写因子（PAP，GL1，MYB21，MYB24），エチレン情報伝達に関わる転写因子（EIN3，EIL），ジベレリン情報伝達に関わるDELLAタンパク質（GAI，RGA，RGL1）と相互作用することも報告されている．すなわち，JAZタンパク質はジャスモン酸情報伝達だけではなく，植物ホルモン情報伝達のクロストークにも重要なポイントになっていると考えられる．

8.6　農園芸におけるジャスモン酸の役割

　近年農薬登録されたプロヒドロジャスモン（図8.1）は，存在する4つの光学異性体のうち*trans*-プロヒドロジャスモンを87％以上，*cis*-プロヒドロジャスモンを12％以下含む混合物であり，植物成長調整剤として利用されている．プロヒドロジャスモンはアントシアニンの生合成を活性化することによって，リンゴやブドウへの着色成熟促進効果を示す．また，ウンシュウミカンでは，温度や湿度が高いほど浮皮と呼ばれる果皮と果肉が著しく分離した状態になりやすいことが知られているが，ジベレリンとプロヒドロジャスモンを混合散布することで，ミカンの浮皮軽減効果が得られることが確認されている．このようなプロヒドロジャスモンとジベレリン併用の効果として，他にリンゴやイチゴの肥大促進，ブドウの無核化・肥大促進などが報告されている．

参考文献

1) Browse, J. (2009) *Annu. Rev. Plant Biol.* **60**, pp.183-205
2) Campos, M.L., Kang, J.H. and Howe, G. A. (2014) *J. Chem. Ecol.* **40**, pp.657-675
3) Pauwels, L. and Goossens, A. (2011) *Plant Cell* **23**, pp.3089-3100
4) Wasternack, C. and Hause, B. (2013) *Ann. Bot.* **111**, pp.1021-1058

第9章 ペプチドホルモン
Peptide hormones

9.1 ペプチドホルモンの定義と分類

9.1.1 ペプチドホルモンとは

近年，高等植物において比較的短鎖の分泌型ペプチドを介した細胞間情報伝達機構が存在することが次々と明らかになってきた．オーキシンやサイトカイニンなどの低分子植物ホルモンは，比較的広範囲な組織に存在して，さまざまなクロストークにより多様な生理機能を発揮するのに対し，分泌型ペプチド群には局所的に発現してかなり特異的な機能を担っているものが多い．シロイヌナズナゲノムには分泌型ペプチドをコードすると予想される遺伝子群が多数存在しており，それらの生理機能に注目が集まっている．広義の生理活性ペプチドには，種特異的なものや分泌型でないものも含まれるが，本章では植物の成長や分化，環境応答に関与する内生の分泌型ペプチドのうち，植物界における普遍性の高いものをペプチドホルモンと定義して解説する．

9.1.2 ペプチドホルモンの構造的特徴による分類

これまでに報告されているペプチドホルモンの構造や機能は多種多様であり，翻訳後修飾やプロセシング（限定分解）を伴うものも多いが，構造的特徴に基づくと，短鎖翻訳後修飾ペプチドとシステインリッチペプチドの大きく2種類に分類することができる．分泌型ペプチドは，小胞体からゴルジ体を経て細胞外へ分泌される分泌経路に入るが，N末端（アミノ末端）シグナル配列は小胞体に存在するシグナルペプチダーゼにより切断され，残されたペプチド鎖はゴルジ体に送られる．この際，さまざまな翻訳後修飾やプロテアーゼによるプロセシングを受けて5～20アミノ酸程度となってから分泌されるものと，分子内ジスルフィド結合の形成を経て比較的長鎖のまま分泌されるものに分かれる．前者は短鎖翻訳後修飾ペプチド，後者はシステインリッチペプチドと呼ばれる（**図9.1**）．

どちらのタイプのペプチドになるかは，シグナル配列部分を除くペプチド配列中のシステイン残基の数によってある程度予測することができ，短鎖翻訳後修飾ペプチドでは0個のことが多い．後述する Phytosulfokine（PSK），Tracheary element differentiation inhibitory factor（TDIF），CLAVATA3（CLV3），Root meristem growth factor（RGF），C-terminally encoded peptide（CEP）などが短鎖翻訳後修飾ペプチドの典型例であり，チロシンの硫酸化，プロリンの水酸化やアラビノシル糖鎖付加などの翻訳後修飾を受けている．

一方，システインリッチペプチドは分子内に偶数個（多くは6個または8個）のシステ

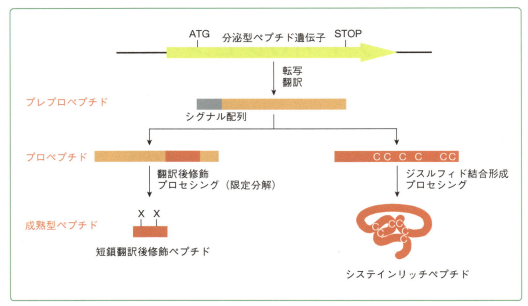

図9.1 ペプチドホルモンの生成経路
短鎖翻訳後修飾ペプチドは、プレプロ体として翻訳され、分泌型シグナル配列が切断されてプロ体となり、さまざまな翻訳後修飾を受けた後、プロセシング酵素による限定分解により比較的短鎖の成熟型ペプチドが切り出されて分泌される。システインリッチペプチドは、分泌型シグナル配列が切断された後に、偶数個存在するシステイン残基（C）間で分子内ジスルフィド結合を形成し、分泌される。システインリッチ領域以外の部分が一部プロセシングされるものもある。

イン残基を持ち、分子内ジスルフィド結合により強固な立体構造を保っているのが特徴である。気孔の配置の制御に関与するEpidermal patterning factor 1（EPF1），気孔密度の制御に関与するEPF2や，気孔形成に関与するStomagen，花粉管ガイダンスに関与するLUREなどが，このグループに含まれる．

9.2 ペプチドホルモン研究の歴史

　オーキシンやサイトカイニンなどの古くから知られている植物ホルモンがきわめて多様な生理機能を発揮することや，植物は動物に比べて体のつくりが単純であり多様な内分泌器官も持たないことから，少なくとも1980年代までは，動物にあるようなペプチドホルモンが，植物にも存在すると考える研究者はほとんどいなかった．しかし，1991年にトマト傷害葉抽出物から18アミノ酸ペプチドであるシステミン（Systemin）が単離され，植物の防御応答に関与することが示されると，植物における生理活性ペプチドに対する関心が芽生えるようになった．システミンはナス科特異的な非分泌型ペプチドの断片であったことから，本章におけるペプチドホルモンの定義には当てはまらないが，ペプチドが植物組織における細胞間情報伝達に関与しうることを示したという点でペプチドホルモン研究において重要な第一歩であった．

　その後，1996年に植物細胞培養液から細胞増殖促進因子として5アミノ酸ペプチドであるPSKが単離され，植物成長におけるペプチドの関与に再び注目が集まった．PSKは分泌

型ペプチドであり，広く植物で保存されていたことから，ペプチドホルモンの最初の例，特に短鎖翻訳後修飾ペプチドの典型例として，その後のペプチドホルモン研究に大きな影響を与えることになる．さらに1999年から2000年にかけて，アブラナ科における自家不和合性の研究において，葯で発現している分泌型ペプチド S-locus cysteine-rich protein/S-locus protein 11（SCR/SP11）が，自他識別シグナルであることが明らかにされた．SCR/SP11はアブラナ科特異的なシステインリッチペプチドであるが，後にジスルフィド結合の位置や立体構造まで詳細に決定され，その高次構造が活性に重要であることが示されている．

　一方，遺伝学を主な手法とする研究者の間においても，1999年に茎頂分裂組織に未分化な細胞群が過剰に蓄積する変異株 *clavata3*（*clv3*）の原因遺伝子が，分泌型ペプチドをコードすることが明らかとなり，ペプチドの形態形成への関与が次第に認識されるようになった．しかし，CLV3の活性本体が短鎖翻訳後修飾ペプチドであることが当時はわからず，ペプチドレベルにおける活性の再現ができなかったために，混沌とした状況がしばらく続いた．突破口となったのは，2006年に12アミノ酸ペプチドであるTDIFが，細胞培養液中から道管細胞分化を抑制する因子として単離されたことである．TDIFはCLV3が含まれる大きなペプチドファミリー（CLEファミリー）の一員であったことから，TDIFの構造をヒントにしてCLEファミリーの機能解明が大きく進むことになった．

　また，ペプチドホルモンの研究が進むにつれて受容機構も徐々に解明され，ペプチドホルモンの多くがロイシンリッチリピート型受容体キナーゼ（LRR-RK）に直接結合して認識されることが，PSK受容体であるPSKRの同定や，CLV3と受容体CLV1などの相互作用解析から明らかになった．さらに，翻訳後修飾に関わる酵素群や，プロセシングを制御するプロテアーゼ群の解明も進みつつある．

　こうした先行研究の蓄積によって，植物の成長や分化におけるペプチドホルモンの重要性が広く理解されるところとなり，新しい研究者の参入も相次いでペプチドホルモン研究が加速度的に進んだ．現在では遺伝子配列に基づいた短鎖翻訳後修飾ペプチドやシステインリッチペプチドの予測がある程度可能になり，ゲノム中に残されているペプチドホルモン遺伝子を狙って探す成功例も増えつつある．実際，ここ数年におけるペプチドホルモンの発見においては，ゲノム情報や細胞特異的な遺伝子発現情報と生化学的な解析とがうまく組み合わせられているものが多い．なお，これから紹介するペプチドホルモンの多くは，日本人研究者のグループによって国内で発見されたことも付記しておきたい．ペプチドホルモンの世界は今後もさらに広がることだろう．

9.3　ペプチドホルモンの構造と機能

　これまでに同定された主なペプチドホルモン群について，短鎖翻訳後修飾ペプチドとシステインリッチペプチドとに分けて，構造と生理機能を解説する（**表9.1**，**表9.2**）．なお，本書第3版では内生の分泌型ペプチドのうち，植物界における普遍性の高いものをペプチドホルモンと定義することにしたため，この範疇から外れるシステミンおよびSCR/SP11などの種特異的ペプチドについては他書を参照されたい．

表9.1　主な短鎖翻訳後修飾ペプチドの構造と受容体，および生理機能

ペプチド名称	成熟型構造	受容体	生理機能
PSK	Y(SO$_3$H)IY(SO$_3$H)TQ	PSKR1およびPSKR2	細胞増殖・分化・耐病性などに関与
TDIF	HEVOSGONPISN	TDR/PXY	維管束幹細胞の維持・活性制御
CLV3	RTVOSG[(L-Ara)$_3$]ODPLHHH	CLV1およびBAM1	茎頂分裂組織における幹細胞数の制御
IDA	PIPPSAOSKRHN（推定）	HAESAおよびHSL2	器官脱離時における離層の形成
RGF1	DY(SO$_3$H)SNPGHHPORHN	RGFR1, RGFR2およびRGFR3	根端分裂組織における幹細胞ニッチの維持および細胞分裂活性制御
CEP1	DFROTNPGNSOGVGH	CEPR1およびCEPR2	全身的窒素要求シグナリングの制御
CLE-RS2	RLSOGG[(L-Ara)$_3$]ODPQHNN	HAR1	マメ科植物における根粒数の調節
PSY1	DY(SO$_3$H)GDPSANPKHDPGV[(L-Ara)$_3$]OOS	―	細胞増殖・細胞伸長などに関与

翻訳後修飾を受けたアミノ酸残基は，硫酸化チロシンをY(SO$_3$H)で，ヒドロキシプロリンをOで，L-アラビノースが3個付加したヒドロキシプロリンを[(L-Ara)$_3$]Oでそれぞれ表記した．受容体は，リガンドとの直接的な結合が確認されているもののみを示している．

表9.2　システインリッチペプチドのシステイン残基数と受容体，および生理機能

ペプチド名称	システイン残基数	受容体	生理機能
EPF	8	ERECTAおよびTMM	気孔の密度と分布パターンの制御
Stomagen	6	ERECTAおよびTMM	気孔分化の誘導
LURE	6	MDIS1, MDIS2, MIK1, MIK2, PRK6	花粉管ガイダンス
RALF	4	FERONIA	根の成熟領域における細胞伸長の抑制
EC1	6	―	多精受精の回避
TPD1	6	EMS1/EXS	花粉形成

9.3.1　短鎖翻訳後修飾型ペプチド

A. PSK

　植物細胞は，カルスと呼ばれる脱分化した細胞群のまま長期にわたって継代培養することができる．しかし，その増殖効率は細胞の初期密度に大きく影響を受け，低密度では増殖がかなり抑制されることが知られている．一方で，プレート上に培養する細胞が少量しかない場合には，周りに適当な培養細胞を置いて密度を高めると，増殖を促進できることも知られていた．これを保護培養（nurse culture）と呼ぶが，両者の間を半透膜で隔てても増殖促進効果は失われないことから，何らかの分泌性細胞増殖シグナルが細胞から培地に拡散していると考えられてきた．

　Phytosulfokine（PSK）は，この現象に着目して，細胞培養液から細胞増殖促進活性を

指標とした生物検定により単離された，わずか5アミノ酸のペプチドである．PSKは，翻訳後修飾により硫酸化されたチロシン残基を2個含んでおり，約80アミノ酸からなる前駆体ペプチド群のC末端（カルボキシ末端）付近にコードされている．組織培養レベルにおいては，PSKは細胞増殖促進効果に加えて，仮道管分化促進や不定胚形成促進，花粉の発芽や花粉管伸長促進など多面的な生理活性を示すことが明らかにされている．シロイヌナズナではPSK遺伝子は5種類存在するが，いずれも分裂組織を含め植物体全体において発現しており，傷害や病害などのストレスにより局所的に発現レベルが上昇する．

　PSKは，細胞膜上に存在するLRR-RKであるPSKR1およびPSKR2に受容される．PSKR1については，ペプチドホルモンの受容体としては初めてリガンドであるPSKとの共結晶構造も解き明かされた．PSK受容体欠損株においては，茎頂や根端における細胞分裂活性の低下，細胞サイズの減少，花粉管伸長活性の低下，老化の促進，病原糸状菌に対する抵抗性の低下などが観察される一方，病原細菌の感染にはむしろ抵抗性が増加するなど，複雑な表現型を示すことが報告されている．

B. TDIF

　維管束は水分や栄養分，さまざまな情報分子の通り道であり，通道の機能に即して特殊化した組織・細胞を含む．たとえば，水や無機養分を通す道管は内部が空洞の道管細胞が連なったものである．新しく道管ができる組織では，道管細胞が既存の道管とつながる場所に分化することによって管状の構造となるため，道管細胞になる・ならないといった細胞の運命は，細胞どうしの間で調節されて決まる必要がある．

　ヒャクニチソウの遊離葉肉細胞を特定の条件で培養すると，比較的高い効率で道管細胞へ分化させることができることから，この系において培地中に分泌されているシグナルのなかには，管状要素分化の細胞間相互作用に関与する分子の存在が期待される．そこで，培地中に存在する管状要素分化促進もしくは抑制因子の探索が行われた結果，促進因子としてアラビノガラクタンタンパク質であるザイロジェン（xylogen）が，抑制因子として12アミノ酸ペプチドTDIFがそれぞれ同定された．

　同定されたTDIFは，2残基のヒドロキシプロリンを含む12アミノ酸ペプチドで，数十pM程度の低濃度で活性を示した．TDIFは，シロイヌナズナを含む多くの植物種に見出されているCLE（CLAVATA3/ESR-related）ペプチドファミリーの一員であり，シロイヌナズナに32種類見出されている*CLE*遺伝子のうち，*CLE41/CLE44*と相同の配列を持つ．

　シロイヌナズナ植物体においてもTDIFは道管形成の阻害活性を持つことが確かめられ，この活性を指標として多数のLRR-RK欠損株のTDIF応答が調べられた結果，TDIF受容体としてTDR/PXY（TDIF RECEPTOR/PHLOEM INTERCALATED WITH XYLEM）が同定された．TDIF（CLE41とCLE44）は，主に篩部細胞で発現しており，前形成層細胞で発現しているLRR-RKであるTDRに直接結合して，前形成層細胞の木部への分化を抑制するとともに，前形成層の増殖を促進する働きをしている．CLE41やTDRの欠損変異体では，篩部細胞に隣接した位置にまで道管細胞が一定の頻度で分化してしまい，前形成層細胞が維持されなくなってしまう（図9.2）．前形成層細胞は，木部と篩部の

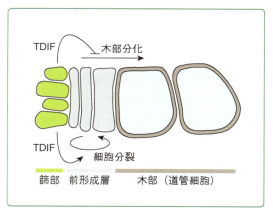

図9.2 維管束におけるTDIFの働き
前形成層細胞は，維管束の幹細胞として働き，片側に篩部，もう一方の側に木部を分化させる．篩部でつくられるTDIFは，前形成層細胞で受容されて木部分化を阻害するとともに，前形成層細胞の分裂を促進する．TDIFが欠損すると，篩部に隣接して道管細胞が分化し，前形成層が失われるため，維管束の成長が止まってしまう．

両方をつくるもととなる維管束幹細胞であるが，その維持制御には分化した細胞からのシグナルが重要であることになる．

TDIF受容後の細胞内での情報伝達として，2種類の経路が知られ，前形成層細胞の増殖と細胞分化の抑制を個別に制御すると考えられている．それぞれの経路を制御する因子として，細胞増殖促進に関与するWOX4（WUSCHEL-RELATED HOMEOBOX 4）転写因子，細胞分化の抑制に働くGSK3（GLYCOGEN SYNTHASE KINASE 3）キナーゼ群とBES1（BRI1 EMS SUPPRESSOR 1）転写因子が見つかっている．

C. CLV3

植物の地上部は，すべて茎頂分裂組織からつくり出される．この茎頂分裂組織の重要な機能の一つは，中心部の未分化な細胞を維持したまま，周縁部の細胞を器官分化に向けて送り出し続けることである．茎頂分裂組織では，未分化状態の維持と器官分化とのバランスを一定に保つメカニズムが存在しており，その解明を目指して古くから突然変異株を用いた遺伝学的な解析が行われてきた．*clavata1*（*clv1*）および*clavata3*（*clv3*）は，このバランスが失われた変異株として同定されたものであり，いずれも茎頂分裂組織に未分化な細胞群が過剰に蓄積して肥大化したドーム状の構造をつくることが知られている．花器官をつくり出す花芽分裂組織の中心部も肥大化するため，雌しべや莢がこん棒状（club-like，こん棒を表すラテン語clavaの複数形がclavata）になることが名前の由来になっている．

原因遺伝子の解析の結果，*CLV3*は96アミノ酸分泌型ペプチドを，*CLV1*はLRR-RKをそれぞれコードしていることが明らかとなった．どちらの遺伝子も茎頂分裂組織の頂端部に位置する増殖活性の低い領域（中央帯）で発現するが，そのなかでもCLV3が表層から3層までにある幹細胞群で発現するのに対し，CLV1は第3細胞層以下の領域に発現するため，分泌されたCLV3がCLV1のリガンドとして茎頂分裂組織の構造を制御しているというモデルが提唱された．

植物体内における成熟型CLV3の構造は，*CLV3*の過剰発現植物を利用して解析され，2つのヒドロキシプロリン残基を含む13アミノ酸からなり，このうち1つのヒドロキシプロリン残基にL-アラビノースが3残基付加した糖ペプチドであることが明らかとなった（**図9.3**）．この構造は，糖鎖部分を含めた化学合成によって確かめられている．また，CLV3はCLV1の細胞外領域に直接結合することも示された．

一般的に，糖鎖はペプチドの立体構造や安定性，組織内移行性に影響を与えることが知られているが，糖鎖修飾によりCLV3の生理活性やCLV1結合活性が数十倍強まる．CLV1

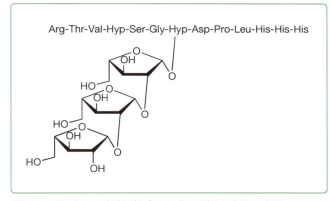

図9.3　アラビノース糖鎖が付加したCLV3糖ペプチドの構造
N末端から7番目のヒドロキシプロリン（Hyp）残基にL-アラビノースが
β-1,2結合で3残基付加している．

が活性化されると，転写因子の *WUSCHEL*（*WUS*）の発現が抑えられる．このWUSは中央帯の最下部で発現した後，原形質連絡を通じて周辺の細胞群へ移行し，CLV3を発現する幹細胞群を増やす働きを持つ．したがって，CLV3とWUSを発現する細胞群の間には，互いの量を調節する負のフィードバックが形成されている．この結果，茎頂分裂組織のサイズが一定に保たれている（図13.1B参照）．

　CLV1以外にもCLV3の受容に関わる受容体様遺伝子が複数同定されている．このなかでCLV3糖ペプチドと直接結合することが示されているのはCLV1ホモログであるBAM1（BARELY ANY MERISTEM 1）であるが，キナーゼ領域を持たないLRR受容体様タンパク質であるCLV2，細胞外領域をほとんど持たない受容体様タンパク質であるCORYNE，LRR-RKであるRPK2（RECEPTOR-LIKE PROTEIN KINASE 2）などの分子群が補助受容体として働いていると考えられている．

　イネの *FLORAL ORGAN NUMBER 2*（*FON2*）は，花芽分裂組織が肥大する変異体の原因遺伝子として単離された *CLE* 遺伝子であり，CLV3とよく似た働きを持つ．FON2による分裂組織サイズの制御は，CLV1のホモログであるFON1を介している．一方，茎頂分裂組織では，FON2に類似したCLEである *FCP1*（*FON2-LIKE CLE PROTEIN 1*），*FCP2*，*FOS1*（*FON2 SPARE 1*）が機能している．イネ地上部の頂端分裂組織においては，シロイヌナズナとは異なり，複数のCLV3様ペプチドが部分的に重複しながら機能分化したと考えられる．

D. IDA

　器官の脱離は，古い葉や花弁などの不必要な器官を捨て去るために必要なプロセスであり，遺伝的にプログラムされた離層形成により能動的に行われる．しかし，シロイヌナズナの変異株 *inflorescence deficient in abscission*（*ida*）の花器官では，花弁，萼片，雄ずいなどの脱離が起こらない．逆に *IDA* 遺伝子を過剰発現すると，花弁，萼片，雄ずいなどの脱離が促進される．

　IDA 遺伝子は77アミノ酸分泌型ペプチドをコードしており，離層形成時に強く発現しているが，システイン残基が少ないことや，ホモログ間でC末端付近に20アミノ酸程度の保存領域があることから，この領域に機能的なペプチドがコードされている可能性が高く，短鎖翻訳後修飾ペプチドの一つと考えられている．

　離層形成に関与する遺伝子としては他に *HAESA* が知られている．*HAESA* は，LRR-RK

をコードしており，発現部位がIDAと重なることと，HAESAとそのホモログHSL2（HAESA LIKE2）の2重遺伝子破壊株ではIDAの過剰発現による表現型が現れないことから，IDAの受容体である可能性が強く示唆されている．実際，IDAファミリーにおける20アミノ酸程度の保存領域の一部に相当する13アミノ酸ペプチドには，HSL2に対する結合活性があることが示されている．

　また，IDAは側根が細胞層を突き破って出現する過程にも寄与している．新しく側根が出現する際には，通常は側根原基を覆っている細胞層のペクチンが分解されて細胞間接着が弱まり，裂け目ができて側根の通り道となるが，IDA欠損株ではペクチンが分解されないために，側根の出現が抑制されてしまう．

E. RGF

　チロシン硫酸化酵素は，ペプチドホルモンの翻訳後修飾酵素の一つである．チロシン硫酸化酵素の欠損株 tpst-1 では，根端において幹細胞の機能が低下するとともに，根端分裂組織の細胞分裂活性も顕著に低下することが知られている．この表現型は，根の成長に硫酸化ペプチドが必須であることを意味している．

　このことに着目し，既知の硫酸化ペプチドの配列上の特徴を参考にして，シロイヌナズナ全ORFから硫酸化ペプチドの候補を絞り込み，実際に硫酸化ペプチドとして分泌されるかを生化学的に確かめたうえで，化学合成した候補ペプチドを tpst-1 に与えるアッセイが行われた．その結果，tpst-1 の根端分裂組織の細胞分裂活性および幹細胞機能を回復させる活性を示す13アミノ酸の硫酸化ペプチドが見出され，root meristem growth factor（RGF）と名づけられた．RGFペプチドファミリーは，シロイヌナズナで11種類見出され，少なくともその半数は根端の静止中心細胞やコルメラ幹細胞で特異的に発現しており，分泌されたペプチドは根端分裂組織領域全体に拡散している．なおRGFには，過剰発現させると根のウェービングを引き起こすことからGOLVEN（オランダ語で波の意味）という別名や，CLE18の前駆体配列の一部にRGF様の配列が見出されることからCLE-likeという別名もある．

　RGFの受容体は，多数の受容体キナーゼを個々に発現させた受容体発現ライブラリーを用いた網羅的な結合実験によって，LRR-RKであるRGFR1，RGFR2およびRGFR3であることが明らかにされた．RGFR1とRGFR2は根の先端の幹細胞領域から基部側（地上部側）の細胞分化領域にかけて，RGFR3は細胞分化領域で発現している．これら3種類の受容体を欠損する植物はRGF非感受性を示し，根端分裂組織が縮小するとともに根が短くなる．

　RGFRの下流の標的は幹細胞維持および根端分裂組織のパターニングを制御する転写因子PLETHORA（PLT）である．PLTは，根の先端の幹細胞領域を最大として基部側へ向けて緩やかに発現が減少する勾配の発現パターンを示す．発現量の多い領域では幹細胞ニッチの維持，中程度の領域では細胞分裂，そして発現量が下がるにつれて細胞分化を促す働きをしている．なお，この発現パターンの制御は遺伝子発現レベルではなく，タンパク質の安定性制御によるものである．興味深いことに，tpst-1 やRGFR多重欠損株の根端

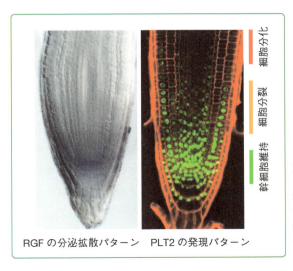

RGFの分泌拡散パターン　　PLT2の発現パターン

図9.4 免疫染色で可視化したRGFの拡散パターンと転写因子PLT2の発現パターン
幹細胞領域から分泌されたRGFは根端分裂組織全体に拡散して濃度勾配を形成し，これが受容体RGFRを介してPLTの勾配のある発現パターンを規定することによって，根端分裂組織の形成に不可欠の役割を果たしている．

では，PLTタンパク質の量が減少し勾配の幅も極端に狭くなるが，RGFペプチドを与えると *tpst-1* では発現が回復し，発現領域も野生型を超えるレベルにまで拡大する．このことから，幹細胞領域から分泌されたRGFは根端分裂組織全体に拡散して濃度勾配を形成し，これがRGFRを介してPLTの勾配のある発現パターンを規定することによって，根端分裂組織の形成に不可欠の役割を果たしていると考えられている（**図9.4**）．

F. CEP

これまでに同定されている短鎖翻訳後修飾ペプチドの前駆体ポリペプチド配列を比較すると，いくつかの共通点が見られ，1）N末端に分泌型シグナル配列を持ち，全長が70〜110アミノ酸程度である，2）システイン残基が5個以下である，3）C末端付近に保存配列を持つファミリーを形成しており，保存配列部分が切り出されて成熟型ペプチドとなる，などがあげられる．そこで，これらの特徴を持つORFをシロイヌナズナのゲノムデータベースから抽出し，さらに実際に細胞外に分泌されるペプチド構造を解析することで，新しいペプチドホルモンを探索する試みが行われた．

CEP（C-terminally encoded peptide）は，この手法により見出された15アミノ酸ペプチドである．シロイヌナズナには少なくとも11個のCEPファミリーペプチドが見出され，その多くは側根の基部で発現している．

CEPの機能は，高度な遺伝子重複によって欠損株の作製が困難であったことから当初難航したが，多数のLRR-RKを個々に発現させたライブラリーに対する網羅的結合解析によってCEP受容体（CEPR1およびCEPR2）が見出され，その欠損株の解析から全身的窒素要求シグナリングに関与することが明らかにされた．全身的窒素要求シグナリングとは，一部の根が窒素欠乏を感知したときに他の根での硝酸取り込みを相補的に促進させて，窒素不足を補うしくみのことであり，この過程にCEPが長距離移行因子として関わっている．CEPはCEPR1およびCEPR2の両者に結合するが，全身的窒素要求シグナリングの制御に主として関わるのは，CEPR1である．根が窒素不足を感じるとCEPの発現が数倍

図9.5 窒素欠乏により誘導されるCEPを介した全身的窒素要求シグナリング
局所的な窒素欠乏により誘導されるCEPは，道管を通って移行して地上部で受容体に認識され，再び根に向かって送られる2次シグナルを介して，離れた根での硝酸イオン取り込みを促進している．

から十数倍に上昇し，細胞外に分泌されたCEPは根の水分吸収の流れにのって道管へ入って，地上部へと移行する．地上部へ移行したCEPは，葉の維管束で発現するCEPR1に認識され，未知の2次シグナルを再び根に移行させて，離れた根での硝酸イオン取り込みを促進する．この巧みなしくみによって，植物は自然界のきわめて不均一な窒素栄養環境下においても安定して窒素栄養を取り込むことができる（**図9.5**）．

マメ科植物においては，CEPは空中窒素固定に関与する根粒の数を増やす働きがある．また，マメ科植物におけるCEP受容体に相当するCRA2の変異株では，根粒形成が顕著に抑制されることが報告された．CEPは植物に土壌中の窒素欠乏を知らせる分子であることから，その下流で窒素取り込みを促進する根粒形成が誘導されることは，マメ科植物特異的とはいえきわめて合理的なシステムである．

G. CLEペプチド群

TDIFやCLV3は，CLE（CLAVATA3/ESR-related）と呼ばれる大きなファミリーを形成しており，シロイヌナズナでは32種類の*CLE*遺伝子が見出されている．このファミリーは，陸上植物で普遍的に保存されており，個々のペプチドごとに機能分化して固有の生理機能があると考えられている．成熟型ペプチド構造が解明されていないものも多いが，TDIFなどを参考として推定成熟型ペプチド領域を化学合成し，生理機能解析が行われている．

CLE1，CLE3，CLE4およびCLE7の一群は，低窒素条件になると根の内鞘細胞で発現が誘導される．これらの窒素欠乏誘導型*CLE*遺伝子は，過剰発現によって側根の伸長成長を顕著に抑制するが，主根の成長には影響しない．遺伝学的な解析から，CLE3シグナルによる側根の成長阻害には，CLV1受容体が働いていることが明らかにされた．CLV1は篩部伴細胞で発現するため，CLE3は内鞘から篩部へと移動して働くと考えられている．

CLE2は，窒素欠乏による誘導はされないが，CLE3とよく似たCLEペプチド配列を持ち，過剰発現によりCLE3と同様の活性を示す．CLE2の成熟型構造は，アラビノース糖鎖が付加した12アミノ酸糖ペプチドであり，この糖鎖修飾はCLV1との結合親和性を高めることが明らかになっている．

CLE6は，地上部へのジベレリン処理により，根の中心柱において発現が上昇する．ジベレリン合成酵素の欠損変異は植物体の成長に多面的な影響を及ぼすが，CLE6の過剰発現によってその影響が部分的に回復する．この回復効果は根からシュートへ伝わるため，

CLE6はジベレリンシグナルを仲介して植物体の成長を全身的に制御していると考えられる．ただしCLE6ペプチド自身が移行しているのかどうかは，まだわかっていない．

CLE8は，若い胚と胚乳で発現しており，正常な種子の形成に必要である．CLE8欠損株では，胚発生初期における細胞分裂および胚乳の増殖と分化のタイミングに異常が生じる．正常な種子の発生には，胚，胚乳，種皮といった異なる組織間での成長調節が必要であると考えられ，CLE8は，胚と胚乳における細胞増殖や細胞分化を調節していると考えられている．CLE8シグナルの下流では，WOX8転写因子の発現が促進される．

CLE9およびCLE10は根の維管束で発現し，原生木部道管の分化を抑える活性を持つ．この活性にはCLV2およびCORYNEが必要である．CLV2とCORYNEは細胞膜上で複合体を形成し，CLEの情報伝達に関与すると考えられているが，その分子機構はまだよくわかっていない．CLE10は，サイトカイニン情報伝達系の負の因子であるタイプA ARRの発現量を減少させることでサイトカイニンシグナリングを増強し，これによって原生木部道管の分化を阻害している．

CLE26およびCLE45は根の原生篩部細胞で発現し，周辺の細胞の原生篩部細胞への分化を抑制する活性を持つ．CLE26/45ペプチドは10 nMという低濃度で活性を示すが，この活性にはLRR-RKであるBAM3（BARELY ANY MERISTEM 3）が必要である．CLE26/45-BAM3シグナル系は，篩部細胞の細胞分化のタイミングを調節していると考えられている．

CLE40は根端の根冠細胞で発現しており，根冠のもととなるコルメラ幹細胞の分化を促進する．CLE40の活性に必要な受容体遺伝子として*ACR4*（*ARABIDOPSIS CRINKLY 4*）および*CLV1*が見出され，いずれも静止中心細胞付近の幹細胞を含む領域で発現することがわかっている．ACR4とCLV1は複合体を形成し，CLE40シグナルの受容に働くと考えられている．

CLE45は，根の篩部での発現に加え，高温になると柱頭および花柱で発現上昇する．CLE45の発現抑制株では，30℃の高温にさらした植物での種子結実が顕著に減少する．CLE45ペプチドは，花粉で発現するLRR-RKであるSKM（STERILITY-REGULATING KINASE MEMBER）を介して，高温環境下での受粉時に花粉管の伸長を助ける働きをすることがわかっている．

シロイヌナズナCLE2のホモログに，ミヤコグサの根の根粒で発現するLjCLE-RS1（LjCLE-Root Signal 1）およびLjCLE-RS2がある．LjCLE-RS1/2は，アラビノース糖鎖が付加した13アミノ酸糖ペプチドであり，植物体に葉の切断面から吸わせて与えると，根における根粒形成を顕著に抑制する活性を示す．この活性には，アラビノース糖鎖は必須である．根粒でつくられたLjCLE-RS1/2は，道管を通って葉でシロイヌナズナCLV1のホモログであるHAR1（HYPERNODULATION ABERRANT ROOT FORMATION 1）に認識され，サイトカイニンの生合成を促進して，根粒の数が根全体として必要以上に増えすぎないように調節する働きをしている．

H. その他の短鎖翻訳後修飾ペプチド

PSY1（plant peptide containing sulfated tyrosine 1）は，網羅的な硫酸化ペプチドミクス解析によりシロイヌナズナ細胞培養液中に見出された18アミノ酸糖ペプチドである．PSY1には，1残基の硫酸化チロシン，2残基のヒドロキシプロリンが存在するが，ヒドロキシプロリン残基の一方にはさらに3残基のL-アラビノース糖鎖が付加するなど，複雑な構造をしている．シロイヌナズナの場合，*PSY1*遺伝子は3種類存在するが，いずれも分裂組織を含め植物体全体において比較的高いレベルで発現している．PSY1ペプチドを培養細胞に与えると，細胞増殖促進活性を示す．また，PSY1を過剰発現すると，細胞分裂と細胞伸長の両方が促進されることにより，植物体のサイズが大きくなる．

9.3.2　システインリッチペプチド

A. EPFファミリー

植物体の表皮にはクチクラ層があり，大気中への水分の発散を防いでいるが，水分の適度な蒸散や二酸化炭素などのガス交換のために気孔が存在する．気孔は一対の孔辺細胞に挟まれた間隙で，環境の変化に応じて開閉する．効率的なガス交換と水分調節のためには，適切な気孔の配置と密度も重要である．葉の表面で気孔は均一に分布していることが望ましいので，気孔形成過程では形成における側方抑制機構があると考えられていた．また，気孔の密度は発生プログラムにより制御されているが，水の量などの環境シグナルによっても調節されている．気孔の配置と密度は，それぞれ，2つのペプチドEPIDERMAL PATTERNING FACTOR1（EPF1）とEPF2によって制御されている．

a. EPF　*EPF1*は，150アミノ酸以下の分泌型ペプチドをコードする遺伝子群のなかから，過剰発現によって形態変化が引き起こされるものを探索する過程で見出されたペプチドホルモンである．*EPF1*を過剰発現すると気孔が減少し，*EPF1*欠損株では複数の気孔が隣り合って形成されてしまう．*EPF1*は8個のシステイン残基を含む104アミノ酸の分泌型ペプチドをコードしており，気孔（一対の孔辺細胞）になる前駆細胞で特異的に発現している．この前駆細胞は，不等分裂によって新しい前駆細胞を周囲に生み出すことができるが，EPF1はこの際の分裂パターンを制御し，前駆細胞が隣り合った位置にできるのを防いでいる（図9.6）．気孔が隣り合って形成されると，孔辺細胞どうしが同時に膨張しようとしても互いに押し合ってしまい開閉が適切に行えないため，EPF1による気孔分布パターンの制御は生理的に重要である．

EPF1との類似性から，EPFファミリーとして合計11個の遺伝子がシロイヌナズナゲノム中に見つかっている．その一つであるEPF2も気孔形成の抑制因子であるが，EPF1と比べ，より初期の発生段階で働いている．葉の原基は原表皮細胞群に覆われているが，この一部では，不等分裂により気孔前駆細胞が生み出される．EPF2は，このような気孔前駆細胞で発現し始め，周囲の原表皮細胞から新しい気孔前駆細胞ができるのを抑制する（図9.6）．*EPF2*欠損株では，表皮組織での気孔前駆細胞が増加する結果，気孔密度が増加する．*EPF1*欠損株とは異なり，気孔が隣接して形成されることはない．EPF2の発現量は大気中の二酸化炭素濃度の上昇によって増加するが，これによって気孔密度が低下するため，

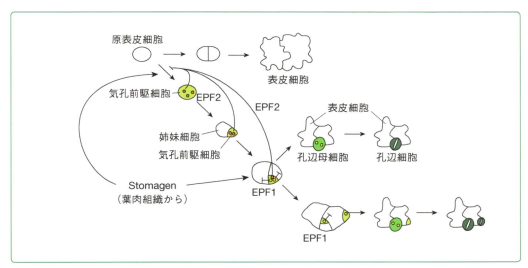

図9.6 葉の気孔系譜におけるEPFファミリーの働き
葉の表皮における気孔分布は，気孔系譜におけるEPFファミリーを介した2段階の細胞運命制御によって調節される．EPF2は，原表皮細胞が気孔前駆細胞になる最初の段階を抑制し，表皮組織全体での気孔密度を減少させる．前駆細胞は，その成熟過程において細胞分裂を繰り返して新しい前駆細胞を生み出すが，EPF1は，この段階を抑制することで，複数の前駆細胞が隣り合って形成されるのを防ぐ．Stomagenは，葉の内部にある葉肉組織から分泌され，EPF1/2とは拮抗的に，気孔を増やすよう働く．

環境に応答して気孔密度を適切に変動させる役割も担っていると考えられている．

遺伝学的な解析により，EPF1やEPF2が機能するためには，LRR型受容体様タンパク質であるTMM（TOO MANY MOUTHS）とLRR-RKであるERECTA（ER）やそのホモログERL1およびERL2が必要であることが明らかになっている．生化学的には，EPF1，EPF2がともにER，ERL1と結合することが示されているが，TMMとの結合親和性はEPF2で強く，EPF1では弱い．ERファミリーおよびTMMは複合体を形成するため，TMMがリガンド認識の特異性に寄与している可能性がある．ERファミリーの3遺伝子は，いずれも気孔系列の細胞群で発現し冗長的に働くが，発現時期は少しずつ異なっている．ドミナントネガティブ型の受容体を用いた実験により，EPF2－ERおよびEPF1－ERL1の2種類のリガンド―受容体ペアが，気孔系列の初期および後期の2つの段階において，それぞれ主要な役割を担うことが明らかになっている．

b. Stomagen　Stomagenは，気孔形成を促進する因子として，シロイヌナズナの遺伝子発現データベースを用いた気孔分化関連遺伝子群との共発現遺伝子解析や，分泌型ペプチド遺伝子群の網羅的な過剰発現スクリーニングによって同定されたペプチドである．Stomagenは6個のシステイン残基を含む45アミノ酸システインリッチペプチドであり，102アミノ酸前駆体ペプチドから分子内ジスルフィド結合の形成とプロセシングを経て生成する．このペプチドは，主として未熟な葉の葉肉細胞で発現しており，細胞外に分泌された後に，隣接する表皮細胞に作用して，気孔分化を引き起こす．

*STOMAGEN*遺伝子の過剰発現株では，気孔密度が増加するとともに，複数の気孔がかたまり状に形成される．これは，EPF2，EPF1双方と相反する活性である．化学合成した

Stomagenペプチドも300 nM程度の濃度で活性を示すが，逆に*STOMAGEN*遺伝子の発現抑制株では，気孔密度が顕著に減少する．

*STOMAGEN*の機能には，ERファミリーおよびTMMの受容体遺伝子が必要である．生化学的にもStomagenとこれらの受容体との結合が示されている．1) Stomagen－ERは，EPF2－ERの結合と同程度の親和性を示す，2) この2つは競合的である，3) EPF2がERシグナル下流のMAPKカスケードを活性化するのに対してStomagenは活性化しない，という3点から，StomagenはEPF2－ERに対するアンタゴニストであることが明らかとなった（図9.6）．

StomagenのNMR構造解析により，このペプチドは3つのジスルフィド結合により安定化されたコア領域とペプチド中央部の14アミノ酸に由来するループ領域に分けられることが明らかとなった．また，EPF2についてのNMR構造解析から，EPF2もStomagenと同様の構造を持つこと，ループ領域にはもう一つのジスルフィド結合が存在することがわかった．他のEPFファミリーを含め，コア領域の配列は保存されているのに対し，ループ領域は可変であることから，この部分がペプチドの特異性を決めていると考えられた．このことは，ループ領域とコア領域足場をスワップしたキメラペプチドを用いた実験によって確かめられている．

c. EPFL4/6 *ER*遺伝子の欠損変異は，シロイヌナズナの形態に多面的な影響を及ぼすが，その一つに茎の長さが短くなるという表現型がある．*ER*は茎の細胞数を増加させ，茎を伸ばす働きを持つが，これは気孔でのERシグナルとは異なり，維管束篩部でのERの活性によっている．この時のリガンド候補としてEPFファミリーの遺伝子が解析された結果，*EPFL4*（*EPF LIKE 4*）と*EPFL6*が見出された．EPFL4とEPFL6はともに内皮でつくられ，篩部で発現するERに結合して機能することから，内皮と篩部という2つの組織がペプチドホルモンを介して情報伝達を行うことが明らかとなった．この組織間コミュニケーションは，茎の成長だけでなく，維管束前形成層の維持にも寄与している．

B. LURE

被子植物では，花粉が柱頭乳頭細胞で発芽した後，花粉管が雌ずい組織内を胚嚢に向けて伸長し，受精が行われる．伸長した花粉管が正しく胚嚢へ到達するためには，花粉管の伸長方向を決定する何らかのガイダンス機構が必要である．このガイダンス機構には複数のステップがあると考えられているが，レーザーを用いた細胞破壊実験から，胚嚢内部の卵細胞の隣にある助細胞が分泌する因子が，花粉管ガイダンスの最終段階を制御している可能性が示されていた．そこで胚珠の観察のしやすいトレニアから助細胞のみを取り出し，助細胞で特異的に強く発現している遺伝子の探索が行われた結果，6個のシステイン残基を含む83アミノ酸および93アミノ酸の分泌型ペプチドをコードする遺伝子群が見出された．これらの合成ポリペプチドに顕著な花粉管誘引活性が認められ（図9.7），また遺伝子発現阻害により胚嚢の花粉管誘引活性が低下したことから，花粉管誘引物質の本体であると結論づけられ，LURE1およびLURE2と命名された．

LUREはdefensin-likeスーパーファミリーに属する分泌型ペプチドであり，被子植物に

おいてはこのファミリーの遺伝子はコピー数が多く，進化速度が速いことが知られている．実際，同じトレニア属でも種が異なると数個のアミノ酸に置換が見られ，それぞれの種の花粉管は，同種のLUREペプチドにより強く誘引される傾向を示す．シロイヌナズナにも機能的に重複した5つのAtLUREペプチドが見出されているが，システイン残基を6個持っている以外にはトレニアのものと配列類似性はほとんどない．このようなLURE配列の種間多様性が花粉管ガイダンスの種特異性を規定している可能性が高い．

シロイヌナズナでは，MALE DISCOVERER 1（MDIS1）およびMDIS2，MDIS1-INTERACTING RLK 1（MIK1）およびMIK2，POLLEN-SPECIFIC RECEPTOR-LIKE KINASE 6（PRK6）など，多数のLRR-RKが，LUREペプチドの受容に関与していると報告されているが，それぞれの役割については今後の解析を待つ必要がある．また，細胞膜の内膜にアンカーされる受容体様細胞質タンパク質キナーゼであるLOST IN POLLEN TUBE GUIDANCE（LIP）1とLIP2がともに欠損するとその花粉管はAtLUREペプチドに誘引されなくなることが報告されている．LIP1/2は細胞外ドメインを持たないため，LUREと直接結合する受容体ではないが，受容体複合体の一員かLURE受容後の情報伝達経路で機能する分子であると考えられている．

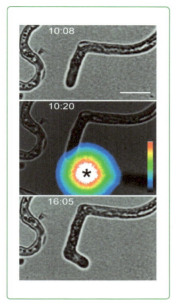

図9.7 ガラス針から射出されたLURE2（＊）に向かって誘引される花粉管

数字は分：秒を，スケールバーは20 μmを示す．［提供：名古屋大学トランスフォーマティブ生命分子研究所 東山哲也教授］

C. RALF

トマト懸濁培養細胞に傷害ストレスを与えたトマト細胞を添加すると，培地のpHが上昇（アルカリ化）することが知られている．このことは，傷害細胞に由来する何らかのシグナルが，プロトンATPaseを介した細胞へのプロトン流入を促進することを意味しており，細胞の傷害応答と関連してその生理的意義に興味が持たれていた．このpH上昇を促進する分子が探索された結果，49アミノ酸分泌型ペプチドがタバコ葉抽出物中に見出され，rapid alkalinization factor（RALF）と命名された．RALFは，分泌型シグナル配列を持つ115アミノ酸ポリペプチドのC末端側領域に由来し，特徴的な4個のシステイン残基が分子内ジスルフィド結合を形成している．RALFの発現は根で強いが，RALFファミリーのペプチド群はシロイヌナズナに34種類も存在していた．またRALFファミリーは広く植物で保存されていることも明らかになった．

RALFを直接シロイヌナズナの芽生えに与えると，根毛形成や根の成長が著しく阻害される．しかし，機能的に重複した多数のホモログ群の存在によって欠損株の作製が困難であったことから，植物成長における生理機能は当初はわからなかった．突破口となったのは，RALF処理した植物体においてリン酸化レベルが上昇する膜タンパク質の網羅的解析

から，RALF受容体がFERONIAであることが示されたことである．FERONIAは，花粉管の伸長が卵細胞の付近でも止まらないシロイヌナズナの変異株の解析から同定された受容体キナーゼであるが，その欠損株ではRALF依存的な根の成長抑制が起こらない．詳細な解析の結果，RALFおよびFERONIAは根の基部側において発現しており，根の細胞膜に存在するプロトンポンプの機能を阻害することで，成熟した細胞の伸長を抑制する働きをしていることが明らかになった．実際，FERONIA欠損株では細胞膜プロトンポンプの活性が上昇しており，根の伸長が促進される青色光下では野生株よりも根が長くなる表現型を示す．

D. その他のシステインリッチペプチド

顕花植物の重複受精では，2つの精細胞のうち1つが卵細胞と，もう1つが中央細胞と融合して，前者は胚，後者は胚乳になる．EGG CELL 1（EC1）は，卵細胞特異的な発現を示す遺伝子の解析のなかで見出されたシステインリッチペプチドであり，多精受精を防ぎつつ細胞融合を行う過程に必要である．EC1は卵細胞の貯蔵小胞中に蓄積されており，精細胞が卵細胞に接近すると外に放出されて精細胞を活性化し，精細胞の表面への膜融合誘起タンパク質を誘導する．こうして活性化された精細胞だけが卵細胞と融合するので，それ以上の多精受精は回避される．

TAPETUM DETERMINANT 1（TPD1）は，葯形成初期に小胞子とタペート組織で発現するシステインリッチペプチドである．タペート組織は葯内で形成中の小胞子（花粉）外側に位置し，花粉への栄養や原料の供給に重要な役割を果たすことが知られている．TPD1欠損株ではタペートが欠損し，花粉粒の形成が見られない．LRR-RKであるEXCESS MICROSPOROCYTES1/EXTRA SPOROGENOUS CELLS（EMS1/EXS）の欠損株も同様の表現型を示し，TPD1とEMS1の細胞外領域は直接相互作用することから，TPD1はEMS1により受容され，花粉形成の初期過程に関わると考えられている．

第10章 フロリゲン
Florigen

10.1 フロリゲンとは

　被子植物（以下，植物とする）にとって，花芽形成を適切な時期に行うことは，有性生殖による繁殖のためにきわめて重要である．そのため，花芽形成の開始（花成という）は，日長や温度といった季節の進行の手がかりとなる外的な環境要因や，植物の齢や大きさなどを反映した内的な要因などによる調節を受ける．そうした要因のなかで，特に重要なのが日長（実際には，夜の長さ）である．日長によって花成のタイミングが決定されている植物は多く，昼の長さがある長さより短い（したがって，夜の長さがある長さより長い）場合に花成が促進される短日植物，昼の長さがある長さより長い（したがって，夜の長さがある長さより短い）場合に花成が促進される長日植物などがある（**図10.1**）．

　フロリゲンは，日長の変化を感じた葉でつくられ，篩管を通って茎頂まで運ばれて，茎頂で花芽の形成を引き起こす「花成ホルモン」として，1934〜1937年にかけて複数の研究者により独立に提唱された．「フロリゲン（florigen）」という名称は，チャイラヒャン

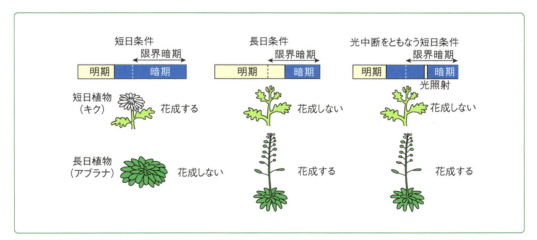

図10.1 日長に応答した花成の調節
短日植物（キク，オナモミ，アサガオ，イネなど）では，暗期（夜）がある長さ（限界暗期という．図中の点線）より長い場合に花成が促進される．暗期の長さが限界暗期より短い場合には，花成は起こらないか大幅に遅れる．明期（昼）の長さに着目すると，花成が促進されるのは，明期がある長さより短い場合（短日条件）であり，このため「短日植物」と呼ばれる．一方，長日植物（アブラナ，シロイヌナズナ，ムギ類，ホウレンソウなど）では，暗期が限界暗期より短い場合に花成が促進される．暗期の長さが限界暗期より長い場合には，花成は起こらないか大幅に遅れる．したがって，花成が促進されるのは，明期がある長さより長い場合（長日条件）であり，このため「長日植物」と呼ばれる．短日条件の暗期のなかほどに短い光照射（光中断）を挿入した場合の応答によって，暗期の長さが重要であることがわかる．短日植物では，花成が促進されず，長日植物では花成が促進される．短日植物，長日植物の他に，暗期の長さとは無関係に花成が促進される，中性植物（トマトやトウモロコシなど）がある．

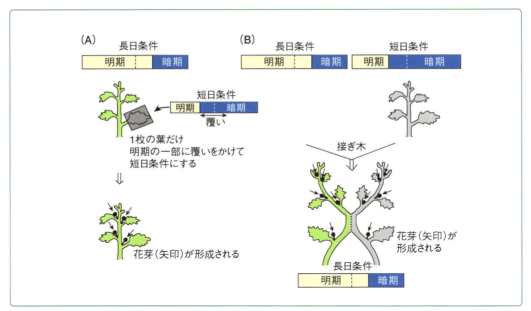

図10.2 フロリゲンの存在を示す実験
(A) 葉で花成を促す物質（フロリゲン）がつくられることを示唆する実験．短日植物のオナモミでは，1枚の葉だけに長い暗期（短日条件）を与えることで，植物体全体は長日条件におかれていても，花成が起こり，花芽が形成される．このことは，短日条件におかれた葉でなんらかの物質がつくられ，それが離れた場所にある茎頂（オナモミの場合には葉の付け根にある腋芽）に働きかけて花成を促すことを示唆する．(B) フロリゲンが接ぎ木面を通して伝達されることを示す実験．短日条件で育てられ，花成が促されたオナモミ（右）と長日条件で育てられ，そのままでは花成が起こらないオナモミ（左）を，それぞれの茎の半ばで茎の断面が接するようにX字型に接ぎ木する．こうして得られた接ぎ木全体を長日条件で育てると，どちらの植物に由来する枝においても花成が起こり，花芽が形成される．

(M. Kh. Chailakhyan) により命名された．さまざまな植物を用いた生理学実験（**図10.2A, B**）に基づいて，「フロリゲン」の要件は，以下の5つにまとめることができる．1) 適当な日長にさらされた葉で合成される，2) 篩管を通って茎頂に輸送される，3) 茎頂で花芽形成を引き起こす，4) 植物種を超えて共通である，5) 接ぎ木面を介して台木から接ぎ穂（あるいはその逆）への伝達が可能である．

接ぎ木実験（図10.2B）を中心に，「フロリゲン」の性質はさまざまな角度から研究されてきたが，提唱後70年以上にわたってその実体は不明のままであった．2005年にシロイヌナズナ（長日植物）の *FLOWERING LOCUS T*（*FT*）と名づけられた遺伝子の産物（タンパク質あるいはmRNA）が「フロリゲン」の実体であることが提唱され，2007年にはシロイヌナズナの *FT* 遺伝子の産物であるFTタンパク質とイネ（短日植物）におけるFT相同タンパク質であるHeading date 3a (Hd3a) タンパク質が，それぞれ葉から茎頂に輸送されることを示す結果が報告された．さらに，2008年には，接ぎ穂において発現が誘導されたFTタンパク質が24〜48時間以内に台木の茎頂で検出されるようになることが示された．カボチャ類のFT相同タンパク質であるFT-like (FTL) タンパク質，シロイヌナズナのFTタンパク質は，実際に篩管内から検出されている．こうしたことから，FTタンパク質（以下，シロイヌナズナのFTタンパク質および他の植物種のFTに相当するタンパク質を総称してFTタンパク質と呼ぶ）が「フロリゲン」の実体であることが確かになった．

10.2 FTタンパク質

　FTタンパク質は170〜180アミノ酸残基からなる約20 kDaの水溶性タンパク質で，哺乳類の脳から最初に発見されたホスファチジルエタノールアミン結合タンパク質（phosphatidylethanolamine binding protein, PEBP）ファミリーに属する．PEBPファミリーのタンパク質は，原核生物から真核生物まで広く存在し，立体構造がよく保存されている．哺乳類のPEBPは脂質結合性を持つが，シロイヌナズナのFTタンパク質がホスファチジルコリン結合性を持ち，それが花成促進能に関わることが示されている．哺乳類のPEBPには，Rafキナーゼ阻害タンパク質（Raf-1 kinase inhibitor protein, RKIP）としての活性をはじめ，セリンプロテアーゼ阻害活性などいくつかの生化学的活性が報告されている．また，ヒトの海馬で産生される神経ペプチド（hippocampal cholinergic neurostimulating peptide, HCNP）の前駆体タンパク質であることも知られている．植物のPEBPファミリーのタンパク質では，哺乳類のPEBPで報告されているような生化学的活性は知られていない．

　植物は，種によって数種類から二十数種類（シロイヌナズナで6個，ブラックコットンウッド *Populus trichocarpa* で6個，イネで19個，トウモロコシで25個）のPEBPファミリーのタンパク質を持ち，それらは大きく分けて3つ（FT，TFL1，MFT）のサブファミリーに分類される．これらのうち，花成に促進的に働き，フロリゲンとしての活性を持つのはFTサブファミリーのタンパク質である．これに対して，TFL1サブファミリーのタンパク質のうち，シロイヌナズナのTERMINAL FLOWER 1（TFL1）やエンドウのLATE FLOWERING（LF），キクのanti-florigenic FT/TFL1 family protein（AFT）などは，花成に抑制的に働くことが知られている（10.7節参照）．一般に年一回の花成を行うバラやイチゴのなかに，四季咲き性といわれて一年のかなりの期間花を咲かせる品種がある．バラとイチゴの四季咲き性の原因としてTFL1サブファミリーの遺伝子の機能欠損が知られている．MFTサブファミリーメンバーは少ないが，シロイヌナズナのMFTは発芽促進に関わることが知られている．

10.3 花成との関わり

　FTサブファミリーのタンパク質のうち，花成を促進する役割を持つことが実験的に示されているものには，シロイヌナズナのFTとTWIN SISTER OF FT（TSF），イネのHd3aとRICE FLOWERING LOCUS T 1（RFT1），トマト（中性植物）のSINGLE-FLOWER TRUSS（SFT），カボチャ類（短日植物）のFTL，オオムギとコムギ（いずれも長日植物）のVERNALIZATION 3（VRN3），雑種ヤマナラシ *Populus tremula x tremuloides*（長日植物）のPtFT1，テンサイ（長日植物）のBvFT2，キク（短日植物）のCsFTL3，ジャガイモ（短日植物）のStSP3D，タマネギのAcFT2などがある．

10.3.1 シロイヌナズナのFT，TSF

シロイヌナズナの*FT*遺伝子は，長日条件下においても花成が促進されない遅咲き変異体*ft*の解析から同定された遺伝子である．*FT*遺伝子の機能が完全に失われた変異体では，長日条件による花成の促進がみられない（花成そのものは起こる）．一方，*FT*遺伝子を過剰発現させた植物は，日長などの条件によらず顕著な早咲きとなる．これらから，*FT*遺伝子は，主に日長による制御のもとで働く強力な花成促進因子であると考えられる．*TSF*遺伝子は，*FT*遺伝子と最も高い相同性を持つ遺伝子であり，*FT*遺伝子と冗長的に花成を促進する．興味深いことに，*TSF*遺伝子は，花成に促進的ではない日長条件である短日条件でより大きな役割をもつようである．これらは，次に述べるイネの*Hd3a*遺伝子と*RFT1*遺伝子の関係と似ている．*ft tsf*二重変異体では，*ft*変異体よりも花成の時期は遅れるが，最終的には花成が起こる．したがって，シロイヌナズナにおいては2個しかない*FT*サブファミリーの遺伝子は花成に重要ではあるが，必要不可欠というわけではない．

10.3.2 イネのHd3a，RFT1

イネの*Hd3a*遺伝子は，日本イネの品種とインドイネの品種間で穂が出る時期（出穂時期）の違いを決める遺伝子の一つとして発見された遺伝子である．*RFT1*遺伝子は*Hd3a*遺伝子のすぐ隣に存在するきわめて相同性が高い遺伝子である．*Hd3a*遺伝子は主に短日条件において，*RFT1*遺伝子は主に長日条件において，それぞれ花成を促進することがわかっている．*Hd3a*と*RFT1*の発現をともに抑制した系統では，短日条件下で300日を経ても出穂がみられないことから，イネに13個ある*FT*サブファミリーの遺伝子のなかで，この2つの遺伝子は短日条件における花成に必要不可欠であると考えられている．

10.4 発現の制御

FTタンパク質をコードする遺伝子の発現制御については，フロリゲンとしての働きを考えるうえで重要な日長に応答した制御の機構を含めて，シロイヌナズナとイネを中心に研究が進んでいる（**図10.3A**）．他の植物種では，オオムギや雑種ヤマナラシなどにおいて日長に応答した制御の機構が，コムギ，オオムギ，テンサイで春化［長期間の低温（＝冬）の経験］による制御の機構が，それぞれ研究されており，日長に応答した制御の場合には，制御経路を構成する主要因子としてGIGANTEA（GI）とCONSTANS（CO）が保存されていることがわかっている（GI-CO-FTモジュール，図10.3B）．COタンパク質は*FT*遺伝子と*TSF*遺伝子の発現を制御するタンパク質である．2つのBボックスとCCTドメインと呼ばれるモチーフを持つ転写制御因子である．GIタンパク質は，後述するように*CO*遺伝子の転写を制御するタンパク質の分解の調節に関わる．一方，春化による制御においては，シロイヌナズナ，ムギ類，テンサイでは主要な制御因子がまったく異なっている（図10.3C）．以下では，まずシロイヌナズナのFTについて述べ，イネのHd3aについて補足する．

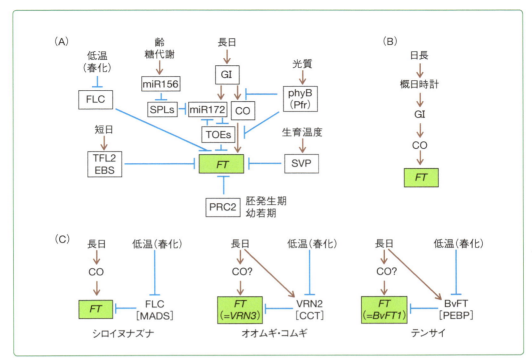

図10.3　FT遺伝子の発現制御の概略
(A) シロイヌナズナにおける主要な発現制御経路．(B) シロイヌナズナ，イネ，雑種ヤマナラシ，オオムギなどで保存されている日長による発現制御経路の構成因子とシグナルの伝達順序．(C) シロイヌナズナ，ムギ類，テンサイにおける春化（長期間の低温）による発現制御経路．

10.4.1　シロイヌナズナのFT

A. 胚発生期から幼若期における発現抑制

　シロイヌナズナを含めた植物は，一般に，胚発生の過程と発芽後まもない若い芽生えの時期（幼若期）には，たとえ花成に促進的な日長条件下にあっても花成することはない．これは植物体が未熟なうちに花成しないための機構があるからである．この機構によって抑制されるものの一つが*FT*遺伝子である．幼若期の芽生えにおいては，Polycomb repressive complex 2（PRC2）複合体によって，*FT*遺伝子のクロマチンを構成するヒストンH3の27番目のリジン残基がトリメチル化されており，これにより発現が強く抑制されている（図10.3A）．

　一方，花成に促進的でない短日条件下の芽生えにおいても，動物のheterochromatin protein 1（HP1）に対応するTERMINAL FLOWER 2（TFL2）/LIKE HETEROCHROMATIN PROTEIN 1（LHP1）などによって，*FT*遺伝子の発現はクロマチンの状態を介して抑制されている（図10.3A）．

B. 秋に発芽した芽生えにおける発現抑制と冬の経過による抑制解除

　秋に発芽したシロイヌナズナの芽生えは，日長が十分に長い場合でも花成することはなく，芽生えのままで越冬し，冬が終わった早春から春の日長に応答して花成する．シロイ

ヌナズナの系統のなかには，長日条件に応答して花成するためにはあらかじめ長期間にわたる低温を経験することが必要な系統が多数知られている．長期間にわたる低温の経験は，冬を経験することに相当し「春化」と呼ばれる．長日条件に応答して花成するために春化を必要とする性質（春化要求性）は，ムギ類（オオムギ・コムギ・ライムギなど）の秋播き性の品種で古くから知られていた性質である．

シロイヌナズナの春化要求性系統は，MADSボックス転写因子をコードする花成抑制遺伝子 *FLOWERING LOCUS C*（*FLC*）とその発現促進に関わる *FRIGIDA*（*FRI*）遺伝子がともに機能を保持しており，実験室系統を含む春化要求性のない系統では，*FLC* 遺伝子と *FRI* 遺伝子の一方もしくは両方の機能が失われている．春化は，長期間の低温を経験する過程で *FLC* 遺伝子の発現が抑制され，FLCタンパク質による花成抑制が解除されることで，これに続く長日条件に応答した花成促進を可能にする（図10.3C）．花成の抑制におけるFLCタンパク質の主要な制御標的の一つが *FT* 遺伝子である．FLCタンパク質は，*FT* 遺伝子の第一イントロンにある特定の塩基配列（CArGボックス）に結合することで，*FT* 遺伝子の発現を抑制し，CONSTANS（CO）タンパク質による *FT* 遺伝子の転写活性化（次項Cを参照）を妨げる．

オオムギ・コムギの秋播き性の品種の場合にも，春化により発現抑制が解除される主要な標的の一つは *FT* 相同遺伝子（*VRN3* 遺伝子）である．しかし，*VRN3* 遺伝子の発現を抑制するVRN2タンパク質はCCTドメインを持つタンパク質で，FLCタンパク質（MADSボックスタンパク質）とはまったく異なるタンパク質である．テンサイでは2つあるFTサブファミリーのタンパク質の1つBvFT1（10.6節参照）が，花成を促進する *BvFT2* 遺伝子の発現抑制に関わっている（図10.3C）．

C. 日長に応答した発現制御

幼若期が過ぎ，越冬を終えたシロイヌナズナは，早春から春の長くなっていく日長に応答して *FT* 遺伝子を発現し，花成する．長日条件下において *FT* 遺伝子の転写が活性化される機構の要点は，これに関わる転写因子COタンパク質の活性の調節にある．短日条件ではCOタンパク質の活性はほとんどないのに対して，長日条件では一日のうち夕方から宵の限られた時間帯に高い活性がみられる（**図10.4**下から2段目）．この違いは，概日時計を介して調節される *CO* 遺伝子のmRNA量の変動パターンが，一日のうちの明暗（昼夜）とどのような関係にあるかによってもたらされる．細胞内に蓄積したmRNAからCOタンパク質が翻訳される時期が暗期（夜）にあたる場合，COタンパク質は分解されて活性を持たない．これに対して，明期（昼）と重なる場合には分解を免れ活性を持つことになる．これは符合モデル（coincidence model，**図10.5**）と呼ばれる機構による．以下でもう少し詳しくみてみよう．

長日条件下の植物では，*CO* 遺伝子の転写は，明期の前半はCYCLING DOF FACTOR 1（CDF1）タンパク質によって抑制されている．ところが，明期の後半になると，GIタンパク質と青色光受容体であるFLAVIN-BINDING，KELCH REPEAT，AND F-BOX 1（FKF1）タンパク質の働きによりCDF1タンパク質が分解される．CDF1タンパク質の分

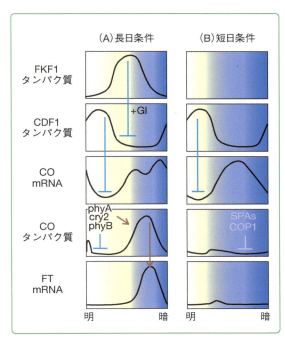

図10.4 シロイヌナズナにおける日長の判別機構
矢印は，転写の活性化あるいはタンパク質の安定化を，下向きのT字バーは，転写の抑制あるいはタンパク質の分解などを表す．本文中では言及していないが，COタンパク質の分解や安定化には，フィトクロム（phyA, phyB）やクリプトクロム（cry2）のような光受容体や情報伝達因子（SPAs）やタンパク質分解系の因子（COP1）などが関わる．

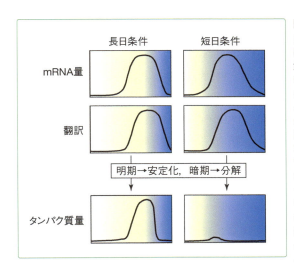

図10.5 日長判別における符合モデル
日長のような外部環境は概日時計の働きを調節し，概日時計の働きにより多くの遺伝子の転写の日周リズムが調節される．ある遺伝子（CO遺伝子をもとにしているが，説明の便のために，以下では状況を大幅に簡略化している）の機能発現（タンパク質の活性）を介した，符合モデルによる日長判別のしくみを説明する．上段にその遺伝子のmRNA量の変動パターンを示す．長日条件では夕方に，短日条件では夜にmRNA量のピークがあるとする．中段にはmRNAから翻訳されるタンパク質の量を示す．ここで，このタンパク質は，光がある条件（明期）では分解を免れ安定化され，光がない条件（暗期）には分解されるという性質を持つとする．「符合モデル」（この例は，外的符合モデル）では，概日時計の働きによって調節される細胞内の過程（この場合には，ある遺伝子の転写と翻訳）と外部環境条件（この場合には，明か暗か）がどのように対応するかによって，その結果生じる状態が決定されると仮定する．この場合には，長日条件では一日における翻訳の時期が明期と符合するので，翻訳されたタンパク質の安定化が起こり，短日条件では暗期と符合するため分解が起こることになる（下段）．これにより，長日条件と短日条件は，このタンパク質の活性の有無によって判別されることになる．

解によって抑制が解かれることで，*CO*遺伝子の転写が起こる．こうして明期の終わりに転写・翻訳されたCOタンパク質によって，*FT*遺伝子の転写が活性化される．*CO*遺伝子の転写は暗期の間も継続して起こるが，翻訳されたCOタンパク質は，暗期中はプロテアソームによって分解されるため，細胞中に蓄積することはない．このため，COタンパク質による*FT*遺伝子の転写は，夕方から宵の時間帯に限定されることになる（図10.4A）．これに対し，短日条件下では，*CO*遺伝子の転写は明期（昼）の間には起こらず，一日を通してCOタンパク質は細胞内に蓄積することはない．このため，*FT*遺伝子は発現しないこ

とになる（図10.4B）．以上の他にも，GIタンパク質とFKF1タンパク質によるCOタンパク質を介さない*FT*遺伝子の転写制御が知られるなど，日長判別の機構は実際にはかなり複雑である．

D. 生育温度による発現制御

多くの植物では，冬の長期間の低温とともに，冬が去った後の生育温度も花成を調節する環境要因の一つであるが，その機構は，長期間の低温による調節機構に比べて理解が遅れている．シロイヌナズナでは，生育温度による花成の調節にMADSボックス転写因子をコードする*SHORT VEGETATIVE PHASE*（*SVP*）遺伝子が関わることが知られている．SVPタンパク質は，低めの生育温度（たとえば16℃）において*FT*遺伝子の発現を抑制することで花成を遅らせると考えられている（図10.3A）．

E. 光質による発現制御

成長に光を必要とすることから，植物は光合成のための光をめぐって競合する．他の植物の陰（緑陰）にある植物が受ける光は，赤色の波長域（R）の割合が遠赤色の波長域（FR）の割合に比べて小さくなる（低いR/FR比）．これは，赤色の波長域が葉の光合成色素（クロロフィル）によく吸収されるのに対し，遠赤色の波長域があまり吸収されないことによる．植物は主にフィトクロムB（phyB）を用いて光の質を感知し，他の植物の陰にあって（低いR/FR比）十分な光合成が期待できない場合には，茎の伸長などによって緑陰を回避する避陰反応を起こす．花成の促進は，究極的な避陰反応であり，花を咲かせ，種子をつくることで，上を覆っている他の植物がなくなる時期が到来するのを待つことを可能とする．避陰反応における花成の促進は*FT*遺伝子の転写促進によることが知られている．低いR/FR比の光条件下では，phyB（P_{FR}型）からのシグナル伝達が低下し，GI-CO-FTモジュールの働きが部分的に変化することで*FT*遺伝子の転写が促進されると考えられている（図10.3A）．

F. 齢と糖代謝による発現制御

A項で見た幼若期の植物における発現抑制とは別に，個体の齢に依存した発現経路が存在することが明らかになっている．この経路には，2種類のマイクロRNA（miRNA），複数のSQUAMOSA PROMOTER BINDING PROTEIN-LIKE（SPL）転写因子とTARGET OF EAT（TOE）転写因子が関わる．トレハロース-6-リン酸を介した糖代謝による発現制御も同じ経路による（図10.3A）．

10.4.2 イネのHd3a，RFT1

イネの*Hd3a*および*RFT1*遺伝子の場合も，葉の維管束（篩部と木部の柔組織）で発現することが報告されている．イネ（短日植物）とシロイヌナズナ（長日植物）は日長に対する応答は正反対であるが，日長に応答した発現に関わる主要な制御経路の構成因子とその序列（図10.3B）はよく保存されている．シロイヌナズナでは長日条件下で蓄積したCO

タンパク質が*FT*遺伝子を活性化するのに対し，短日植物であるイネでは，COタンパク質にあたるHeading date1（Hd1）タンパク質が*Hd3a*と*RFT1*遺伝子の発現を抑制しているのに加えて，シロイヌナズナには対応する遺伝子（オルソログ）が存在しないいくつかの遺伝子が，日長に応答した*Hd3a*と*RFT1*遺伝子の発現制御に重要な役割を担うことがわかっている．

イネを含む短日植物では，花成を促進する長い暗期（夜）のなかほどに短時間の光照射を加えることで，花成促進効果が完全に失われる現象が古くから知られており，光中断と呼ばれている（図10.1右）．phyBが光中断に関わる光受容体である．イネでは，光中断により，phyBの働きを介して*Hd3a*遺伝子の転写が抑制されることが明らかになっている．

10.5 長距離輸送とその調節

まず，輸送される実体がタンパク質であること，mRNAは輸送形態としては重要でないことが示されている．FTタンパク質が篩管液中に存在することは，カボチャ類やアブラナなどで確認されており，シロイヌナズナでも最近になって示された．FTタンパク質の輸送は，1）葉における篩部伴細胞から篩管要素への積み込み（uploading），2）篩管内の輸送，3）茎頂下部における篩管要素から篩部伴細胞への積み下ろし（unloading），4）茎頂における細胞間移行（cell-cell movement）といった素過程を経ると考えられる．主に1）に関わる制御因子としてFT-INTERACTING PROTEIN1（FTIP1）タンパク質が，主に2）に関わる因子としてSODIUM POTASSIUM ROOT DEFECTIVE1（NaKR1）タンパク質が，それぞれ報告されている．興味深いことに，COタンパク質とともに維管束篩部特異的に*FT*遺伝子の転写を活性化する転写因子として最近になって報告されたFEタンパク質は，フロリゲン遺伝子（*FT*遺伝子）とともにフロリゲンの輸送因子遺伝子である*FTIP1*遺伝子の転写も促進することが示されている．

フロリゲンの作用が，接ぎ木面を介して台木から接ぎ穂（あるいはその逆）に伝達されることは古くから知られていたが（図10.2B），FTタンパク質が接ぎ木面を介して台木から接ぎ穂（あるいはその逆）に輸送されて花成を促進できることは実験的に確認されている．

10.6 フロリゲンの受容および情報伝達

シロイヌナズナの*FT*遺伝子は（本来の発現場所である篩部組織では発現させずに）茎頂のみで発現させた場合にも花成を促進できること，逆に茎頂のみでFTタンパク質の機能を阻害した場合には花成が遅れることから，FTタンパク質の機能が実際に必要とされるのは茎頂であることが示された．そして，茎頂のみで発現して，FTタンパク質とともに花成を促進するタンパク質として同定されたのが，bZIP転写因子FDタンパク質である．これらの知見が，葉の維管束篩部でつくられたFTタンパク質は，その作用のために茎頂に輸送される（つまり，FTタンパク質がフロリゲンである）と考えられる発端となった．

FTタンパク質とFDタンパク質は核内で複合体を形成することが示唆された．その後，

イネにおいて，Hd3aタンパク質（FTタンパク質にあたる）は，14-3-3タンパク質を介してOsFD1タンパク質（FDタンパク質にあたる）と三者複合体を形成することが示され，この複合体（フロリゲン複合体）の立体構造が決定された（図10.6）．フロリゲン複合体の形成にはFDのリン酸化が必要であり，リン酸化に関わるカルシウム依存キナーゼがシロイヌナズナで同定されている．FDタンパク質は標的DNA配列に結合し，花芽形成の初期段階に関わる花芽分裂組織遺伝子 *APETALA1*（*AP1*）や，*AP1*遺伝子や *CAULIFLOWER*（*CAL*）遺伝子とともに花芽形成に関わる *FRUITFULL*（*FUL*）遺伝子といった遺伝子の発現を誘導する．

さて，PEBPのうち，TFLサブファミリーに属するタンパク質は，FTサブファミリーとは逆に花成を抑制する．よく似たタンパク質がどうして逆の作用を持つのだろうか．FTの85番目のチロシンはTFLではヒスチジンに対応する．このチロシンをヒスチジンに置換したFTは花成抑制機能を持つことが示されている．また，FTサブファミリーでよく保存されている外縁ループ内のセグメントB（図10.6）の部分はTFLサブファミリーでは配列が大きく異なっている．この部分のみをTFLの配列に置換してもやはり花成を促進する機能が抑制する機能に逆転する．なお，これらの残基と領域はフロリゲン複合体形成には関わらない．テンサイでは，興味深いことに，2つあるFTサブファミリータンパク質の1つBvFT1が花成抑制機能を持つことが示されており，それがセグメントB内の3つのアミノ酸残基の置換によることが示唆されている．これらのことから，FTのチロシン85とセグメントBが転写活性化因子をフロリゲン複合体形成にリクルートするのではないかと考えられている．

茎頂におけるFTタンパク質の制御標的として重要なのが，*SUPPRESSOR OF OVEREXPRESSION OF CO 1*（*SOC1*）遺伝子である．*SOC1*遺伝子は，シロイヌナズナを短日条件から長日条件に移した際に，日長の延長開始から8時間後には茎頂で発現の誘導が確認され，茎頂において最も早く応答する遺伝子であることが知られている．この応答は茎頂に到達したFTタンパク質に依存することが確かめられている．SOC1タンパク質はMADSボックス転写因子であり，花芽の形態形成のマスター制御遺伝子 *LEAFY*（*LFY*）

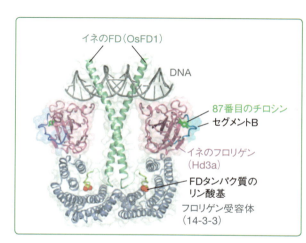

図10.6 フロリゲン複合体の立体構造
Hd3aタンパク質（シロイヌナズナのFTにあたるフロリゲン）は14-3-3タンパク質（この図では「フロリゲン受容体」とされている）と結合する．一方，14-3-3タンパク質はOsFD1タンパク質（シロイヌナズナのFDにあたる）のC末端領域のリン酸化に依存してOsFD1タンパク質（この図ではC末端領域を含む分子の一部のみが示されている）と結合する．これにより，Hd3a/14-3-3/OsFD1（シロイヌナズナではFT/14-3-3/FD）という三者複合体（フロリゲン複合体）が形成される．FTタンパク質の85番目（Hd3aでは87番目）のチロシンと外縁ループのセグメントBは，フロリゲン複合体上では外側に面しており，転写活性化因子などのリクルートに関わると考えられている．[Trends in Plant Science May 2013, Vol. 18, No. 5, 287より一部改変]

の転写を促進する．LFYタンパク質も転写因子であり，FTおよびFDタンパク質とともにAP1遺伝子の転写を活性化する

10.7 アンチフロリゲン，そして花成以外の発生・生理現象の調節

　短日植物であるキクでは，短日条件で合成されて花成を促進する移動性のフロリゲンだけではなく，長日条件で合成されて花成を阻害する移動性のアンチフロリゲンの存在が示唆されていた．最近，キクのフロリゲンとしてFTサブファミリーのCsFT3，アンチフロリゲンとしてTFL1サブファミリーのBFTクレードに属するCsAFTが同定された．茎頂で花成を抑制する機能を持つシロイヌナズナのTFL1が茎頂で発現するのに対して，AFTは葉で合成されて茎頂に移動するという違いがある．

　被子植物においてFTタンパク質が制御しているのは，花成だけではないことが明らかになってきた．シロイヌナズナのFT，TSFは，腋芽の花成と側枝の伸長の促進にも，イネのHd3aは腋芽の分化（分げつ）の促進にも，それぞれ関わることが示されている．栽培種のジャガイモの花成においては日長は重要な環境要因ではないが，ジャガイモのFTタンパク質であるStSP3Dが花成に促進的に働くことが知られている．野生種のジャガイモは短日条件で塊茎（いも）を形成する．短日条件では，FTに似たタンパク質であるStSP6Aが葉で合成され，これが（おそらく）地下茎の茎頂に運ばれて茎頂下部の肥大化を引き起こして塊茎形成を促すチューベリゲンとして働くのである．タマネギにおいては，発芽後1年目に長日に応答して鱗茎を形成し，冬を経験することで2年目に花成が起きる．AcFT1は長日条件で合成されて鱗茎形成を促進する一方，AcFT2は春化を経て合成が誘導されて花成を引き起こす．テンサイでも同様に，2つあるFTタンパク質の1つ（BvFT1）が生育1年目の栄養成長の維持に関わり，春化によるBvFT1の発現抑制を経て，もうひとつ（BvFT2）の発現が促され花成を引き起こす（10.4.1項Cと10.6節）．

　雑種ヤマナラシ（木本植物）では，芽の休眠の調節に，日長に応答してCOタンパク質によって発現が制御されるFTサブファミリーの遺伝子が関わっていることが明らかになっている．裸子植物（ドイツトウヒ）においても芽の休眠の調節にFTサブファミリーの遺伝子が関わる可能性が示唆されている．被子植物の木本植物でも日長に応答して休眠芽が形成される過程において，日長は葉で感受され，接ぎ木面を隔てて伝達可能なシグナル分子が茎頂に伝えられ，休眠芽形成が促されることが古くから知られている．FTタンパク質がこのシグナル分子の実体であるかいなかは興味深い問題である．

参考文献・ウェブサイト
1）荒木 崇（2009）光周性の分子生物学（海老原史樹文・井澤毅編），シュプリンガー・ジャパン，pp.53-63
2）阿部光知・荒木 崇（2009）植物の生長調節，44（2），pp.128-134
3）平岡和久・大門靖史・荒木 崇（2008）Plant Morphol. 19（1），pp.3-13
4）辻 寛之・田岡健一郎・島本 功，花成ホルモン"フロリゲン"の構造と機能，ライフサイエンス 領域融合レビュー
　http://leading.lifesciencedb.jp/2-e004/
5）川本 望・丹羽優喜・荒木 崇（2016）化学と生物，54（4），pp.281-288
6）辻 寛之・田岡健一郎（2016）化学と生物，54（5），pp.358-364
7）中村友輝（2016）化学と生物，54（6），pp.429-434
8）久松 完（2016）化学と生物，54（7），pp.514-521
9）京都大学大学院　生命科学研究科　分子代謝制御学分野の研究概要
　http://www.lif.kyoto-u.ac.jp/labs/plantdevbio/res_top.html

第11章 ストリゴラクトン
Strigolactones

11.1 枝分かれ抑制ホルモンとストリゴラクトン研究の歴史

11.1.1 枝分かれ抑制ホルモンの研究の歴史

　高等植物のシュート（茎と葉によって構成される地上部分のこと）の枝分かれは，まず腋芽がつくられ，次にそれが伸長して形成される．一般に，頂芽が成長しているときには腋芽の休眠が維持される．これを頂芽優勢という．頂芽を損傷などにより失うと，休眠状態にある腋芽は頂芽に代わり速やかに成長を開始する．植物ホルモンのうち，頂芽優勢に重要な働きをするのはオーキシンとサイトカイニンである．オーキシンは頂芽でつくられ，求基的に（下方に向かって）移動して腋芽の成長を抑制する．一方，サイトカイニンは腋芽の成長を誘導するホルモンとして働く．

　1990年代半ば以降，シュートの枝分かれが過剰に形成される突然変異体の解析から，オーキシンとサイトカイニンとは別の新たなホルモン様物質が，腋芽の成長抑制に関与することが示唆されてきた．エンドウの*ramosus1*（*rms1*）（ramosusはラテン語で枝分かれの多い，という意味），ペチュニアの*decreased apical dominance 1*（*dad1*）突然変異体においては，本来休眠状態にある腋芽が休眠せずに伸長するため，枝分かれが過剰に形成される．野生型を台木に，*rms1*や*dad1*を穂木にして接ぎ木実験を行うと，穂木の表現型が野生型に回復する．したがって，*rms1*や*dad1*における枝分かれの増加は，接ぎ木面を移動可能な腋芽成長抑制シグナルの欠如によるものであると考えることができる．その後，イギリスのライザー（Leyser）らにより，シロイヌナズナの枝分かれ過剰変異体である*more axillary growth*（*max*）の解析が進められ，シロイヌナズナにおいても同じような腋芽成長抑制シグナルが存在することが示唆された．*max1* ～ *max4*変異体の原因遺伝子が明らかにされると，このシグナルの合成には，カロテノイド酸化開裂酵素（carotenoid cleavage dioxygenase，CCD）であるCCD7（MAX3）とCCD8（MAX4），およびシトクロムP450酸素添加酵素であるCYP711A1（MAX1）が関与することが示された（**図11.1**）．一方，*MAX2*遺伝子はロイシンリッチリピート型F-boxタンパク質をコードしており，腋芽成長抑制シグナルの受容または情報伝達に関与すると考えられた．興味深いことに，エンドウの*rms1*，*4*，*5*，ペチュニアの*dad1*，*3*，およびイネの分げつ（枝分かれのこと）矮性変異体*dwarf3*（*d3*），*d10*，*d17*の原因遺伝子は，いずれもシロイヌナズナの*MAX*遺伝子産物と相同性の高いタンパク質をコードすることが明らかとなった（図11.1）．つまり，この仮想経路は植物種間で高度に保存されていると考えられた．

　以上のような突然変異体の解析を通して，MAX/RMS/DAD/D遺伝子産物によりカロ

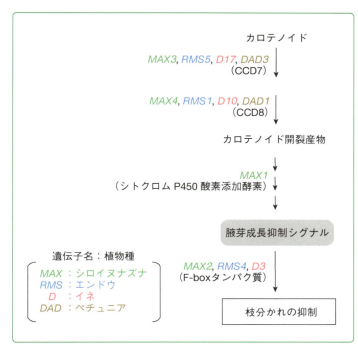

図11.1　枝分かれ過剰突然変異体の解析から推定された，腋芽成長抑制シグナルの仮想経路

腋芽成長抑制シグナルはその後の研究により，ストリゴラクトンあるいはその代謝産物であることが示された．CCD：カロテノイド酸化開裂酵素

テノイドの開裂産物に由来するホルモン様物質が合成され，これがシュートの枝分かれを抑制する，という仮説が提唱された（図11.1）．このカロテノイド由来の化学シグナルの正体は長らく不明であったが，2008年にフランスのラモー（Rameau）ら，理化学研究所（現 東北大学）の山口らの両研究グループによって，ストリゴラクトンあるいはその代謝産物であることが報告された．

11.1.2　ストリゴラクトン研究の歴史

A. 寄生植物の発芽刺激物質としての発見

ストリゴラクトンは，寄生植物の発芽刺激物質として50年ほど前に単離・構造決定されたストリゴールとその類縁体の総称である．寄生植物は，自身で十分な光合成を行うことができず，他の植物に寄生して栄養分や水分を奪うことにより成長する．ストライガ（*Striga*）やオロバンキ（*Orobanche*）などの根寄生植物の種子は，発芽後，根を伸長して宿主植物（栄養を吸収される植物）の根に近づき，吸器と呼ばれる器官を形成して宿主の根に付着する．発芽後に寄生を成立できない個体は死んでしまう．そのため，根寄生植物の種子は，地中で宿主となりうる植物が近くに出現するのを待ち続け，宿主植物が分泌する化学シグナルを感知して初めて発芽する．根寄生植物による農作物の被害は，日本ではあまり馴染みがないが，アフリカをはじめとする多くの地域で深刻な問題となっている．

1966年，アメリカのクック（Cook）らは，ワタの根滲出液中に見出されたストライガ種子の発芽刺激物質を単離し，ストリゴールと名づけた（**図11.2，図11.3**）．ストリゴールは，約 3×10^{-11} M というきわめて低い濃度でストライガの種子発芽を誘導する活性を示す．ストライガやオロバンキの種子に対する発芽刺激活性は，さまざまな植物種の根滲出

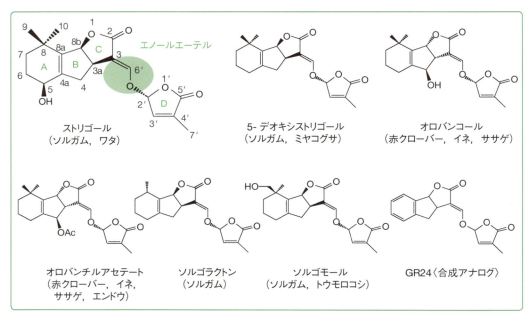

図11.2　代表的なストリゴラクトンの化学構造
生産する植物種の例を，丸括弧内に示した．

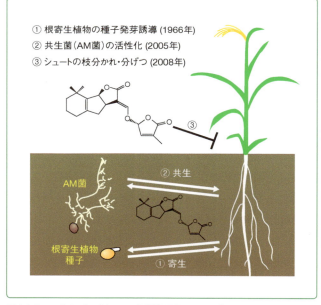

図11.3　ストリゴラクトンの生理作用発見の歴史
AM菌：アーバスキュラー菌根菌

液中に存在することがすでに当時から知られていた．その後，根寄生植物種子に対する発芽刺激物質として，ストリゴール類似物質がササゲ，ソルガム（モロコシ），赤クローバーなどから単離・構造決定された．新奇ストリゴラクトンの単離・構造決定や植物界におけるストリゴラクトンの分布に関する研究は，宇都宮大学の米山らを中心に進められた．

B. AM菌との共生シグナルとしての発見

　宿主植物はストライガやオロバンキに寄生されると栄養や水分が奪われ，成長が抑制される．したがって，宿主植物がなぜ自身にとって不利益な寄生植物に対する発芽刺激物質を生産・分泌するのか，その理由は不明であった．この疑問に対する解答は，植物の根の

共生菌であるアーバスキュラー菌根菌（arbuscular mycorrhizal fungi，以下AM菌と呼ぶ）の宿主認識物質の研究から得られた．AM菌は宿主の根が近くにあると，菌糸を扇状に激しく分岐させる．この菌糸分岐現象は，AM菌の非宿主であるアブラナ科やアカザ科の植物の根を用いた場合には見られないことから，宿主認識反応（AM菌が宿主である植物を認識し，感染できる状態へ変化する反応）であると考えられる．この菌糸分岐反応は宿主植物の根が分泌する化学物質によって引き起こされると考えられ，その探索が進められた．2005年に大阪府立大学の秋山らは，ミヤコグサ根滲出液中の菌糸分岐誘導物質が，ストリゴラクトンの一種である5-デオキシストリゴールであることを発見した（図11.2，図11.3）．

AM菌は宿主の根に樹枝状体（arbuscule）と呼ばれる構造体を形成し，さらに根外菌糸を伸ばして植物の根の届かない領域に存在する無機栄養分を吸収する．そして土壌から吸収した無機栄養分を宿主植物に与え，同時に宿主の光合成産物である炭素源を受け取る．このようにAM菌は植物の栄養獲得戦略における重要なパートナーであるため，ストリゴラクトンは本来AM菌との共生シグナルとして根から分泌される化学物質であり，根寄生植物はこれを悪用して宿主の探索に利用している，と考えられるようになった．

C. 枝分かれ抑制ホルモンとしての発見

AM菌との共生は植物界に広く見出されており，陸上植物の80％以上がAM菌と共生することができる．このことは，ストリゴラクトンが多様な植物種の根滲出液中に見出されることと一致している．しかし，AM菌と共生できない一部の植物種（シロイヌナズナなど）もストリゴラクトンを生産することが報告されている．このことは，ストリゴラクトンが寄生と共生における根圏シグナル物質としてだけでなく，他の生物学的役割をもつ可能性を示唆していた．2008年，シュートの枝分かれ過剰変異体として知られていたエンドウやイネのCCD8欠損変異体は，ストリゴラクトン生産能が大きく低下していることが示された．また，ストリゴラクトンの投与により，これらの変異体の枝分かれが正常に回

図11.4　ストリゴラクトンによるイネの分げつ抑制作用
水耕液にストリゴラクトン合成アナログであるGR24（1 μM）を添加するとイネd10変異体の表現型が回復する．一方，d3変異体はGR24に対して非感受性である．

復することが明らかになった（**図11.4**）．一方，枝分かれ抑制ホルモンの受容・情報伝達に関与すると予想されるF-boxタンパク質が欠損した*d3*変異体は，ストリゴラクトン非感受性を示し，またストリゴラクトンの内生量が低下していなかった（図11.4）．これらの結果から，ストリゴラクトンまたはその代謝産物が，枝分かれ抑制ホルモンとして機能することが証明された（図11.3）．しかし，寄生植物の発芽刺激物質やAM菌の菌糸分岐誘導物質の場合とは異なり，植物体内で枝分かれ抑制ホルモンとして機能するストリゴラクトンまたはその代謝産物の正体（化学構造）は，いまだに明らかになっていない．

11.2 ストリゴラクトンの化学

11.2.1 ストリゴラクトンの構造

さまざまな植物からストリゴラクトンが単離・構造決定されている（図11.2）．ストリゴラクトンはいずれも二つのラクトン環（C環とD環）がエノールエーテルで架橋された特徴的な部分構造を有する．現在までに同定されたストリゴラクトンは，いずれも植物の根滲出液（培養液）から，根寄生植物の発芽刺激活性またはAM菌の菌糸分岐誘導活性を指標に精製され，単離・構造決定されたものであり，A環またはB環が修飾された構造を持つ．

ストリゴールが単離されて以来，その類縁体がいくつか化学合成されている．それら類縁体のうち，GR24（図11.2）はストリゴラクトンの合成アナログとして生理試験によく使われている．一般に，植物の枝分かれ抑制活性や根寄生植物の種子発芽刺激活性，AM菌の菌糸分岐誘導活性に重要な構造は，エノールエーテルで架橋されたC-D環部分であると考えられている．最近のより詳細な構造活性相関の解析から，根寄生植物種間での認識機構の差異や，枝分かれ抑制活性，発芽刺激活性，菌糸分岐誘導活性の3者における構造要求性の類似点や相違点も明らかになりつつある．

ストリゴラクトンの特徴的な構造であるエノールエーテル結合は，求核性物質との反応性が高く，水やアルカリで分解されやすい．ストリゴラクトンはこの水中での不安定性のために土壌中での半減期が短いことが予想される．この性質は，生きている植物の存在をAM菌に伝える化学シグナルとして，土壌中で機能するために重要であると考えられている．宿主植物の死後も土壌中にとどまるような安定な物質では，AM菌や根寄生植物が「生きた」植物の根を感知するためには役立たないからである．

11.2.2 ストリゴラクトンの抽出と定量 ［**CD収載の補足11.1を参照**］

11.3 ストリゴラクトンの生理作用・役割

ストリゴラクトンは，根寄生植物の種子発芽誘導，AM菌の菌糸分岐誘導，シュートの枝分かれ・分げつの抑制以外にも，さまざまな生理作用を持つことが明らかになりつつある（**図11.5**）．

11.3.1 形成層発達の制御

茎が縦方向へ伸長成長した後に，維管束の木部と篩部の隙間の分裂組織（形成層と呼ばれる）から新たに木部と篩部が付け足されて横方向へ成長することを二次成長という．シロイヌナズナの*max1*〜*max4*変異体では，形成層の発達が抑制される．また，野生型や*max1*変異体の未熟な形成層にGR24を投与すると，細胞分裂が促進される．以上のことから，ストリゴラクトンは二次成長を促進すると考えられている（図11.5）．

11.3.2 老化の誘導

11.1.1項で前述したF-boxタンパク質をコードする*MAX2*は，2001年に葉の老化が遅延するシロイヌナズナの*oresara9*変異体の原因遺伝子として報告されている．また，イネの*d3*変異体やペチュニアの*dad1*変異体においても老化が遅れることが知られている．以上のことから，ストリゴラクトンは老化を促進する作用があると予想される（図11.5）．

シロイヌナズナの葉の老化において，ストリゴラクトンはエチレンと相互作用すると考えられている．暗所（切り取った葉の老化を促進するための処理）における葉の老化は，ストリゴラクトン生合成変異体（*max1*, *max3*, *max4*）で遅延するが，GR24を添加処理すると遅延しない．さらに*MAX3*と*MAX4*の遺伝子発現は，老化に伴って上昇する．つまり，暗所での葉の老化は，葉自身でつくられるストリゴラクトンによって誘導されることが示唆される．興味深いことに，強い老化促進作用を有するエチレンをストリゴラクトンの生合成変異体や情報伝達変異体に処理すると，野生型と比べて老化が遅延する．ストリゴラクトンとエチレンは，協調的に老化を誘導していると考えられている．

11.3.3 根の形態調節

シロイヌナズナのストリゴラクトン関連変異体では，主根が短くなり，側根密度は増加

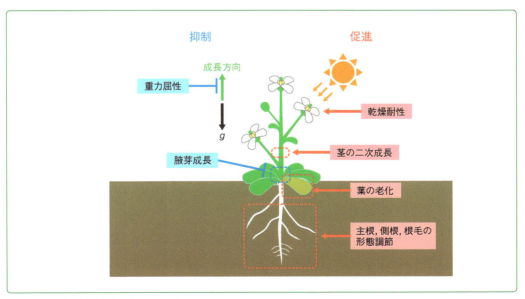

図11.5　ストリゴラクトンの生理作用

する．逆にGR24の添加処理で主根は長くなり，側根形成や側根伸長は抑制される（GR24の処理濃度や培地中のリン栄養条件によっては，この結果が観察されないこともある）．イネにおいても，GR24の添加処理は主根を長くし，側根密度を減少させる．イネではリンや窒素の欠乏条件下でストリゴラクトンの生産が増加するが，GR24の効果はリンや窒素の欠乏条件下における根の応答と相関性が高い．実際，リンや窒素の欠乏条件下で，野生型と比べて$d3$, $d10$, $d27$変異体の主根は短く，側根密度は高くなる．植物種によって相違点があるものの，ストリゴラクトンは周囲の環境に応じて，主根や側根の形態を制御していると考えられる（図11.5）．

さらに，シロイヌナズナではGR24処理で根毛の伸長が促進される．シロイヌナズナでは，リン栄養が欠乏した場合に根毛の伸長と密度増加が観察されるが，この表現型はストリゴラクトン生合成変異体である$max1$や$max4$で抑制される．以上のことから，ストリゴラクトンはリン欠乏下における根毛を介した栄養獲得に機能していると予想される（図11.5）．

11.3.4　乾燥耐性

シロイヌナズナの$max2$〜$max4$変異体は，野生型と比べて乾燥ストレスに対して脆弱になる．逆にGR24を添加処理すると，野生型や生合成変異体$max3$, $max4$は乾燥ストレスに対して耐性が高まり，情報伝達変異体$max2$では変化が見られない．max変異体ではアブシシン酸が誘導する気孔の閉口（5章参照）が遅延することから，野生型と比べて乾燥時の水分の損失が大きい．以上のことから，ストリゴラクトンはアブシシン酸と協調して乾燥ストレス応答に関与すると示唆される（図11.5）．

11.3.5　重力屈性

重力屈性（重力に対する応答）が異常になり，シュートがまっすぐ成長しないイネの$LAZY1$欠損変異体は，ストリゴラクトン関連遺伝子（$D3$, $D10$, $D17$, $D27$）に機能喪失変異が入ることで，正常な形態に近づくことが報告されている．シロイヌナズナでも，$MAX2$や$MAX4$の機能喪失変異が$LAZY1$欠損変異体の重力屈性異常を低減させる．また，野生型と比べ$max2$や$max4$の黄化芽生えは，より鋭敏に重力に応答し，逆にGR24を処理すると重力応答が弱まる．つまり，ストリゴラクトンは重力屈性に対して負の作用があると考えられる（図11.5）．

11.4　ストリゴラクトンの合成と代謝

11.4.1　ストリゴラクトンの生合成経路

ストリゴラクトンは，カロテノイド（C_{40}：炭素数40の意）から生合成される．2009年に，4-デオキシオロバンコールを生合成することができないイネの分げつ矮性変異体$d27$の原因遺伝子として，葉緑体局在のD27タンパク質が同定された．2012年には，組み換えタンパク質を用いた試験管内の酵素反応実験によって，1) D27が all-$trans$-β-カロテン（C_{40}）

を9-*cis*-β-カロテン（C_{40}）に異性化すること，2) CCD7が9-*cis*-β-カロテンを酸化的に開裂して9-*cis*-β-アポ-10′-カロテナール（C_{27}）を生成すること，3) CCD8が9-*cis*-β-アポ-10′-カロテナールを酸化的な分子内環化反応によって「カーラクトン（C_{19}）」と命名された化合物に変換することが示された（図11.6）．2014年には，実際にカーラクトンがシロイヌナズナやイネの生体内に存在することなどが証明されている．

同2014年には，シトクロムP450酸素添加酵素であるシロイヌナズナのCYP711A1（MAX1）とイネのMAX1ホモログ（CYP711A2とCYP711A3）の機能も相次いで報告された．まずシロイヌナズナでは，MAX1の組み換えタンパク質が，3段階の酸化反応によって，カーラクトンからカルボキシ基を持つカーラクトン酸を生成することが示された（図11.6）．一方，イネのCYP711A2はカーラクトンを基質にして，4-デオキシオロバンコールを生成すること，CYP711A3は4-デオキシオロバンコールを水酸化して，オロバンコールを生成することも示されている（図11.6）．しかし，イネでもカーラクトン酸が検出されていることなどがあり，CYP711Aファミリーの酵素機能については未解明の部分が多い．

さらに，シロイヌナズナでは，カーラクトン酸は，そのメチルエステル体であるカーラクトン酸メチルに変換されることが明らかになっている（図11.6）．カーラクトン酸メチルは，*max4*変異体の枝分かれを抑制することなどから，未知の枝分かれ抑制ホルモンの本体，もしくはその中間体である可能性が考えられる．さまざまな植物におけるカーラクトン以降の生合成経路の全容が解明されることによって，枝分かれ抑制ホルモンの化学構造も明らかになるであろう．ストリゴラクトンの生合成経路について，より詳しい説明はCD収載の補足11.2を参照．

11.4.2　ストリゴラクトンの生合成制御

A. 栄養応答性

ストリゴラクトンの生産量は，リンや窒素などの無機栄養の欠乏状態において劇的に増加する．AM菌はこれらの栄養源の宿主植物への取り込みを助ける役割を担うことから，貧栄養時におけるストリゴラクトン分泌量の増大は，AM菌との共生を活性化するための宿主植物の戦略であると推定されている．実際，AM菌の非宿主であるホワイトルーピンなどにおいては，ストリゴラクトン分泌量の栄養欠乏応答性は認められない．

興味深いことに，根粒菌との共生により窒素栄養を獲得する赤クローバーなどのマメ科植物においては，リン欠乏によるストリゴラクトン生産誘導は見られるが，窒素欠乏には応答しない．これらの植物では，窒素栄養の獲得をAM菌ではなく根粒菌との共生に依存しているためであると考えることができる．以上の結果は，ストリゴラクトンの生産・分泌は植物の栄養獲得戦略と密接に関連していることを示している．

B. フィードバック制御

生体内のストリゴラクトン濃度によって，ストリゴラクトンの生合成自身が調節されること（フィードバック制御）が知られている．ストリゴラクトン生合成酵素であるシロイ

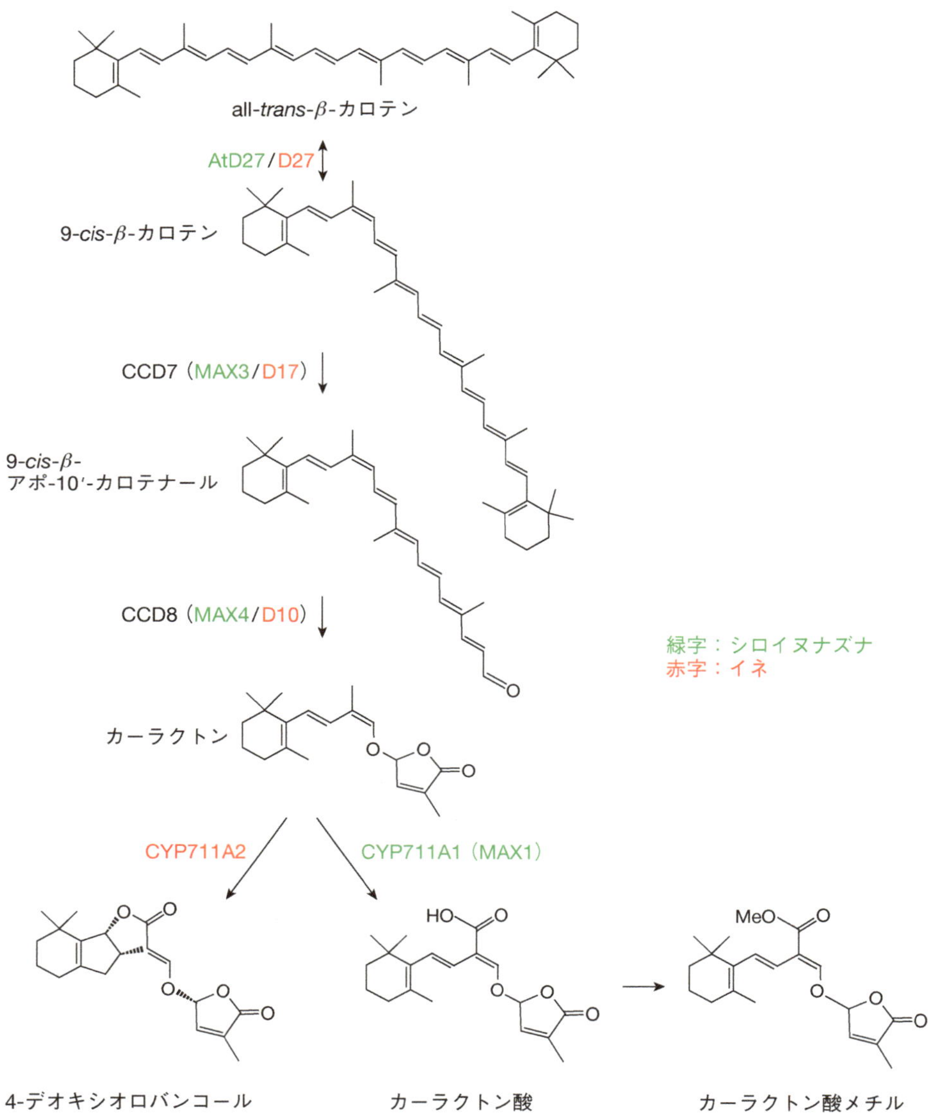

図11.6 ストリゴラクトンおよび関連物質の生合成経路
イネでは，CYP711A3によって4-デオキシオロバンコールからオロバンコール（図11.2）が生成することも示されている．

　ヌナズナのD27オルソログ（種分化の際に分かれた相同遺伝子）である*AtD27*，CCD7をコードするシロイヌナズナの*MAX3*，エンドウの*RMS5*，ペチュニアの*DAD3*，CCD8をコードするシロイヌナズナの*MAX4*，エンドウの*RMS1*，ペチュニアの*DAD1*，イネの*D10*各遺伝子の転写産物量は，野生型と比較して枝分かれ過剰変異体*max*，*rms*，*dad*，*d*において顕著に高まっている．また，シロイヌナズナの*MAX3*や*MAX4*，イネの*D10*の遺伝子の発現は，GR24処理により抑制される．実際，ストリゴラクトン非感受性変異体であるシロイヌナズナの*max2*変異体では生合成中間体であるカーラクトン酸，イネの*d3*変

異体では4-デオキシオロバンコールの内生量が増大している．以上の結果は，これらの植物におけるストリゴラクトン生合成経路には，負のフィードバック制御が働いていること，D27やCCD7，CCD8がこの制御に関与することを示している．

C. オーキシンによる制御

オーキシンはストリゴラクトンと同様，腋芽成長（枝分かれ）を抑制するホルモンとして働く．オーキシンは頂芽で合成され，求基的に移動し，腋芽の伸長を抑制する．オーキシンの供給源である頂芽を除去すると，エンドウ節間におけるストリゴラクトン生合成遺伝子 *RMS5* と *RMS1* の転写産物量が減少するが，これはオーキシン処理により回復する．以上の結果は，*RMS5* と *RMS1* の遺伝子発現はオーキシンにより正に制御されること，オーキシンによる腋芽伸長の抑制には，*RMS5* と *RMS1* の発現誘導を介したストリゴラクトン量の増加が関与することを示唆している．オーキシン処理による *CCD7* や *CCD8* 転写産物量の増加は，シロイヌナズナ，ペチュニア，イネのシュートにおいても観察される．

11.4.3　ストリゴラクトンの植物体内での移動

シロイヌナズナの *max* 変異体を用いた接ぎ木実験は，枝分かれ抑制ホルモンの仮想経路（図11.1）の基盤となるとともに，このシグナルの植物体内での移動に関する重要な知見を与えた．

野生型を台木に，*max1*, *max3*, *max4* を穂木に用いた接ぎ木を作製すると，これらの変異体の地上部の表現型は野生型に回復する．この結果は，根で生産された腋芽成長抑制シグナルが地上部の腋芽伸長を抑制するのに十分であり，このシグナルが根から地上部へと移動しうることを示している（図11.7A，B）．逆に台木として *max4* (*max1*, *max3* でも同じ），穂木として野生型を用いた接ぎ木においては，地上部の表現型は野生型のままである．根で腋芽成長抑制シグナルがつくられなくても，地上部の枝分かれが過剰に形成されることはないため，このシグナルは根以外でもつくられ，それが腋芽の伸長抑制に十分であることがわかる（図11.7B）．

次に各 *MAX* 遺伝子の生合成経路における相対位置の推定に使われた *max* 変異体どうしの接ぎ木実験から，ストリゴラクトンの生合成中間体の生体内移動についても考察が可能である．たとえば，*max4* 変異体の地上部の表現型は，*max1* 変異体の根を台木として持つことにより野生型の表現型に回復するが，その逆は成り立たない（図11.7C）．この結果は，MAX4の下流でMAX1が働いていて，MAX4とMAX1の間に存在する化合物が根から地上部に移動していることを示唆している．現在のストリゴラクトン生合成経路（図11.6）から考えると，この化合物はカーラクトンであると考えられる．実際，筆者らはシロイヌナズナの *max1* 変異体の道管液中からカーラクトンを検出している．しかし，*max1* 変異体では野生型と比べて数百倍のカーラクトンが蓄積しているための人為的な結果である可能性も考えられる．今後，カーラクトンや他のストリゴラクトン関連化合物の植物体内の移動については，さらなる研究が必要である．

ストリゴラクトン（もしくは生合成中間体）の輸送体についても現時点では不明点が多

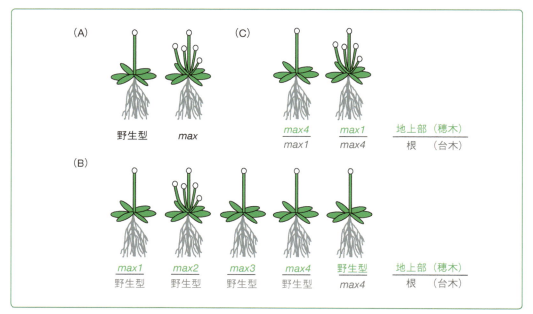

図11.7 シロイヌナズナmax変異体を用いた接ぎ木実験
(A)表現型の模式図. max変異体では枝分かれが過剰に形成される. (B)野生型と各max変異体の接ぎ木実験. max1,3,4変異体の地上部の過剰な枝分かれは, 台木として野生型の根を持つと野生型に回復する. 一方, max2の表現型は台木として野生型の根を持っても回復しない. MAX2がストリゴラクトンの生合成ではなく, 情報伝達に関わるためである. また, 台木としてmax4変異体の根を持つ野生型の地上部の表現型は, 野生型のままである. (C)max4の地上部の過剰な枝分かれは, 台木としてmax1の根を持つと野生型に回復する.

い. 最近, ペチュニアのABC輸送体の一つであるPDR1がストリゴラクトンの輸送に関わることが示唆されている. $pdr1$変異体では, 根滲出液中のオロバンコール量が減少しており, AM菌の菌糸分岐誘導活性やオロバンキ種子の発芽刺激活性が低下していた. さらに, $pdr1$変異体では枝分かれも増加した. これらの結果は, PDR1がストリゴラクトンの輸送に関わることを示唆しているが, それが直接的なものであるか, それとも間接的なものであるかはわかっていない. PDR1が輸送する化合物の解明が待たれる.

11.5 ストリゴラクトンの受容と情報伝達

11.5.1 受容

ストリゴラクトンの受容体は, 2009年にイネのストリゴラクトン非感受性の分げつ矮性変異体$d14$の原因遺伝子として, 東京大学（現 東北大学）の経塚らにより発見された. ペチュニアの$dad2$変異体の原因遺伝子である$DAD2$も, $D14$遺伝子のオルソログである. D14タンパク質はジベレリン受容体であるGID1（4章参照）と同じα/β-hydrolaseファミリーに属するタンパク質であるが, GID1では喪失している加水分解活性に必要な触媒三残基（セリン, ヒスチジン, アスパラギン酸）が存在しており, ストリゴラクトンを加水分解することが知られている. しかし, 現時点では, D14が有する加水分解能が, ストリゴラクトンの受容にどのように機能するかは定かではなく, 今後の研究の進展が望まれる.

11.5.2　情報伝達

　ストリゴラクトンがD14に受容された後の情報伝達において，熱ショックタンパク質と部分的な相同性を有するD53タンパク質が重要な役割を担っている．*D53*は*D14*と同様に，イネのストリゴラクトン非感受性で枝分かれ過剰な*d53*変異体の原因遺伝子として同定された．このD53は，ストリゴラクトンの存在下ではタンパク質の分解が進行し，蓄積しない．しかし，*d53*変異体ではD53に1アミノ酸置換と5アミノ酸の欠失を生じさせる変異が入っており，ストリゴラクトン存在下でも分解されずに蓄積していた．すなわち，D53はストリゴラクトン情報伝達のブレーキ役であり，*d53*変異体ではブレーキ役であるD53が過剰に蓄積するため，常に情報伝達が抑制されていることが予想された（**図11.8**）．さらに，D53がストリゴラクトン非依存的に前述のF-boxタンパク質であるD3と結合することや，D14がストリゴラクトン依存的にD53やD3と，結合することも明らかになっている（図11.8）．F-boxタンパク質は，Rbx1やユビキチン結合酵素とともにSCF（<u>S</u>kp1-<u>C</u>ullin-<u>F</u>-box）ユビキチンリガーゼ複合体を形成し，標的タンパク質のユビキチン化に関与することが知られている．

　F-boxタンパク質はSCF複合体において標的タンパク質の特異的認識に関与し，ユビキチン化を受けた標的タンパク質は，26Sプロテアソームを介して分解される．これらをストリゴラクトン情報伝達に当てはめると，ストリゴラクトンがD14に結合すると，D14に何らかの変化が起き，D53やD3と結合できるようになる（図11.8）．D14と結合したD53あるいはD3（もしくはD53とD3の複合体）にもおそらく何らかの変化が生じ，D3を含むSCFユビキチンリガーゼ複合体（SCF^{D3}複合体）によって標的タンパク質であるD53の

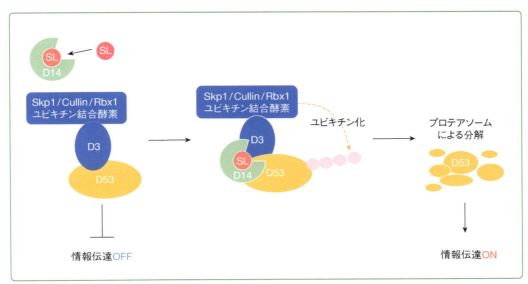

図11.8　ストリゴラクトンの受容と情報伝達
F-boxタンパク質であるD3は，ストリゴラクトン非依存的にD53と結合する．D3は，Skp1, Cullin, Rbx1, ユビキチン結合酵素とともに，SCF^{D3}複合体を構成し，D53のユビキチン化反応を触媒する．このD53のユビキチン化は，ストリゴラクトンを受容したD14とD53もしくはD3との相互作用により促進されると考えられているが，その分子機構は未解明である．SL：ストリゴラクトン，D14：受容体，D53：ストリゴラクトン情報伝達の抑制因子，D3：F-boxタンパク質．

ユビキチン化が促進され，D53がプロテアソームを介して分解されると予想される（図11.8）．しかし，ストリゴラクトンの結合によって生じるD14やD53, D3の変化が一体どういうものであるかは現時点ではよくわかっていない．また，ブレーキ役のD53が抑制している下流因子もいまだ同定されていない．これらが解明されることで，ストリゴラクトンの受容から枝分かれ抑制などの生理作用に至るまでの全貌が明らかになると思われる．

11.6 農園芸におけるストリゴラクトンの役割

現在，ストリゴラクトンが直接農業に利用されている例はない．しかしながら，ストリゴラクトンの生理作用はいずれも農業上の重要形質と深く関わっており，今後応用が期待される．植物の枝分かれの程度やパターンは，最終的にバイオマス生産性，さらには花や果実や種子の数・質に大きく影響するため，農業における収量や園芸植物の観賞価値と深く関わっている．

また，ストライガやオロバンキによる農作物の被害はアフリカをはじめとする半乾燥地帯を中心に地球規模で拡がっており，その防除法の開発が強く望まれている．ストリゴラクトンの発見以来，ストリゴラクトンを生産しにくくさせた低生産性作物の開発は，根寄生植物防除の第一歩になると考えられていた．実際，最近の研究により，イネのストリゴラクトン欠損変異体やストリゴラクトン生産能が劇的に低下しているインディカ品種Balaの根の周辺では，ストライガ種子の発芽率が大きく低下することが実験室レベルで証明されている．一方で，ストリゴラクトンは栄養吸収を助けるAM菌との共生や枝分かれの制御にも関わることから，実際の農業の場面では農作物の収量を維持したまま選択的に根寄生植物の被害を抑えるための工夫が必要になる．ストリゴラクトン低生産性を利用した根寄生植物防除技術の開発のためには，その生合成経路のさらなる解明とともに，宿主植物・AM菌・根寄生植物という三者によるストリゴラクトンの受容メカニズムの共通点，相違点を理解することが鍵になるであろう．

参考文献
1) 森仁志 (2006) 植物ホルモンの分子細胞生物学，講談社，p.170
2) 秋山康紀・林英雄 (2010) 植物のシグナル伝達，共立出版，p.160
3) 米山弘一・謝肖男・米山香織 (2010) 植物の生長調節, 45, p.83
4) 謝肖男・来生貴也 (2013) 植物の生長調節, 48, p.154
5) Al-Babili, S. and Bouwmeester, H.J. (2015) *Annu. Rev. Plant Biol.* **66**, p.161

第12章 サリチル酸
Salicylic acid

12.1 サリチル酸研究の歴史

　植物は病原菌感染時に多量のサリチル酸を蓄積する．これまでの研究から，サリチル酸が植物の免疫応答を誘導する重要なシグナル分子であることが明らかとなってきた．免疫応答以外の生理作用や，同じく植物ホルモンであるジャスモン酸との情報伝達の拮抗作用も明らかとなってきている．一方で，サリチル酸には鎮痛作用・抗炎症作用を持つ医薬品としての側面があり，その研究は植物での研究に先行してきた．ここではサリチル酸が医薬品として実用化されるまでの経緯を含めて，その研究の歴史を紹介する．

12.1.1 医薬品としてのサリチル酸研究の歴史

　サリチル酸誘導体を多く含むヤナギ樹皮抽出液は，古くから鎮痛・解熱作用を持つことが知られており，紀元前よりさまざまな病の治療に用いられてきた．古代ギリシアの医師ヒポクラテスが，分娩時の痛みを和らげるためにヤナギの葉を用いたという記録も残っている．しかしながら，その活性成分は有機化学が発達する19世紀まで不明であった．
　1828年にドイツのバックナー（Buchner）は，活性物質として，サリチルアルコールの配糖体をヤナギ樹皮から精製することに成功した．バックナーは，その化合物をヤナギ（*Salix*）属の属名にちなんでサリシン（salicin）と命名した．さらにその10年後，フランスのピリア（Piria）は，サリシンを加水分解および酸化させることで芳香族酸が得られることを見出し，その化合物をサリチル酸と名づけた．1853年には，ドイツのコルベ（Kolbe）らによりサリチル酸の化学合成法が確立され，サリチル酸を安価に大量に調達することが可能になった．これにより，サリチル酸の医薬品としての利用が拡大していった．しかしながら，サリチル酸は，ひどい苦みと胃粘膜に対する刺激性も有しており，万人に簡単に処方できるものではなかった．そこで，バイエル社のホフマン（Hoffmann）は，サリチル酸が持つ欠点を克服すべく研究開発に取り組み，1897年にサリチル酸をアセチル化することで副作用を軽減できることを発見した．なお，その翌々年にアスピリンという名称で販売されたアセチルサリチル酸は，瞬く間に普及し，その後100年以上に渡って世界中で広く服用され続けている（**図12.1**）．また，サリチル酸がシクロオキシゲナーゼを阻害し，痛みの情報伝達物質であるプロスタグランジンの生合成を抑制することを解明したベイン（Vane，イギリス），サムエルソン（Samuelsson，スウェーデン），ベルクストローム（Bergström，スウェーデン）の3人は1982年にノーベル医学生理学賞を受賞している．

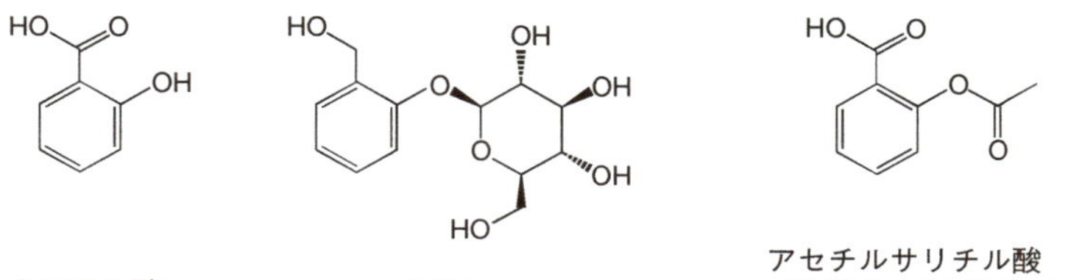

図12.1　サリチル酸，サリシンおよびアセチルサリチル酸の化学構造

12.1.2　植物におけるサリチル酸の機能研究の歴史

　これに比べ，サリチル酸の植物内での機能については長い間不明であった．ヤナギ以外のさまざまな植物でもサリチル酸が蓄積することは見出されていたが，サリチル酸の植物自身への生理作用が不明であったため，長きにわたり植物が生産する二次代謝産物の一つ程度にしか考えられてこなかったのである．現在，サリチル酸の主な生理作用として植物免疫反応の活性化が知られているが，それが学術誌上で最初に報告されたのは，サリチル酸の発見から100年以上が経過した1979年のことである．この年，イギリスのホワイト（White）はアセチルサリチル酸やサリチル酸を処理したタバコにおいて，タバコモザイクウイルス（tobacco mosaic virus，TMV）に対する抵抗性が高まることを報告した．この論文にてホワイトは，病害応答時に誘導されるタンパク質群の蓄積がサリチル酸処理により増加することも明らかにし，サリチル酸が植物の病害応答の情報伝達経路を活性化する可能性を提示した．

　植物体内では内生されないアセチルサリチル酸でも，サリチル酸と同様の効果が認められたことから，植物体内にこれら化合物と構造類似のシグナル分子が存在しており，サリチル酸がその作用を模倣したという可能性を指摘する研究者も当時は存在した．しかしながら1990年代以降，病原菌接種により植物体内でサリチル酸量が顕著に増加することや，病害応答の情報伝達におけるサリチル酸の重要性が明らかになっていき，サリチル酸は内生のシグナル分子として広く認知されるようになった．

12.2　サリチル酸の生理作用・役割

12.2.1　病害抵抗性の誘導

　植物は，感染を試みる病原菌に対して過敏感反応と呼ばれる自発的な細胞死を伴う抵抗反応を誘導することで，病原菌の蔓延を阻止する．過敏感反応は，植物体全身に病原菌感染のシグナルを発信する引き金となることが知られており，そのシグナルにより植物体全身で防御応答の活性化が誘導される．この植物体全身で誘導される抵抗性は全身獲得抵抗性（systemic acquired resistance，SAR）と呼ばれ，広範な病原菌に対する抵抗性を植物に付与する．SARは，病原菌の再度の攻撃に対する植物の重要な防衛戦略の一つであると考えられている．

TMV抵抗性タバコでは，TMV接種に対して過敏感反応が引き起こされるとともに，サリチル酸量が非接種葉と比較して接種葉で20倍以上，非接種葉で5倍以上に増加した．また，タバコネクロシスウイルスあるいはウリ類炭疽病菌を感染させたキュウリの篩管液では，サリチル酸量が著しく増加することが報告された．さらに，細菌由来のサリチル酸分解酵素 NahG 遺伝子を発現させ，サリチル酸量が著しく低下したタバコおよびシロイヌナズナでは，さまざまな病原菌に対する抵抗性が失われるとともに，SARも誘導されなくなることが示された．これらの発見から，サリチル酸が植物の抵抗性を誘導する内生シグナル分子であると考えられるようになった．

　病原菌の攻撃を認識した宿主植物では，PRタンパク質（pathogenesis-related protein, PR protein）と総称される防御タンパク質をコードする一群の遺伝子の発現が誘導される．これらのなかには，抗菌性タンパク質であるPR1やディフェンシン，糸状菌の細胞壁を分解するキチナーゼやグルカナーゼ，病原菌のタンパク質を分解するプロテアーゼなどが含まれる．タバコは，TMVの感染によりキチナーゼやグルカナーゼなどのPRタンパク質を蓄積させる．シロイヌナズナにおいても，病原菌接種によりPRタンパク質であるPR1やグルカナーゼなどが蓄積する．興味深いことに，一群のPRタンパク質の遺伝子発現は，サリチル酸処理によって強く誘導される．TMV感受性のタバコにサリチル酸処理を施すと，PRタンパク質の発現が誘導されるとともにTMV抵抗性が付与された．サリチル酸は，防御応答に関わる遺伝子群の発現を活性化することで，植物に病害抵抗性を付与すると考えられる．

　病原菌感染により篩管液のサリチル酸濃度が増加することから，サリチル酸それ自身がSARを誘導する長距離移行シグナルである可能性が，接ぎ木の手法を用いて検証されて

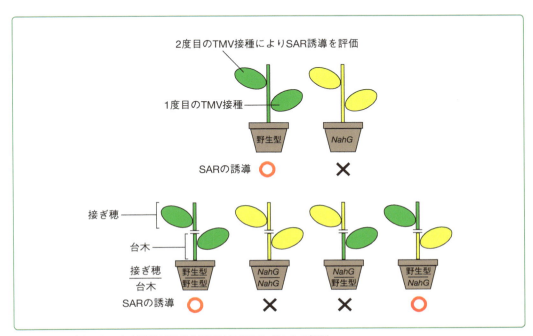

図12.2　接ぎ木による全身獲得抵抗性を誘導する移行シグナルの解析

いる．*NahG*発現タバコを台木として野生型のタバコを接ぎ木し，台木部分にTMVを感染させたところ，接種葉でのサリチル酸量の増加が顕著に抑制されていたにもかかわらず，接ぎ穂部分ではSARが誘導された．この結果は，台木で生産された未知のシグナルにより植物体全身にサリチル酸合成が誘導され，そのサリチル酸によりSARが誘導されたことを意味している（**図12.2**）．なおSARの情報伝達機構に関しては，これまでにサリチル酸メチルを含むいくつかの因子の関与が報告されており（12.3.3項参照），それらの因子による複合的な制御が考えられている．

12.2.2　ジャスモン酸の情報伝達との拮抗作用

植物の病害応答の制御に関わる植物ホルモンとして，サリチル酸の他にジャスモン酸がよく知られている（8.3.1項B参照）．これまでの研究から，サリチル酸とジャスモン酸の間では誘導される抵抗性に質的な違いがあることが明らかとなっている．サリチル酸により誘導される抵抗性は，生きた宿主細胞に寄生する活物寄生菌（biotroph）に対して効果的である．一方でジャスモン酸は，感染後宿主細胞を殺し，そこから栄養を摂取する殺生菌（necrotroph）に対する抵抗性を植物に付与する．興味深いことに，サリチル酸とジャスモン酸の情報伝達は拮抗することが知られており，互いにもう一方のシグナルを抑制する働きを持つ（**図12.3**）．

たとえば，サリチル酸を事前に処理することでサリチル酸情報伝達系を活性化したシロイヌナズナ葉では，殺生菌に分類される病原糸状菌であるキャベツ黒すす病菌に対する抵抗性が抑制される．サリチル酸とジャスモン酸の情報伝達間での拮抗作用には，それぞれの病原菌に合わせて防御反応を最適化する調節機構の役割があると考えられている．

12.2.3　発熱反応の促進

こんにゃくの原料となるサトイモ科植物Voodoo lily（*Sauromatum guttatum*）は，開花とともにその肉穂花序で発熱することが知られている．発熱のエネルギーは，ミトコンドリア電子伝達系から分岐して流れてくる電子により供給される．生み出された熱は，受粉媒介者である昆虫を誘引するアミンやインドール系化合物を揮発させる働きを持つとされ

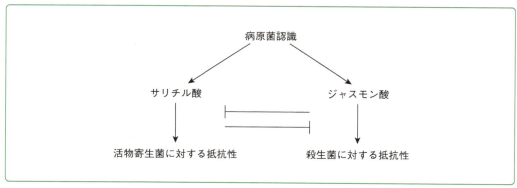

図12.3　サリチル酸およびジャスモン酸情報伝達経路の拮抗作用

る．1937年にヴァン・ヘルク（Van Herk）は，花芽原基に発熱の引き金となる内生のシグナル分子が存在することを推定し，その分子をカロリーゲンと名づけた．そして，その50年後にあたる1987年にラスキン（Raskin）らによってその化合物がサリチル酸であることが明らかにされた．肉穂花序では開花に先立ってサリチル酸濃度が約100倍に増加し，また，未成熟な肉穂花序にサリチル酸を処理すると，顕著な温度上昇が認められた．同じく発熱することで知られているソテツでも，サリチル酸が高濃度で蓄積することが報告されている．しかしながら，同じく発熱する植物であるスイレンではサリチル酸の蓄積は認められない．サリチル酸による発熱反応の促進は，すべての植物で普遍的なものではないようである．

12.3 サリチル酸の合成と代謝

12.3.1 サリチル酸の生合成

植物におけるサリチル酸の生合成に関しては，これまでに2つの異なる経路が報告されている．1つは，フェニルアラニンから trans-桂皮酸を経由して生合成される経路である．TMVを接種されたタバコでは，サリチル酸がフェニルアラニンから合成される．フェニルアラニンは，フェニルアラニンアンモニア分解酵素（PAL）によりアミノ基が除かれ，trans-桂皮酸に変換される．TMV抵抗性のタバコでは，TMV接種に対して激しい過敏感反応が誘導されるが，その際フェニルアラニン，trans-桂皮酸および安息香酸は迅速にサリチル酸に変換されることが，放射性同位体を用いた実験により調べられている．安息香酸からサリチル酸に至る経路は，安息香酸2-水酸化酵素（BA2H）の関与が考えられている．タバコでは，TMV感染により植物体内でのBA2H活性が高まることが報告されている．しかしながら，BA2H活性を示す酵素の同定には至っていない（図12.4）．

もう1つの経路は，コリスミ酸からイソコリスミ酸を経由して生合成される経路である．細菌では以前より，コリスミ酸を起点としたイソコリスミ酸合成酵素（ICS）とイソコリスミ酸ピルビン酸分解酵素（IPL）の2種類の酵素反応によるサリチル酸生合成経路が知られていた．2001年にオーズベル（Ausbel）のグループによって，シロイヌナズナの *ICS* 遺伝子の一つである *ICS1* が同定され，植物にもイソコリスミ酸を経由する生合成経路が存在することが明らかとなった．シロイヌナズナ *ics1* 変異体では，病原菌接種に応答したサリチル酸蓄積量が大幅に減少する．これまでに，トマトやタバコの一種である *Nicotiana benthamiana* においても，*ICS* 遺伝子をノックダウンした植物ではサリチル酸蓄積量が減少することが調べられている．一方で，IPL活性を持つ遺伝子は，いまだ植物では同定されていない．シロイヌナズナゲノム中に細菌型IPLに相同性のある遺伝子が存在しないことから，イソコリスミ酸からサリチル酸に至る経路において，植物特有の反応機構が存在する可能性も考えられている（図12.4）．

ICS1タンパク質は葉緑体に局在しており，イソコリスミ酸からのサリチル酸合成は主に葉緑体で行われる．葉緑体には，サリチル酸輸送活性を持つ輸送体タンパク質EDS5が存在することが明らかになっており，合成されたサリチル酸はEDS5によって細胞質へと

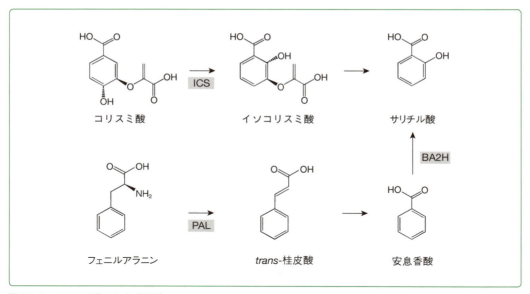

図12.4　サリチル酸の生合成経路

輸送されると考えられる.

12.3.2　サリチル酸の配糖化

　植物は病原菌の攻撃を認識してサリチル酸生合成経路を活性化し，生体内のサリチル酸量を増加させるが，その際，サリチル酸配糖体の蓄積量も併せて増加させる．サリチル酸の配糖体には，ヒドロキシ基にグルコースが結合したサリチル酸2-O-β-グルコシド（SAG）と，カルボニル基にグルコースが結合したサリチル酸グルコースエステル（SAE）が存在する.

　サリチル酸の配糖化は，ウリジン二リン酸（UDP）-グルコースからサリチル酸に糖を転移するサリチル酸配糖化酵素（SAGT）により行われる．病原菌の攻撃を受けた組織ではサリチル酸が蓄積するが，蓄積した遊離サリチル酸の多くはSAGに変換され，液胞内へと送られる．これまでの研究から，SAGそれ自身は不活性な貯蔵体である可能性が示されている．シロイヌナズナの*SAGT*遺伝子の変異体，およびSAGの阻害剤を処理した植物では，病害応答時に遊離サリチル酸量が増加し，防御反応が亢進される.

　配糖化による細胞内の遊離サリチル酸量の調節機構は，病害応答の強度を一定程度に保つ役割があると考えられる．一方で，植物体内にはSAGをサリチル酸に再変換する酵素が存在することも調べられている．液胞でのサリチル酸配糖体の蓄積には，病原菌の再度の攻撃に対して迅速に遊離サリチル酸濃度を高めるための備えとして役割もあると考えられる（**図12.5**）.

12.3.3　サリチル酸のメチル化

　植物は，サリチル酸のメチルエステルであるサリチル酸メチルも蓄積することが知られ

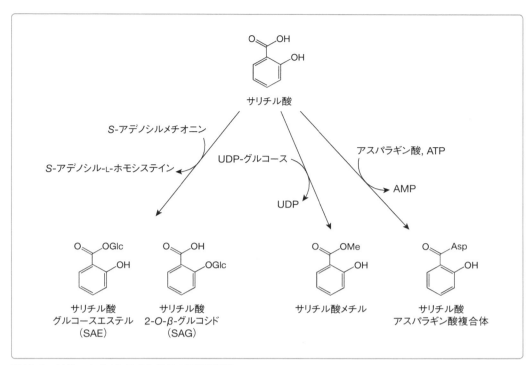

図12.5　植物で合成される主なサリチル酸誘導体

ている．サリチル酸のメチルエステル化は安息香酸／サリチル酸メチル基転移酵素（BSMT）により行われ，付加されるメチル基はS-アデノシルメチオニンから供給される．サリチル酸のメチルエステル化は植物体内で可逆的な反応であり，複数のメチルエステル加水分解酵素がサリチル酸メチルの加水分解に関わることが報告されている．サリチル酸メチル自身は植物に対して生物学的に不活性であるとされており，前述の配糖化と同様，メチル化には細胞内の遊離サリチル酸量をある一定程度に保つ役割があると考えられている（図12.5）．

揮発性の化合物であるサリチル酸メチルは，傷害や昆虫からの食害などの組織の損傷により空気中に放出される．昆虫の食害により放出されたサリチル酸メチルには，その食害昆虫の天敵を誘引する効果があることが調べられており，食害に対する間接的な防御応答の誘導に寄与すると考えられている．TMVに対して過敏感反応が誘導されたタバコ葉でも，サリチル酸メチルが生合成され，空気中に放出される．放出されたサリチル酸メチルは，近隣の他の植物体に吸収され，その個体内でサリチル酸に変換された後に免疫応答を活性化すると報告されている．

2007年にクレシグ（Klessig）のグループにより，サリチル酸メチルがSARの移行シグナル本体である可能性が報告されている．彼らの説によれば，病原菌の感染部位で合成されたサリチル酸が，サリチル酸メチルに変換された後，篩部を経由して植物体全身に移行する．そして，移行した先の組織において，サリチル酸メチルはメチルエステル加水分解酵素によりサリチル酸に再変換され，そのサリチル酸により防御応答が活性化するとされ

ている．しかしながら，サリチル酸メチルを蓄積しないシロイヌナズナ bsmt1 変異体の解析から，サリチル酸メチルだけでは SAR の誘導を説明できないとする報告もなされており，これまでに SAR の移行シグナルとして，アゼライン酸，ピペコリン酸およびグリセロール 3-リン酸なども報告されていることから，サリチル酸メチルを含む複数のシグナル因子が SAR の誘導に関与している可能性も考えられる．

12.3.4　サリチル酸へのアミノ酸付加

　ジャスモン酸やオーキシンでは，アミノ酸が付加されたアミノ酸複合体がこれら植物ホルモンの機能において重要な誘導体として知られている（2.3.2項参照）．サリチル酸についても，そのアスパラギン酸が付加された誘導体であるサリチル酸アスパラギン酸複合体が植物体内で合成されていることが示されている．サリチル酸にアスパラギン酸を付加する酵素として，シロイヌナズナの GH3 酵素ファミリーに属する GH3.5 が同定されている．GH3.5 は，アデニル化とアミノ酸転移の 2 段階の酵素反応で，サリチル酸のカルボニル基にアスパラギン酸を付加する．GH3.5 を過剰発現させたシロイヌナズナでは，病原菌感染時のサリチル酸アスパラギン酸複合体量が約 3.5 倍に増加した．サリチル酸アスパラギン酸複合体を処理したシロイヌナズナでは，同濃度のサリチル酸と比較して効果は低いものの，*PR* 遺伝子の発現上昇や病原菌に対する抵抗性の亢進が認められた．しかしながら，サリチル酸アスパラギン酸複合体の生物学的機能については，いまだ不明な点が多い（図 12.5）．

12.4　サリチル酸の受容と情報伝達

　サリチル酸に依存した情報伝達において，中心的な役割を担うタンパク質として NPR1（non-expressor of PR genes 1）が知られている．NPR1 は，サリチル酸およびサリチル酸アナログである 2,6-ジクロロイソニコチン酸に対する感受性を指標としたシロイヌナズナ変異体のスクリーニングにより同定された．シロイヌナズナの *npr1* 変異体では，*PR1* に代表される多くのサリチル酸応答性遺伝子の発現が抑制される．NPR1 タンパク質は，サリチル酸処理により核での蓄積量が増加することが調べられており，核内で TGA 型転写因子と相互作用して防御応答に関わる遺伝子の転写を制御する補因子であると考えられている（**図 12.6**）．

　NPR1 タンパク質の制御機構に関しては，ドン（Dong）のグループにより興味深い報告がなされている．彼らの説によれば，通常時 NPR1 タンパク質は細胞質において分子間のジスルフィド結合により重合体を形成している．そして，防御応答に伴う細胞内の酸化還元状態の変化により，NPR1 タンパク質間のジスルフィド結合が還元され単量体となり，核内へと移行する．重合体化に関わるシステインが置換された変異体 NPR1 を発現するシロイヌナズナでは，恒常的に NPR1 の単量体が核に蓄積し，*PR1* 遺伝子の発現が誘導されることが示されている．しかしながら，サリチル酸がどのようにして細胞内の酸化還元状態を変化させるかは，まだわかっていない．

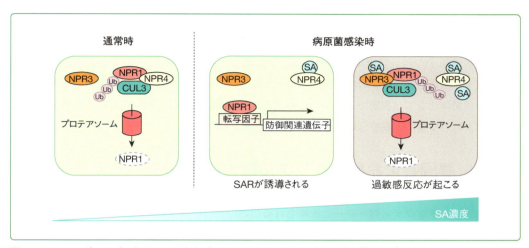

図12.6 ドンのグループによるNPR3およびNPR4によるサリチル酸の受容と情報伝達のモデル
細胞内のサリチル酸(SA)量が低い場合はNPR4が，高い場合はNPR3がCullin3(CUL3)型ユビキチンリガーゼのアダプターとして機能し，NPR1をユビキチン(Ub)化することで分解する．

　また同グループは，長きにわたり不明であったサリチル酸の受容機構に関しても，興味深いモデルを提示している．NPR1タンパク質は，ともにタンパク質間相互作用に関わる構造であるBTBドメインとアンキリンリピートを有しており，シロイヌナズナにはNPR1以外に同様の構造を持つ5つのパラログが存在する．彼らは，NPR1はそのパラログであるNPR3およびNPR4と相互作用すること，さらにNPR1-NPR3間の相互作用はサリチル酸存在下で促進され，一方でNPR1-NPR4間の相互作用はサリチル酸により弱められることを報告した．また，NPR3およびNPR4のサリチル酸との結合の解離定数は，それぞれ981 nMと46 nMであることを明らかにし，これらタンパク質とサリチル酸の親和性に大きな差があることを示した．以上の結果から，NPR3およびNPR4がCullin3型ユビキチンリガーゼ複合体のアダプタータンパク質として機能し，プロテアソームによる分解によりNPR1タンパク質の量を制御すると考察した．彼らは，サリチル酸濃度依存的なNPR1タンパク質量の制御機構とその生物学的意義を以下のように説明している．

1) サリチル酸濃度が低い通常の状態では，NPR4がアダプターとして機能し，NPR1をユビキチン化することで分解する．
2) 病原菌の攻撃を認識し，過敏感反応が引き起こされた部位では，サリチル酸が多量に蓄積する．高濃度のサリチル酸が蓄積する状態では，サリチル酸との親和性が低いNPR3がアダプターとして機能し，ユビキチン化を介してNPR1を分解する．NPR1は過敏感反応の負の調節因子として知られており，NPR1の分解は適切な過敏感反応の誘導に寄与する．
3) 過敏感反応が起こると，それが引き金となり植物体全身でサリチル酸の蓄積量が増加する．そのサリチル酸量が，NPR1がNPR3により認識されるほどの濃度ではなく，かつNPR4による認識を妨げるのに十分な濃度で存在する場合，その組織ではNPR1量が増加し，防御関連遺伝子の発現が誘導され，広範な病原菌に対する抵抗

性が付与される（図12.6）.

これらのデータから，核内でのNPR1タンパク質量の制御とそれによるサリチル酸応答性遺伝子の発現機構モデルが示唆されたが，このモデルではNPR1を必要としないサリチル酸応答性遺伝子の発現制御機構や，細胞質で起こるサリチル酸による重合体NPR1の単量体化などは説明できない．このことは，NPR3およびNPR4以外のサリチル酸受容体タンパク質の存在を示唆するものであり，その同定が待たれている．

12.5 農園芸におけるサリチル酸の役割

プラントアクティベーターと総称される植物の免疫機能を活性化する薬剤が，農薬として農作物の病害防除に利用されている．現在，日本国内で主に使用されているプラントアクティベーターは，1974年に農薬登録されたプロベナゾール，2003年に農薬登録されたチアジニル，2010年に農薬登録されたイソチアニルの3種類である．これらの薬剤の他に，1998年から2006年までの間販売されていたアシベンゾラルSメチル（ベンゾチアゾール；BTH）もプラントアクティベーターである（図12.7）.

プラントアクティベーターは，広範な病原菌に対する抵抗性を植物に付与することが知られており，それは薬剤処理により誘導されるSARに起因すると考えられている．これまでの研究から，プロベナゾールの病害防除作用にはサリチル酸蓄積量の増加が必要であることが示されてされており，プロベナゾールはサリチル酸蓄積よりも上流で，SARの情報伝達系を活性化していると推定されている．一方でチアジニルおよびBTHは，サリチル酸を蓄積できない*NahG*遺伝子導入シロイヌナズナにおいてもSARの情報伝達系が活性化することから，これらの作用点はサリチル酸の受容体あるいはその下流であると考えられる．プラントアクティベーターは，病原菌を標的とする一般的な殺菌剤と比較して，薬剤耐性菌が出現しないことによる効果の持続性と，広範な病原菌に対する防除作用を持つため，低環境負荷型農業の実現に向けた利用の拡大が期待されている．

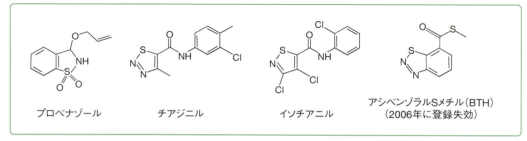

図12.7　日本で農薬登録されているプラントアクティベーター

参考文献・参考ウェブサイト

1）福田裕穂・町田泰則・神谷勇治・柿本辰男（2004）新版 植物ホルモンのシグナル伝達, 秀潤社
2）Dr. 岩田の植物防御機構講座
　http://www.oryze.jp/dr-iwata/
　http://www.meiji-seika-pharma.co.jp/agriculture/lecture/activator.html

第13章 細胞間移行性転写因子とマイクロRNA
Intercellular signaling by mobile transcription factors and miRNA

13.1 細胞間移行性転写因子

本章では，細胞間を移行する転写因子やマイクロRNA（miRNA）が，組織パターンの形成や幹細胞の維持に果たす役割を解説する．これらの分子は狭義の植物ホルモンには含まれないが，植物の発生や生理機能に必須の情報伝達因子であり，広義の成長調節因子と捉えることができる．転写因子やmiRNAの細胞間移行は，つい最近まで特殊な事例と考えられていたが，いまでは植物の発生に重要な役割を果たす普遍的な機構として捉えられている．

転写因子はゲノムDNAからmRNAへの転写を調節するタンパク質であり，通常はつくられた細胞自体で機能する（このような働き方を「細胞自律的」と呼ぶ）．1995年にルーカス（Lucas）らは，トウモロコシの茎頂分裂組織において，ホメオドメイン型転写因子であるKNOTTED1（KN1）が，そのmRNAよりも広い領域に存在することを見出した．また蛍光ラベルしたKN1タンパク質を葉肉細胞に注入することで，KN1タンパク質の細胞間移行を証明したが，その発生学的意義は不明であった．その後シロイヌナズナにおいて，複数の転写因子が細胞間を移行することが示されたが，人工的な実験系を用いていたために現象の記述にとどまっていた．

13.1.1 根における細胞間移行性転写因子

2000年に中島らは，GRASファミリー転写因子のSHORT-ROOT（SHR）が細胞間を移行し，これがシロイヌナズナの根の組織形成を制御していることを示した．この研究により，転写因子が細胞間を移行することの意義が初めて明らかになった（図13.1C）．維管束植物の根では，内側から外側に向かって，中心柱（維管束と内鞘），内皮，皮層，表皮の各組織が放射状に配置されている．このような緻密なパターンの形成には，細胞間でやりとりされる何らかの「位置情報」が機能していることが推測されていた．

*SHR*遺伝子は根の中心柱で転写されているが，*SHR*の機能欠損変異体では，より外側の内皮の分化に異常が生じる．この異常は，SHRとGFPの融合タンパク質を*SHR*自身のプロモーターで発現させると回復し，このときSHR-GFP融合タンパク質は，維管束や内鞘のみならず，内皮の細胞核にも局在していた．これらの実験結果から，SHRタンパク質が中心柱から外側の細胞層に移行し，そこで内皮の分化を促進していることがわかった．その後の精力的な研究により，SHRが移行先の細胞で別のGRAS転写因子であるSCARECROW（SCR）の発現を活性化させること，SCRはSHRと複合体を形成して核内にとどめ，より外側の細胞層への漏出を防いでいること，SHR-SCR複合体は，内皮と皮層の幹細胞を分裂させてこれらの2層をつくるとともに，内側の細胞層を内皮に分

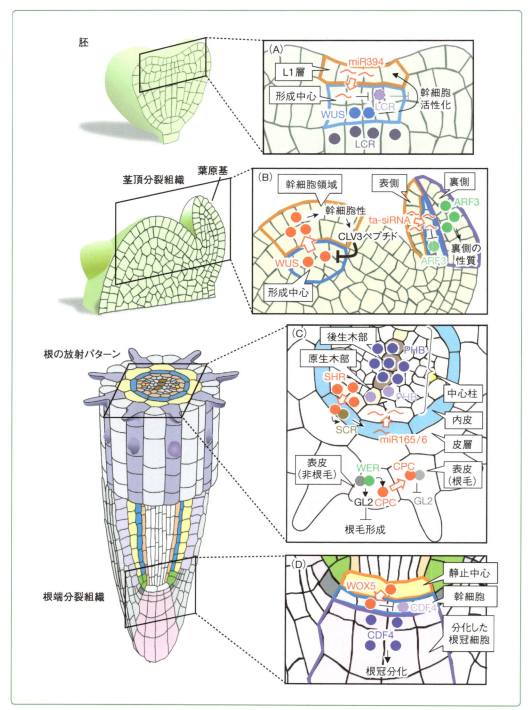

図13.1 細胞間移行性転写因子と小分子RNAによるシロイヌナズナの発生制御メカニズム

移行する転写因子やRNA分子を赤色で示す．→は促進作用を，⊣は抑制作用を表す．簡略化のため，転写因子やRNAは一部の細胞にのみ描いている．（A）miR394は胚頂端部の最外層（L1層）で生産され，内側の細胞層（形成中心）に移行してLCRの発現を抑制する．LCRはWUSによる幹細胞の維持作用を抑制するため，miR394がLCRを抑制することで，WUSの機能領域が確保される．（B）WUS転写因子は茎頂分裂組織の形成中心で生産されたのち，外側の細胞層へ移行して幹細胞性を促進する．葉の原基においては，表側の最外層で生産されたta-siRNAが内層へ移行し，裏側分化の促進因子であるARF3の発現を，裏側のみに限定する．（C）SHR転写因子は根の中心柱で生産され，外側の細胞層へ移行してSCR転写因子の発現を促進する．SHRとSCRは複合体を形成し，内皮細胞の分化を促進するとともに，miR165/6の生産を活性化する．

化させることが明らかとなった．この機構において，SHRタンパク質は位置情報の伝達と，遺伝子発現制御の両方を担っている（図13.1C）．

　シロイヌナズナの根では，SHRの他にもいくつかの転写因子がつくられた細胞以外で機能する（このような働き方を「細胞非自律的」と呼ぶ）ことが知られている．たとえば，MYB型転写因子であるCAPRICE（CPC）の細胞間移行は，根毛の分化に重要な役割を果たす（図13.1C）．根毛は表皮細胞が局所的に突出したもので，水分や栄養素の吸収効率を高める働きを持つ．シロイヌナズナの根の表皮細胞には，根毛をつくる細胞とつくらない細胞があるが，そのつくり分けには，内側の皮層細胞との位置関係に基づいた規則性が見られる．つまり，2つの皮層細胞列と接する表皮細胞は根毛を形成し，1つの皮層細胞列にのみに接する表皮細胞は根毛をつくらない．根毛をつくらない細胞では，別のMYB型転写因子であるWEREWOLF（WER）が生産され，これが他の転写因子と複合体を形成して根毛形成の抑制因子であるGL2の発現を促進している．一方WERは自身の機能と競合するCPCの生産を促進し，これが隣の細胞に移行して側方抑制の機能を果たす．すなわち，隣接した細胞に移行したCPCがWERの代わりに複合体に入り，GL2の生産を抑制して根毛を生じさせる．生産された細胞自身でCPCが機能しないのは，WERの機能が優勢であると想定すればよい．しかし移行先の細胞にはWERが存在しておらず，CPCによる競合阻害の意味を見出すことは難しい．発生初期にはすべての表皮細胞において低レベルのWER発現が起こっている可能性を想定すると，この制御系が表皮細胞の根毛パターンを自己組織化する意義を見出しやすくなる．

13.1.2　地上部における細胞間移行性転写因子

　転写因子の細胞間移行は，地上部においても重要な機能を果たしている．茎頂分裂組織において幹細胞として働く細胞の数，すなわち幹細胞プールの大きさは，CLV3ペプチドとホメオドメイン転写因子WUSCHEL（WUS）を介したフィードバックループにより維持されている．WUSは幹細胞を維持する因子であるが，幹細胞自体では生産されず，直下の形成中心と呼ばれる領域でつくられる．WUSが細胞非自律的に機能するメカニズムは長らく不明であったが，最近になってWUSタンパク質自体が形成中心から幹細胞へ移行するためであることが明らかとなった（図13.1B）．一方，幹細胞ではCLV3ペプチドが生産され，これが形成中心へ拡散してWUSの発現を抑制する．このように，移行性転写因子の促進作用と，ペプチドホルモンの抑制作用のバランスにより，幹細胞プールの大きさが保たれていると考えられる（図13.1B）．シロイヌナズナの根においては，WUSに相同なWOX5転写因子が静止中心から下の細胞層へ移行し，幹細胞性を維持していることが明らかとなっている（図13.1D）．

miR165/6は内側の細胞層へと移行し，中心柱の周縁部でPHBの発現を抑制する．PHBの発現量に応じて原生木部と後生木部からなる維管束のパターンが生じる．表皮細胞では非根毛細胞で発現するWER転写因子がGL2の発現を活性化させることで根毛の形成を阻害している．WERによって発現したCPCは隣の表皮細胞へ移行し，GL2の発現抑制を介して根毛形成を促進する．（D）WOX5は根の静止中心で生産され，下側に接する細胞へ移行して細胞分化の促進因子であるCDF4の発現を抑制する．これにより，静止中心に接した細胞層の未分化性が維持される．

シロイヌナズナにおいては，葉の細胞分裂を促進するANGUSTIFOLIA3（AN3）や，胚において根の原基形成を促進するTMO7，サイトカイニン情報伝達系の抑制因子であるAHP6などが細胞間を移行して機能することが報告されており，移行性の転写因子が植物発生のさまざまな局面を制御していることが広く認められている．

13.2 マイクロRNA

miRNAは，ゲノムDNAからの転写産物に由来する短い一本鎖RNAであり，相補的な配列を持つmRNAの切断やタンパク質への翻訳阻害，相補的なゲノムDNAのメチル化を介して遺伝子発現を抑制する．類似の小分子RNAであるsiRNAは，ゲノム上のリピート配列などに由来し，miRNAとよく似た機構で遺伝子発現を抑制している．

siRNAの抑制作用には全身性が見られ，siRNAが維管束などを通って長距離輸送されることが予想されていた．この予想は次世代シーケンサーの登場により2010年に実証されたが，その発生学的意義は不明であった．2009年にチトウッド（Chitwood）らは，siRNAの一種であるta-siRNAが葉原基の表側にある表皮細胞から内部の組織へと広がり，AUXIN RESPONSE FACTOR3（ARF3）の抑制を介して，葉の表側が裏側の性質を持たないように抑制していることを報告した（図13.1B）．

miRNAについても，細胞間移行を示唆するデータが散発的に報告されていたが，2010年のカールスベッカー（Carlsbecker）らの論文により，miR165とmiR166について，根の発生における機能が明らかにされた（図13.1C）．miR165とmiR166（以下，miR165/6と総称）は，ともにHD-ZIP III転写因子群のmRNAを切断する．HD-ZIP IIIは，葉の表／裏，胚の頂端／基部，茎の中心／周縁など，個体や器官の極性を決める重要な転写因子である．

シロイヌナズナには5つのHD-ZIP III転写因子が存在するが，このうちPHABULOSA（PHB）と呼ばれる転写因子が根の維管束分化で主要な役割を果たしている．*PHB*遺伝子のmRNAは，根の中心柱の中心部の細胞に多く，周縁部の細胞で少ない勾配で分布しており，この勾配に沿って道管の分化が決められる．miR165/6の標的配列に変異を持つ*PHB*遺伝子のmRNAは，中心柱内で一様に分布し，道管のパターンを乱す．このことからmiR165/6による抑制作用が，PHBタンパク質の濃度勾配形成を介して道管の分化を制御していることがわかる．興味深いことに，miR165/6は維管束ではなく，外側の内皮細胞でつくられている．このことから，内皮で生産されたmiR165/6が周囲の細胞層へと拡散し，中心柱の外側で*PHB*遺伝子のmRNAを分解することで，勾配状の分布をつくっていることが示唆される．

2011年に宮島らは，内皮で生産されたmiR165が，実際にPHBの発現勾配をつくり得ることを示した．さらに内皮におけるmiR165/6の生産は，上記のSHR-SCR複合体により制御されていることも明らかとなっている．つまり根の組織パターン形成においては，SHRとmiR165/6が逆方向に細胞間移行し，位置情報を伝達しあっていることが明らかになっている（図13.1C）．

さらに2013年にクナウアー（Knauer）らは，胚の頂端部の表皮層の微小な領域で生産

されたmiR394が胚の内部へと拡散し，*LEAF CURLING RESPONSIVENESS*（*LCR*）と呼ばれる遺伝子の発現を抑制することを報告した（図13.1A）．miR394が機能しないと茎頂分裂組織の幹細胞がなくなることから，LCRの抑制が幹細胞の維持に重要であることがわかる．先に紹介したように，茎頂分裂組織ではWUSが幹細胞を維持しているが，miR396によるLCRの抑制は，WUSの発現とは無関係であった．野生型植物ではmiR396が胚の頂端から数細胞層の範囲でLCRを抑制し，WUSが幹細胞の活性を促進できる領域を確保していることが想定される．LCRはタンパク質分解に機能すると予想されており，標的タンパク質やWUSの細胞間移行との関連に興味が持たれるが，それらについては今後の研究を待つ必要がある．

13.3 細胞間移行の経路とメカニズム

転写因子やmiRNAは，どのようにして細胞間を移行するのだろうか？　少なくとも転写因子に関しては，細胞間を移行できるものとできないものとがあり，何らかの特異的な制御機構が存在していると考えられる．細胞間輸送の経路としては，細胞外を経由するアポプラズミック経路と，経由しないシンプラズミック経路の2つがある．前者の経路でタンパク質を移行させるには，膜に包まれた小胞に乗せて細胞外に排出し，さらに隣接する細胞に取り込む必要がある．しかし移行性転写因子には，小胞輸送に必要なシグナルペプチドが存在せず，細胞外では検出されないことから，アポプラズミック経路による輸送の可能性は低いと考えられる．

シンプラズミック経路に働く細胞構造としては，原形質連絡（plasmodesmata, PD）と呼ばれる有力な候補が存在する（**図13.2A**）．PDは細胞壁を貫くトンネルのような構造で，ほぼすべての植物細胞間に存在している．植物ウイルスのゲノムRNAやタンパク質がPDを通って輸送されることが知られており，PDは転写因子やmiRNAの輸送経路の有力な候補と考えられてきた．事実，カロースと呼ばれる多糖をPDの開口部付近で過剰に蓄積させると，PDの開口が小さくなり，同時に転写因子の細胞間移行や，隣接した細胞でのmiRNAの抑制機能が低下することが観察されている（図13.2A）．

PDの開口の大きさは電子顕微鏡像から予想されるが，PDのトンネル内には小胞体膜や細胞骨格が張り巡らされているため，開口度を正確に見積もるのは難しい．しかし限られたタンパク質のみがPDを透過することから，細胞間の透過時に転写因子の立体構造が変化する（図13.2A），一時的にPDの開口が広がる（図13.2B）のどちらか，あるいは両方が必要であると考えられる．本章の冒頭に紹介したKN1の注入実験においては，共導入したデキストランポリマーの透過性も上がっており，PDの開口が拡大することが示唆される．またKN1の細胞間移行に必要なアミノ酸を置換するとタンパク質の構造が変化することや，KN1の移行にタンパク質の折り畳みを補助するシャペロニンが必要であることから，転写因子の立体構造にも何らかの変化が起こっていることが考えられる（図13.2A）．しかし，移行性転写因子に共通した構造が見られないことから，細胞間移行に統一的なメカニズムを想定することは難しい．一方で，SHRをはじめとするいくつかの

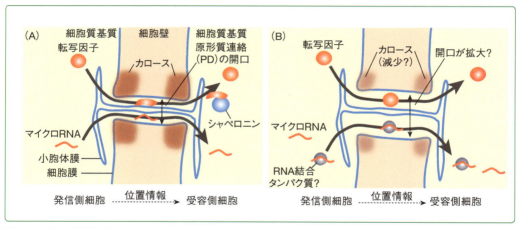

図13.2　原形質連絡（PD）を介した転写因子とマイクロRNA（miRNA）の移行モデル
(A) PDは細胞壁を貫通するトンネル状の構造で，その内部には小胞体膜などが通っている．転写因子やmiRNAなどの小分子RNAは，小胞体膜と細胞膜に挟まれた細胞質を通って移行すると考えられている．一般に，タンパク質などの高分子はPDを透過しにくく，転写因子が透過するためには，転写因子の側に何らかの構造変化が必要であると予想される．(B) PDの透過性は，開口部におけるカロースの蓄積量と相関している．カロースが減少して開口が広がれば，転写因子やタンパク質に結合したRNA分子の透過性が上昇すると考えられる．

　転写因子の細胞間移行に，機能未知タンパク質のSIELが必要であることが報告されている．SIELは核と細胞内の小胞に局在していることから，移行性の転写因子群が未知の膜小胞によりPDに輸送されている可能性も完全には否定できない．

　miRNAの細胞間移行には，さらに不明な点が多い．21塩基の一本鎖RNAの分子量はわずか7 kDa程度であり，miRNAが単独で細胞質に存在しているなら，非特異的にPDを透過できる可能性がある（図13.2A）．一方で，一本鎖RNAのような不安定な分子が細胞内に単独で存在する可能性はどれくらいあるのだろうか．植物ウイルスのゲノムRNAは，それ自体にコードされたmovement protein（MP）と複合体を形成してPDを透過する．MP様の機能を持つ内因性タンパク質が存在し，これがmiRNAやその前駆体の移行に機能している可能性も考えられる（図13.2B）．

　細胞間移行性転写因子やmiRNAによる発生制御が，植物進化のどの段階で獲得されたかに興味が持たれる．転写因子やmiRNAの細胞間移行による情報伝達は，化合物の生合成，特異的受容体，細胞内情報伝達因子をいっさい必要としないため，進化において比較的容易に獲得されることが想像される．しかしこの仮説には，転写因子やmiRNAが本来細胞間を移行しやすい（またはその能力を獲得しやすい）という仮定も必要である．PDの構造や構成因子の研究はようやく緒についた段階であり，今後の展開が期待される研究分野である．

参考文献

1) Lucas, W. J. et al.（1995）*Science* **270**, p.1980
2) Nakajima, K. et al.（2001）*Nature* **413**, p.307
3) Chitwood, D. H. et al.（2009）*Genes Dev.* **23**, p.549
4) Carlsbecker, A. et al.（2010）*Nature* **465**, p.316
5) Miyashima, S. et al.（2011）*Development* **138**, p.2303
6) Knauer, S. et al.（2013）*Dev. Cell* **24**, p.125
7) Vatén, A. et al.（2011）*Dev. Cell* **21**, p.1144
8) Maule, A. J.（2008）*Curr. Opin. Plant Biol.* **11**, p.680

Column

ROS

光合成や酸素呼吸などの過程では,強い酸化力により高い毒性を示す・O_2^-(スーパーオキシドアニオンラジカル),H_2O_2(過酸化水素),・OH(ヒドロキシルラジカル)などの活性酸素種(reactive oxygen species:ROS)が葉緑体やミトコンドリアなどのオルガネラで副次的に産生される.こうしたROSは,さまざまな環境ストレス傷害の原因となる.そのため,植物は細胞内のさまざまな部位に多様なROS消去機構を備えている.たとえば葉緑体にはアスコルビン酸(ビタミンC)を基質とするペルオキシダーゼを含むwater-waterサイクルと呼ばれるROS消去系が存在する.一方で,植物はNADPHオキシダーゼなどの酵素により積極的にROSを生成し,シグナル分子として利用している.このコラムでは,植物による積極的なROSの生成機構を紹介する.

ROSの生成に関与するRbohタンパク質

陸上植物に広く存在するRboh(respiratory burst oxidase homolog)タンパク質は,主として細胞膜上に存在し,サイトゾルのNADPHを基質として酸素から・O_2^-を細胞壁空間(アポプラスト)に生成する.シロイヌナズナには10種のRbohが存在し,いずれもN末端細胞質領域にEFハンドと呼ばれるCa^{2+}結合モチーフを2個持つ.毒性を持つ化合物を生成する酵素であることから,その活性は時空間的に厳密に制御されている.Rbohは少なくとも2種類のファミリーのCa^{2+}依存的プロテインキナーゼ(CDPK,CBL-CIPK複合体)および2種類のファミリーのCa^{2+}非依存的プロテインキナーゼ(SnRK2,RLCK)によりリン酸化され活性化される.また活性化にはEFハンドへのCa^{2+}の結合と,それに伴う立体構造変化が必要で,リン酸化とCa^{2+}の結合による活性化は相乗効果を示す(図1).

ROS生成の意義

細胞膜上には酵素スーパーオキシドジスムターゼ(SOD)が存在し,Rbohにより生成された・O_2^-から過酸化水素が生成する.積極的なROS生成の意義はさまざまな可能性が議論されている.ROSは分子スイッチタンパク質中のシステイン残基を修飾し,その機能を制御する.またROSにより活性化されるCa^{2+}チャネルが細胞膜上に存在すると想定され,Ca^{2+}により活性化されるRbohと近接して存在すると,相互に活性化し合い,正のフィードバック機構によりROSとCa^{2+}のシグナルがともに増幅される(図1).また細胞表層にROS受容体が存在する可能性もある.過酸化水素はROSのうち最も長寿命で,水チャネルアクアポリンを通過して細胞内にも輸送され,レドックスシグナルの生成に関与する可能性も想定される.また過酸化水素は細胞壁中に多種存在するペルオキシダーゼの基質であり,細胞壁の糖鎖の架橋反応を介して細胞壁を硬くする.一方・OHなどは細胞壁内の共有結合を切断し,細胞壁の緩みに寄与すると考えられている.

シロイヌナズナの10種のRbohのうち,RbohCは根毛の先端,RbohHとRbohJは花粉および花粉管に局在し,細胞分裂を伴わない一方向的な先端成長に必要である.RbohDは感染シグナルの認識により活性化され,植物免疫に重要な役割を果たす.気孔孔辺細胞にはRbohD,RbohFが存在し,アブシシン酸(ABA)などの刺激による気孔閉鎖過程で重要な役割を果たす.さらにRbohDはストレスなどの情報の個体内長距離伝達に必要である.この分子機構として,Rbohにより生成されたROSが隣の細胞のCa^{2+}チャネルなどを活性化し,ROSシグナルが細胞間情報伝達を媒介するとの説が提唱されている(図1).

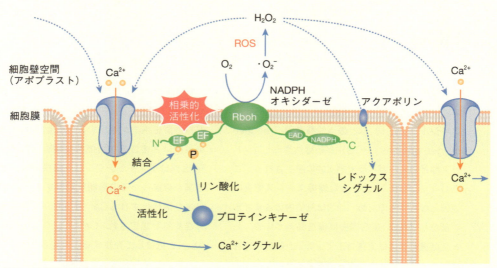

図1 植物のROS生成酵素とCa²⁺チャネルを介した細胞内・細胞間情報伝達機構

サーモスペルミン

　アミノ基（NH₂–）を複数含む，直鎖または分枝状炭化水素をポリアミンと総称し，生物が持つ代表的なポリアミンにプトレシン，スペルミジン，スペルミンがある（図1）．これらは細胞内に比較的高濃度に存在し，RNAの構造安定化や特定のタンパク質，特にイオンチャネルの活性調節に働いていることが知られる．プトレシンとスペルミジンはすべての生物の生存に必須である．植物では，ポリアミン酸化酵素によってポリアミンが分解して生じる過酸化水素が，生体防御に重要な役割を果たすことが示唆されている．
　サーモスペルミンはスペルミンの構造異性体で，植物全般と一部の細菌に検出される．植物では，サーモスペルミンの合成は維管束の木部前駆細胞に限定され，サーモスペルミンを合成できないシロイヌナズナの突然変異体は，木部の過剰な分化と茎の伸長阻害（図2）を示すことから，木部分化の抑制に働いていると考えられる．木部分化の抑制に関わる特定の転写因子遺伝子のmRNAに直接作用して，その翻訳を促進しているしくみが明らかにされつつある．標的転写因子のmRNAは篩部前駆細胞や前形成層にも発現しているので，近距離に拡散して働くホルモンといえるかもしれない．

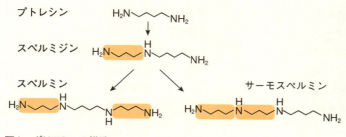

図1　ポリアミンの構造
生物が持つ主要なポリアミンの構造．プトレシンに順に付加されるアミノプロピル基をオレンジ色で示す．

図2　シロイヌナズナのサーモスペルミン合成欠損変異体
シロイヌナズナの野生型（左）とサーモスペルミン合成欠損変異体（右）．

索引

和文

あ

アーバスキュラー菌根菌（AM菌）............151
アウトプットドメイン............................32
アグロバクテリウム（*Agrobacterium tumefaciens, Rhizobium radiobacter*）
 ....25, 28
アズキ 39
S-アデノシルメチオニン（SAM）...........77
アブシシン 53
アブシシン II 53
アブシシン酸（abscisic acid）..............53
アブシシン酸グリコシルエステル...........61
アブシシン酸受容体（PYR/PYL/RCAR）...65
アベナ屈曲試験法 5
アポプラズミック経路....................26, 175
アミノエトキシビニルグリシン（AVG）.....71
α-アミノオキシ酢酸（AOA）............71, 86
アミノ酸複合体 168
1-アミノシクロプロパン-1-カルボン酸（ACC）..70
α-アミラーゼ 38
アミロプラスト 10
アラビノシル糖鎖付加 121
アリューロン層（糊粉層）.....................38
アレンオキシド合成酵素（AOS）..........112
アレンオキシドシクラーゼ（AOC）........114
安息香酸／サリチル酸メチル基転移酵素（BSMT）..167
アンチフロリゲン 147
維管束形成 8
維管束柔組織 64
イソコリスミ酸 165
イソチアニル 170
イソプレンユニット 42
イソペンテニルアデニン 22
イソペンテニル基 29
イソペンテニル基転移酵素 29
イチゴ 52
位置情報 171
イネ馬鹿苗病 37
インドール-3-アセトアミド（IAM）.........11
インドール-3-アセトアルドキシム（IAOx）...11
インドール-3-酢酸（IAA）......................5
インヒビターβ 53
ウイルスフリー 21, 35
ウニコナゾール 45
栄養欠乏 155
腋芽 24, 147
液体クロマトグラフィー-タンデム型質量分析計（LC-MS/MS）..............6, 106

β-エクジソン 87
枝分かれ 148
エチレン（ethylene）...............58, 69, 91
エテホン 70
24-エピブラシノライド 103
9-*cis*-エポキシカロテノイドジオキシゲナーゼ（NCED）..60
エリシター 109
エンドウ 148
黄体ホルモン（プロゲステロン）.............87
オーキシノール 6
オーキシン（auxin）.........2, 4, 25, 90, 157
オーキシン応答センサー 20
オーキシンの細胞間輸送 16
オーキシンの細胞内移動 15
オーキシンピーク 7
2-オキシインドール-3-酢酸（OxIAA）.....12
オキシリピン 112
2オキソグルタル酸依存性
 二原子酸素添加酵素 42
オパイン（opine, オピン）...................28
オロバンキ（*Orobanche*）..................149

か

カーラクトン 155
カーラクトン酸 155
カーラクトン酸メチル 155
塊茎形成 147
概日リズム 97
カイネチン 22
解離型IAA（IAA⁻）.............................15
ent-カウレン 42
核内倍加 24
花糸 94
ガスクロマトグラフィー-質量分析計（GC-MS）.....................................6, 89
カスタステロン 88
花成 137
活物寄生菌（biotroph）................109, 164
過敏感反応 163
花粉 134
花粉管 93, 134
花粉管誘引 134
カルス 23
カルス形成 9
カルボキシ基 12
カロテノイド 60
カロテノイド酸化開裂酵素（CCD）......148
幹細胞 173
管状要素 92
カンペステロール 95
器官形成 7
器官脱離 53, 58
キク 147
気孔 56, 132, 133

キシログルカンエンドトランスグリコシラーゼ
90
キチナーゼ 163
休眠 50, 55, 148
極性輸送 14
キラル 59
菌糸分岐現象 151
ククルビン酸 106
屈性 9
クリマクテリック現象 72
グルカナーゼ 163
β-グルクロニダーゼ（GUS）................20
グルコシダーゼ 63
グルタミン酸受容体様タンパク質 109
クローン植物の作製 21
クロストーク 90
4-クロロインドール-3-酢酸（4Cl-IAA）....5
形成層 27
茎頂培養 35
trans-桂皮酸 165
結合型-IAA 12
結合型アブシシン酸 60
ゲラニルゲラニルニリン酸（GGPP）......42
原形質連絡 26, 175
原生篩部 131
コアクティベーター 50
糊粉層（アリューロン層）....................38
コリスミ酸 165
コルメラ細胞 10
コロドニー-ウェント説 5
コロナチン 110
根冠 131
根毛 173

さ

サーモスペルミン 178
サイクリン 58
サイクリンD3（CycD3）.....................24
サイトカイニン 9
サイトカイニン活性化酵素（LOG）........29
サイトカイニン酸化酵素（CKX）...........31
サイトカイニン水酸化酵素 29
細胞間輸送 175
細胞周期 24
細胞増殖促進作用 23
細胞非自律的 173
細胞壁インベルターゼ 26
細胞膜陰イオンチャネル 67
ザイロジェン 125
殺生菌（necrotroph）................109, 164
サリチル酸 161
サリチル酸グルコースエステル 166
サリチル酸2-*O*-β-グルコシド（SAG）....166
サリチル酸情報伝達 109
サリチル酸分解酵素*NahG*遺伝子 163

サリチル酸メチル......166	全身獲得抵抗性(SAR)......162	内乳......27
三重反応......73	セン類......59	内皮......171
酸成長説......20	相乗効果......90	内部標準物質......89
篩管液......26	ソース......25	1-ナフタレン酢酸(NAA)......5
色素体......10, 42	側芽......→腋芽	1-ナフチルフタラミン酸(NPA)......14
シグナルペプチダーゼ......121	側方抑制......132	根......171
2,4-ジクロロフェノキシ酢酸(2,4-D) 5, 20	側根......8, 128	根寄生植物......149
シス型......106	ソルビトール......57	2,5-ノルボルナジエン(NBD)......71
システインリッチペプチド......121		
システミン......108, 122	**た**	**は**
シトクロムP450一原子酸素添加酵素(CYP) 42, 60, 95	ダーウィン(C. Darwin)......4	バーナリゼーション(春化)......41, 142
シトクロムP450酸素添加酵素......148	ダイオキシン......21	胚......38, 131
篩部......25	タイプAレスポンスレギュレーター, タイプBレスポンスレギュレーター......34	配糖体......60, 166
ジベレリン(gibberellin)......2, 37	タイプ2Cセリントレオニンタンパク質 脱リン酸化酵素(PP2C)......66	胚乳......27, 38, 131
ジベレリン生合成阻害剤......45	タイ類......59	胚発生......7
ジャガイモ......147	種なしブドウ......52	麦芽......51
ジャスモン酸(jasmonic acid)......2, 104, 164	タバコモザイクウイルス(TMV)......162	パクロブタゾール......45
ジャスモン酸イソロイシン......107	タマネギ......147	発芽......38, 93
ジャスモン酸イソロイシン合成酵素(JAR1) 115	チアジニル......170	発根促進剤......6
ジャスモン酸メチル......104, 106	チオ硫酸銀錯塩(STS)......71, 86	発熱反応......164
シャペロニン......175	チジアズロン......22	花芽形成......137
シュート......22	窒素......155	半活物寄生菌(hemibiotroph)......109
シュート形成作用......23	中心柱......171	非解離型IAA(IAAH)......15
重力屈性......10	抽だい......41	光屈性......9
春化(バーナリゼーション)......41, 142	β-チューブリン......90	肥厚......27
馴化......24	チュベロン酸......106	微小管......40, 90
傷害応答......108	頂芽......24	ヒスチジンキナーゼ......2, 32
上偏成長......91	頂芽優勢......9, 25, 148	ヒストンH3......141
食害応答......108	貯蔵脂質......55	皮層......171
植物免疫反応......162	貯蔵タンパク質......55	ヒドロキシプロリン......126
助細胞......134	チロシンの硫酸化......121, 128	ヒャクニチソウ......125
除草剤......6	接ぎ木......63, 163	ヒャクニチソウ葉肉細胞......92
シンク......25	ディフェンシン......163	病害抵抗性......59
伸長......90	テオブロキシド......68	病傷害応答......104
浸透圧......26	テルペノイド......42	表皮......171
人尿......1	転写コリプレッサー......19	ピラバクチン......68
シンプラズミック経路......26, 175	転流......25	ファイトアレキシン......76
スクーグ(Skoog)......22	道管......131	フィードバック......95
ステロイド......87	トウモロコシ......94	フィードバック制御......44
ステロール......94	トマト......108	フィトクロム......39, 62, 102
ストライガ(*Striga*)......149	トランス型......106	フィトクロムB(phyB)......144
ストリゴール......149	トリエン脂肪酸......112	フェニルアラニン......165
ストリゴラクトン(strigolactone)......2, 148	トリプタミン(TAM)......11	フェニルアラニンアンモニア分解酵素 (PAL)......165
ストレス耐性......94	トリプトファン......10	フェニル酢酸(PAA)......5
スペルミジン......178	トリプトファンアミノ基転移酵素(TAA)...10	符合モデル......142
スペルミン......178	トリメチル化......141	フック......73, 92
ゼアキサンチンエポキシダーゼ(ZEP)...60	2,3,5-トリヨード安息香酸......14	不定根......24
cis-ゼアチン, *trans*-ゼアチン......22, 23, 33	ドルミン......54	ブドウ......52
セスキテルペン......59	トレニア......134	プトレシン......178
接触形態形成......74		フラジェリン......102
セリン／トレオニンキナーゼ型受容体...100	**な**	ブラシナゾール......103
セルロース......90		ブラシノステロイド(brassinosteroid)......87
前形成層......125	内鞘......8	ブラシノライド......87, 88
		ブラシン......88, 90

フラビン含有モノオキシゲナーゼ
　（YUCCA） 10
プラントアクティベーター 170
プレフォルディン 41
プロアントシアニジン 68
プロゲステロン（黄体ホルモン） 87
プロテアーゼ 163
プロテアーゼインヒビター 108
26Sプロテアソーム 2, 159
プロテアソーム 18, 101, 169
プロヘキサジオンカルシウム 45
プロベナゾール 170
フロリゲン（florigen） 137
プロリン 57
プロリンの水酸化 121
分泌型ペプチド性シグナル分子 2
ベタイン 57
ペチュニア 148
ペプチド性シグナル分子 1
ペプチドホルモン 121
ベンジルアデニン 22
ボイセン-イェンセン（Boysen-Jensen） 4
保護培養 124
ホメオドメイン 171
ポリアミン 178

ま

マイクロRNA（miRNA） 3, 171, 174
水ストレス 56, 62
水ポテンシャル 56
緑の革命 39, 45
虫こぶ（虫えい） 88
メチルエリストールリン酸（MEP）経路
　.. 42, 60
1-メチルシクロプロペン（1-MCP） 71
メバロン酸 94
メバロン酸経路 42
木部 178
木部分化 178

や

葯 111
ヤン回路 80
誘引 167
遊離葉肉細胞 125
ユビキチン 2, 18
ユビキチンリガーゼ 169
幼葉鞘 4

ら　わ

リパーゼ 49
リポキシゲナーゼ（LOX） 112
緑色蛍光タンパク質（GFP） 20

リン 155
鱗茎 147
リン酸基転移 32
リン酸基転移メディエーター 33
レシーバードメイン 32
レスポンスレギュレーター 32
ロイシンリッチリピート（LRR） 100, 148
ロイシンリッチリピート型受容体キナーゼ
　（LRR-RK） 123, 128, 133, 136
ロイシンリッチリピート型受容体様キナーゼ
　（LRR-RLK） 2
老化 25, 58, 73
老化の誘導 153
ロゼット 41
ワタ 53, 94

欧文

A

AAO3 58
ABA2（*SDR*） 64
ABA8'OH 60
ABAO（アブシシンアルデヒド酸化酵素，
　AAO3） 60, 64
ABC輸送体タンパク質 64
ABCB/PGP/MDRファミリー 15
ABCG14 31
ABI1 66
ABP1 18
ABRE 66
ACC（1-アミノシクロプロパン-1-カルボン酸）
　... 70
ACC合成酵素（ACS） 71, 75, 77
ACC酸化酵素（ACO） 79
AcFT1, AcFT2 147
acx1 108
AFT 147
AHG1 66
AHK4 32
AHP6 .... 34, 174
AMO1618 45
AM菌（アーバスキュラー菌根菌） ... 150, 151
ANGUSTIFOLIA3（AN3） 174
AOA（α-アミノオキシ酢酸） 71, 86
AOC（アレンオキシドシクラーゼ） 114
AOS（アレンオキシド合成酵素） 112
AP1 146
ARF 19
ARF3 174
ARF6 102
ATP/ADPイソペンテニル基転移酵素 29
ATP結合カセット（ABC）
　輸送体タンパク質 64
AUX1 14
Aux/IAA 18

AVG（アミノエトキシビニルグリシン） 71

B

BAK1（SERK3） 101
BAM1 127
BAS1 97
BES1 .... 101, 126
BG1 68
BIN2 101
BKI1 101
BRI1 .... 92, 99
BSMT（安息香酸／
　サリチル酸メチル基転移酵素） 167
BSU1 101
BvFT1, BvFT2 147
bZIP 66
BZR1, BZR2 101

C

C-22位水酸化酵素 95
CAL 146
CCD（カロテノイド酸化開裂酵素） ... 148
CCD7（MAX3） 148, 155
CCD8（MAX4） 148, 151, 155
CEP
　（C-terminally encoded peptide） 129
CEPR1, CEPR2 129
CKX（サイトカイニン酸化酵素） 31
CLE（CLAVATA3/ESR-related）
　... 123, 130
4Cl-IAA（4-クロロインドール-3-酢酸） 5
CLV1, *clv1* 123, 126
CLV2 127
CLV3, CLV3, *clv3*
　.. 35, 121, 126, 130, 173
CO 140
COI1, *coi1* 110, 118
CORYNE 127
CPC 173
cpd 92
CRE1 32
CsAFT 147
CsFT3 147
C-terminally encoded peptide
　（CEP） 121
CTR1 80
Cullin 18
CycD3（サイクリンD3） 24
CYP 42, 60, 95
CYP51 95
CYP707A 60
CYP711A1（MAX1） 148
CYP735A 29

D

D 99
2,4-D（2,4-ジクロロフェノキシ酢酸）..... 5, 20
D14, D14, *d14* 158
D27 154
D53 159
DⅡ-Venus 20
DAD1, *dad1* 112, 148
DAD2 158
DELLA 41, 45, 102
DET2 95
DNA加水分解物 1
dwarf3（*d3*）, *d10*, *d17* 148
DWF1, *DWF5* 95

E

EC1 136
EFR 102
EGL3 111
EMS1/EXS 136
EPF1, EPF2 ..... 122, 132
EPFL4, *EPFL6* 134
ERECTA 133
ERL1, ERL2 133
ETR1 80
EUI 44

F

F-boxタンパク質
 ..... 3, 18, 46, 118, 148, 152, 153, 159
FD 145
FERONIA 136
FK 95
FLC 142
FLS2 102
FON2 127
FRUITFULL 146
FT 139
FT1, FT2, FT3 147
FTIP1 145

G

GA_1 43
GA_4 43
GA_{12} 42
GA20ox 42
GA2ox 44
GA3ox 42
GAI, *gai* 45
GC-MS 6, 89
GC-MS/MS 106
GFP（緑色蛍光タンパク質）..... 20
GGPP（ゲラニルゲラニル二リン酸）..... 42
GH3 168
GH3.5 168
GI 140
GID1, *gid2* 45, 46, 47
GID2/SLY1 ..... 45, 46
GL2 173
GL3 111
GLR 109
GOLVEN 128
GR24 152
GRASドメイン 46, 171
GRETCHEN HAGEN3 12
GSK3 126

H

HAESA 127
H^+-ATPase 20
Hd3a 138, 144
HDAC19 101
HD-ZIPⅢ 174
His-Aspリン酸リレー系 2, 32
HP1 141
α/β-hydrolaseファミリー 158

I

IAA（インドール-3-酢酸）..... 5
iaaH, *iaaM* 28
IAM（インドール-3-アセトアミド）..... 11
IAOx
 （インドール-3-アセトアルドキシム）..... 11
IDA, IDA 127
IPT（*tmr*）, IPT 25, 28

J

jai1 108
JAR1（ジャスモン酸イソロイシン合成酵素）
 115
JAZ 110, 111, 117, 118
JAZ10 109
jin1 118

K

KNOTTED1（KN1）..... 171
KRP1 58

L

LC-MS 89
LC-MS/MS 6, 106
LCR 175
LEA 55, 57

LEAFY（*LFY*）..... 146
LIP 135
Lisea（*Gibberella*）*fujikuroi* 37
LOG, LOG（サイトカイニン活性化酵素）, *log*
 29
LOX（リポキシゲナーゼ）..... 112
LRR（ロイシンリッチリピート）..... 100, 148
LRR-RK（ロイシンリッチリピート型受容体
 キナーゼ）..... 123, 128, 133, 136
LRR-RLK（ロイシンリッチリピート型
 受容体様キナーゼ）..... 2
LURE 122, 134

M

MAB4/ENP/NPY1 17
MADSボックス転写因子 142
MAPK 134
max 148
MAX2, MAX2 ..... 101, 153
1-MCP（1-メチルシクロプロペン）..... 71
MDIS1, MDIS2 135
MEP
 （メチルエリストールリン酸）経路 42, 60
MFT 139
MIK1, MIK2 135
miR165, miR166 174
miR394 175
miRNA（マイクロRNA）..... 3, 171, 174
MP 176
MYB75 111
MYC2 118

N

NAA（1-ナフタレン酢酸）..... 5
NBD（2,5-ノルボルナジエン）..... 71
NCED, NCED（9-*cis*-エポキシカロテノイド
 ジオキシゲナーゼ）..... 58, 60, 62, 64, 68
NPA（1-ナフチルフタラミン酸）..... 14
NPH3 10
NPR1 168
NPR3, NPR4 169

O

OPDA 106, 114, 117
OxIAA（2-オキシインドール-3-酢酸）..... 12

P

PAA（フェニル酢酸）..... 5
PAL（フェニルアラニンアンモニア分解酵素）
 165
PEBP 139
PGP1, PGP19 15

PHB 174
phyB（フィトクロムB） 144
PID 17
PIF 102
PILS 15
PIN1, pin1 ...... 14, 16
PIN2, PIN3 17
PLT 128
PP2C（タイプ2Cセリントレオニン
　タンパク質脱リン酸化酵素） 66
PR 163
PR1, PR1 ...... 163, 168
PRC2 141
PRK6 135
PSK 121, 122, 124
PSKR 123
PSKR1, PSKR2 125
PSY1 132
PYR/PYL/RCAR 65

R

RALF 135
RGF 121, 128
RGFR1, RGFR2, RGFR3 128
rms1 148
RPK2 127

S

SAG（サリチル酸2-O-β-グルコシド） 166
SAM（S-アデノシルメチオニン） 77
SAR（全身獲得抵抗性） 162
SAUR 18, 20
SCF(Skp1-Cullin-F-box) 3, 159
SCF$^{TIR/AFB}$ユビキチンリガーゼ複合体 18
SCF型E3ユビキチンリガーゼ 118
SCR 171
SCR/SP11 123
SDR
　（短鎖デヒドロゲナーゼレダクターゼ） 60
SHR 171
SIEL 176
siRNA 174
Skp1 18
sly1 45
SMT2 95
SnRK2 ...... 65, 66
SOC1 146
SODIUM POTASSIUM ROOT
　DEFECTIVE1（NaKR1） 145
spr2 108
STE1 95
STM 35
Stomagen 122, 133
STS（チオ硫酸銀錯塩） 71, 86
StSP3D, StSP6A 147
SVP 144

T

TAA（トリプトファンアミノ基転移酵素） 10
TAM（トリプタミン） 11
ta-siRNA 174
TDIF 121, 125, 130
T-DNA 28
TDR/PXY 125
TFL1 139
TFL2/LHP1 141
TGA型転写因子 168
TIR1/AFB 18
TMM 133
TMO7 174
TMV（タバコモザイクウイルス） 162
TPD1 136
TPL 19, 119
tpst-1 128
tRNA 31
tRNAイソペンテニル基転移酵素 29, 31
TUB1 90

V

VRN2, VRN3 142

W

WER 173
WOL 32
WOX4 126
WOX5 173
WRKY 110
WRKY40 102
WUS 35, 173

Y

YUCCA
　（フラビン含有モノオキシゲナーゼ） 10

Z

ZEP（ゼアキサンチンエポキシダーゼ） 60
ZmHK1 33

編著者紹介

浅見忠男（あさみただお）　農学博士
　1987年　東京大学大学院農学系研究科農芸化学専攻修了
　現　在　東京大学大学院農学生命科学研究科　教授

柿本辰男（かきもとたつお）　理学博士
　1986年　大阪大学大学院理学研究科生理学専攻前期課程修了
　1991年　理学博士の学位取得（大阪大学）
　現　在　大阪大学大学院理学研究科　教授

NDC471　　191p　　26 cm

新しい植物ホルモンの科学　第3版（あたらしいしょくぶつホルモンのかがく　だいさんはん）

2016年11月21日　第1刷発行
2024年10月18日　第8刷発行

編著者　浅見忠男・柿本辰男（あさみただお・かきもとたつお）
発行者　森田浩章
発行所　株式会社　講談社
　　　　〒112-8001　東京都文京区音羽2-12-21
　　　　　販　売　(03) 5395-4415
　　　　　業　務　(03) 5395-3615

KODANSHA

編　集　株式会社　講談社サイエンティフィク
　　　　代表　堀越俊一
　　　　〒162-0825　東京都新宿区神楽坂2-14　ノービィビル
　　　　　編　集　(03) 3235-3701

本文データ制作　株式会社エヌ・オフィス
印刷・製本　　　株式会社ＫＰＳプロダクツ

落丁本・乱丁本・購入時の破損CD-ROMは、購入書店名を明記のうえ、講談社業務宛にお送りください。送料小社負担にてお取替えいたします。なお、この本の内容についてのお問い合わせは、講談社サイエンティフィク宛にお願いいたします。価格はカバーに表示してあります。

© Tadao Asami and Tatsuo Kakimoto, 2016

本書のコピー、スキャン、デジタル化等の無断複製は著作権法上での例外を除き禁じられています。本書を代行業者等の第三者に依頼してスキャンやデジタル化することはたとえ個人や家庭内の利用でも著作権法違反です。

JCOPY　〈(社)出版者著作権管理機構　委託出版物〉

複写される場合は、その都度事前に(社)出版者著作権管理機構（電話03-5244-5088、FAX 03-5244-5089、e-mail: info@jcopy.or.jp）の許諾を得てください。

Printed in Japan
ISBN 978-4-06-153452-0